ゲージ場の理論

現代物理学叢書

ゲージ場の理論

藤川和男著

岩波書店

現代物理学叢書について

小社は先年，物理学の全体像を把握し次世代への展望を拓くことを意図し，第一級の物理学者の絶大な協力のもとに，岩波講座「現代の物理学」(全 21 巻)を 2 度にわたって刊行いたしました．幸い，多くの読者の厚いご支持をいただき，その後も数多くの巻についてさらに再刊を望む声が寄せられています．そこで，このご要望にお応えするための新しいシリーズとして，「現代物理学叢書」を刊行いたします．このシリーズには，読者のご要望に応じながら，岩波講座「現代の物理学」の各巻を順次できるかぎり収めてまいります．装丁は新たにしましたが，内容は基本的に岩波講座の第 2 次刊行のものと同一です．本シリーズによって貴重な書物群が末永く読みつがれることを願ってやみません．

まえがき

ゲージ場の理論のゲージという言葉は，H. Weyl により物理学に最初に導入された．一般相対論における座標の選び方の任意性(一般共変性)をさらに一般化して，長さの尺度(gauge)も任意に選ぶことができる自由度としてゲージという概念が導入された．しかし，現在においてはゲージおよびゲージ場という用語は，物質場が持つ対称性という概念を一般化して時空間の各点で定義されるようにした変換，およびそれに伴って導入される場に対して用いられている．ゲージ場という考えは，したがって，Maxwell 理論がもつ対称性を一般化したものであり，連続変換群と局所的場の理論の結合から生じた産物と言える．

物理学の理論としてのゲージ理論の考え方の成功は驚くべきものがあり，現在知られている基本的相互作用すなわち電磁相互作用，弱い相互作用および核子間力である強い相互作用の全てがゲージ場で記述できると考えられている．さらに，一般相対論もゲージ場の一種と見なす内山の考え方もあり，自然界の4つの力が全てゲージ理論の枠内に含まれることになる．

本書の目的はこのようなゲージ理論の場の理論としての定式化，特にその量子論の基礎的な性質の概要とそれが実際の物理理論においていかに用いられているかを解説することにある．ゲージ場の量子化はゲージ対称性のため通常の理論にはない技術的な複雑さを伴う．全てのゲージ場の見通しのよい量子論の定式化は最近の場の理論の1つの成果であり，特に非Abel的な群に関係したゲージ場であるYang-Mills場は，くり込みおよびくり込み群と関係して漸近自由性という他の理論にない重要な性質を示す．

ゲージ変換を含むより広い対称性という概念と場の量子論の関連を議論することも本書のもう1つの目的である．例えば上記のWeylによる長さの尺度の自由度に関係したWeyl変換も重要なテーマの1つとなり，さらにはDirac方程式に関係したカイラル対称性という考えも基本的である．ここでは，古典的な場の理論で導入された対称性が量子論でいかに変更されるかという問題が重要となる．南部-Goldstoneの定理で特徴づけられる自発的対称性の破れは全ての対称性と関係する重要な概念であり，ゲージ場理論と組み合わせるとHiggs機構という興味ある現象に導く．さらには対称性と量子論の整合性の問題，すなわち場を量子化する段階で必然的にある種の対称性が破れる量子異常(アノマリー)の定式化も本書の主要なテーマである．

本書の構成としては，第1章および2章と付録のAとBが現代的な場の理論の技法に対する入門を目的として書かれている．第3章から第7章までおよび付録CからEはそれぞれかなり独立したテーマを扱っており，各項目に対する“物理学事典”的な読み方も想定して書いた．本書の目的および構成は以上の通りであるが，もとより著者の理解する範囲が限られていることとページ数の制限のため，ゲージ理論の基礎的なテーマを中心とした“ゲージ場理論特論”といったものとなったことをお断りしておきたい．ゲージ理論の非線形性に基づく種々の効果とくに非摂動論的側面の議論は，本書であまりなされていないが，ゲージ場理論の今後に残された重要な課題である．

素粒子物理学という観点からは，本書では，ゲージ原理に基づく現在知られている標準模型に至った歴史的経緯といったものには一切触れていない．またゲージ模型の自然な拡張であり，今後素粒子物理学において基本的となる可能性のある大統一模型とか超対称性理論にも言及していない．これらに関しては，巻末に掲げた参考書をご覧いただきたい．

筆者はゲージ場理論をB.W.Lee教授との共同研究を通じて学び，またその後の研究においてはゲージ理論の創始者であるC.N.Yang先生には折りにふれお励ましをいただいた．また内山龍雄，南部陽一郎，西島和彦の諸先生からは直接および間接に多くを学ばせていただいた．ここに記してお礼を申し上げたい．また，本書の原稿の細部にわたって多くの示唆とお教えをいただいた本講座の編集委員である江沢洋先生，および執筆をお薦めくださった大貫義郎先生に深く感謝申し上げる．最後に岩波書店編集部の方々のご尽力にお礼申し上げる．

1993年6月

藤川和男

目次

1

対称性とゲージ場の理論

対称性とは作用積分を不変にする変換であり，Maxwellの電磁場理論でいえば，座標系の選び方の自由度に関係したPoincaré変換と時空の各点で任意に選べるゲージ変換がある．ゲージ理論ではゲージ場(あるいはポテンシャル)が基本的な役割を果たす．

1-1 Maxwellの電磁場理論と対称性

無限大の自由度を扱う量子論である**場の量子論**(quantum field theory)においては，**対称性**(symmetry)と呼ばれる概念が基本的である．物理理論あるいは方程式の厳密な解が得られない場合にも，対称性の考察から驚くほど多くのことが学べることが少なくない．場の理論は無限大の自由度と関係して一般に発散を含み，この無限大の取り扱い(くり込み)は不定性を伴いうるが，このような場合にも対称性の原理は信頼できる計算の処方を与える．対称性とはどういうものかを説明するために，まず古典的レベルでのMaxwellの電磁場理論か

ら始める．本書では4次元Minkowski空間の計量を*

$$ds^2 = g_{\mu\nu}dx^\mu dx^\nu = (dx^0)^2-(dx^1)^2-(dx^2)^2-(dx^3)^2 \tag{1.1}$$

すなわち，$g_{00}=-g_{11}=-g_{22}=-g_{33}=1$，あるいは簡略化した記法で書いて

$$g_{\mu\nu} = (1, -1, -1, -1) = g^{\mu\nu} \tag{1.2}$$

と選ぶ．$g^{\mu\nu}$ は $g_{\mu\nu}$ の逆 $g^{\mu\alpha}g_{\alpha\nu}=\delta^\mu{}_\nu$ である．

Maxwell理論の作用積分は

$$S = \int \mathcal{L} d^4x = \int\left[-\frac{1}{4}(\partial_\mu A_\nu-\partial_\nu A_\mu)(\partial^\mu A^\nu-\partial^\nu A^\mu)\right]d^4x \tag{1.3}$$

とラグランジアン密度 $\mathcal{L}$ で定義される．ただしベクトルとかテンソルの添字の上げ下げは $g^{\mu\nu}$ と $g_{\mu\nu}$ で行なわれ $A^\nu=g^{\nu\mu}A_\mu$ であり，A_μ は共変ベクトル，A^μ は反変ベクトルと呼ばれる．また，$\partial_\mu A_\nu\equiv\dfrac{\partial}{\partial x^\mu}A_\nu$ とする．電磁ポテンシャル $A_\mu(x)=(A_0, A_1, A_2, A_3)$ に関する変分

$$\delta S = \int[-\partial_\mu\delta A_\nu(\partial^\mu A^\nu-\partial^\nu A^\mu)]d^4x = \int\delta A_\nu\partial_\mu(\partial^\mu A^\nu-\partial^\nu A^\mu)d^4x = 0 \tag{1.4}$$

からMaxwell方程式

$$\partial_\mu F^{\mu\nu}(x) = 0, \qquad \text{ただし} \quad F^{\mu\nu} \equiv \partial^\mu A^\nu-\partial^\nu A^\mu \tag{1.5}$$

が得られる．電場 $\boldsymbol{E}$ と磁場 $\boldsymbol{B}$ は

$$\boldsymbol{E} = (F_{01}, F_{02}, F_{03}), \qquad \boldsymbol{B} = (-F_{23}, -F_{31}, -F_{12}) \tag{1.6}$$

と定義され，(1.5)の $\partial_\mu F^{\mu\nu}=0$ は

$$\nabla\cdot\boldsymbol{E} = 0, \qquad \nabla\times\boldsymbol{B}-\frac{\partial}{\partial t}\boldsymbol{E} = 0 \tag{1.7}$$

を与え，$F_{\mu\nu}$ の定義式(1.5)から

$$\nabla\times\boldsymbol{E}+\frac{\partial}{\partial t}\boldsymbol{B} = 0, \qquad \nabla\cdot\boldsymbol{B}=0 \tag{1.8}$$

が恒等式として得られる．ただし，光速を $c=1$ にする単位系を採用した．

---

* 一般に同じ添字が重複して現われたときには，その添字について和をとるものとする．

(1.3)の作用積分およびそれから導かれる方程式は

$$x'^{\mu} = \Lambda^{\mu}{}_{\nu} x^{\nu} + a^{\mu}$$
$$A'^{\mu}(x') \equiv \Lambda^{\mu}{}_{\nu} A^{\nu}(x) \tag{1.9}$$

で定義される**Poincaré変換**の下で不変(形を変えない)であることが確かめられる．ただし，$\Lambda^{\mu}{}_{\nu}$ と a^{μ} は共に定数であり，a^{μ} は座標系の原点のとり方の自由度に対応し，$\Lambda^{\mu}{}_{\nu}$ は(1.2)の計量の形を変えない斉次変換(**Lorentz変換**)

$$g'^{\mu\nu} = \Lambda^{\mu}{}_{\alpha}\Lambda^{\nu}{}_{\beta}g^{\alpha\beta} = \Lambda^{\mu\beta}\Lambda^{\nu}{}_{\beta} = (1, -1, -1, -1) \tag{1.10}$$

として定義される．$\Lambda^{\mu}{}_{\nu}$ は座標系の回転および任意の互いに等速運動する慣性系の間の座標変換を記述する．(1.10)から逆変換は $(\Lambda^{-1})_{\beta}{}^{\nu} = \Lambda^{\nu}{}_{\beta}$ で与えられ，(1.9)で $a^{\mu}=0$ とすると内積は不変

$$x'^{\mu}x_{\mu}' = g_{\mu\nu}'x'^{\mu}x'^{\nu} = g_{\mu\nu}'\Lambda^{\mu}{}_{\alpha}\Lambda^{\nu}{}_{\beta}x^{\alpha}x^{\beta} = g_{\alpha\beta}x^{\alpha}x^{\beta} \tag{1.11}$$

であり，$|\det(\Lambda^{\mu}{}_{\nu})|=1$ などが満たされる．内積が $\Lambda^{\mu}{}_{\nu}$ の下で不変であることからテンソルの内積で書かれた作用(1.3)はLorentz不変であり，それから導かれる電磁場の基本方程式(1.5)もLorentz変換の下で不変となり，全ての慣性系で光速(現在の単位系では $c=1$)は同じであることが結論される((1.17)参照)．一般に方程式がLorentz変換の下で形を変えないとき，Lorentz共変(Lorentz covariant)であるという．

(1.3)で定義される作用積分(以下では単に作用(action)という用語を用いる)は，$\omega(x)$ を任意の関数として次の**ゲージ変換**(gauge transformation)

$$A_{\mu}(x) \to A_{\mu}'(x) \equiv A_{\mu}(x) + \partial_{\mu}\omega(x) \tag{1.12}$$

の下で不変である．すなわち

$$F_{\mu\nu}' = \partial_{\mu}(A_{\nu}+\partial_{\nu}\omega) - \partial_{\nu}(A_{\mu}+\partial_{\mu}\omega) = \partial_{\mu}A_{\nu} - \partial_{\nu}A_{\mu} \tag{1.13}$$

となる．(1.12)の $\omega(x)$ を適当に選ぶと，電磁ポテンシャル A'^{μ} にLorentz条件(あるいはLandauゲージ)

$$\partial_{\mu}A'^{\mu}(x) = \partial_{\mu}A^{\mu}(x) + \partial_{\mu}\partial^{\mu}\omega(x) = \partial_{\mu}A^{\mu}(x) + \Box\omega(x) = 0 \tag{1.14}$$

を課すことが可能となる．すなわち，与えられた $A^{\mu}(x)$ に対して

$$\omega(x) = -\int \frac{1}{\Box_x}\delta(x-y)\partial_{\mu}A^{\mu}(y)d^4y \equiv \int G(x-y)\partial_{\mu}A^{\mu}(y)d^4y \tag{1.15}$$

と選べばよい．$\omega(x)$ は物理的に意味がないので(1.15)の Green 関数(ただし $k(x-y) \equiv k_\mu(x^\mu - y^\mu)$ と記す)

$$G(x-y) = \int \frac{d^4k}{(2\pi)^4} \frac{1}{k^2+i\epsilon} e^{-ik(x-y)} \tag{1.16}$$

に対する境界条件は任意といえるが，後の議論では(1.16)に示すように無限小の $\epsilon > 0$ を使った Feynman 形の境界条件を採用する．

(1.14)が満たされれば，$A_\mu{}'(x)$ を単に $A_\mu(x)$ と書いて，基本方程式(1.5)は

$$\partial_\mu F^{\mu\nu} = \partial_\mu \partial^\mu A^\nu = \left[\left(\frac{\partial}{\partial x^0}\right)^2 - \left(\frac{\partial}{\partial x^1}\right)^2 - \left(\frac{\partial}{\partial x^2}\right)^2 - \left(\frac{\partial}{\partial x^3}\right)^2\right] A^\nu(x) = 0 \tag{1.17}$$

となる．(1.5)および(1.14)は Lorentz 変換の下で形を変えないので，(1.17)から電磁波の伝搬速度が全ての慣性系で同じであることが明白になる．

変換(1.12)およびその一般化の下での不変性が本書のテーマであるゲージ場理論を特徴づける基本的な対称性である．Maxwell 理論では，Poincaré 変換(1.9)は定数のパラメタで記述される大局的対称性(global symmetry)であり，ゲージ変換(1.12)は時空間の各点で任意に選べる局所的対称性(local gauge symmetry)である．内山による**一般ゲージ場理論**と呼ばれる考えでは，ゲージ変換(1.12)およびその一般化に伴って導入される場が電磁場および Yang-Mills 場であり，Poincaré 変換(1.9)の局所化に伴い導入されるゲージ場が重力場に対応することになる．ゲージ場理論とは，場の理論と(局所化された)連続変換群の考えを組み合わせたものであり，対称性の考えを極限までおしすすめたものといえる．

さて，電磁場 $\boldsymbol{E}$ および $\boldsymbol{B}$ を決めるにはゲージ場(gauge field あるいは potential)と呼ばれる(1.3)の A_μ を決めれば十分である．それでは電磁場を記述するには A_μ が本当に必要なのだろうか，すなわち $\boldsymbol{E}$ と $\boldsymbol{B}$ だけで十分ではないのかという疑問が起こる．この疑問には次節で答えるとして，この問題を考えるために(1.5)の方程式を荷電粒子が存在する場合に拡張する．与えられた $A_\mu(x)$ の中を運動する荷電粒子は，ラグランジアン

$$L = -m\sqrt{1-\left(\frac{d\boldsymbol{x}}{dt}\right)^2}+e\int\left[\frac{dx^l}{dt}A_l(\boldsymbol{x},t)+A_0(\boldsymbol{x},t)\right]\delta^3(\boldsymbol{x}-\boldsymbol{x}(t))d^3x \quad (1.18)$$

で記述される．ただし，A_l は A_μ の空間成分を表わす．(1.18)と(1.3)を組み合わせた作用

$$S = \int Ldt+\int \mathcal{L}_{\mathrm{Maxwell}}d^3xdt \qquad (1.19)$$

で変分 δA_μ および $\delta\boldsymbol{x}(t)$ を考えることにより

$$\begin{aligned}
\partial_\mu F^{\mu l}(x) &= -e\frac{dx^l(t)}{dt}\delta^3(\boldsymbol{x}-\boldsymbol{x}(t)) \equiv -ej^l(\boldsymbol{x},t)\\
\partial_\mu F^{\mu 0}(x) &= -e\delta^3(\boldsymbol{x}-\boldsymbol{x}(t)) \equiv -ej^0(\boldsymbol{x},t) \qquad (1.20)\\
m\frac{d}{dt}\left[\frac{dx^l(t)}{dt}\Big/\sqrt{1-\left(\frac{d\boldsymbol{x}(t)}{dt}\right)^2}\right] &= -e\int j^\mu(\boldsymbol{x},t)F_\mu{}^l(\boldsymbol{x},t)d^3x
\end{aligned}$$

のように古典論での Maxwell-Lorentz の方程式が

$$\frac{d}{dt}A_l(\boldsymbol{x}(t),t) = \frac{\partial}{\partial t}A_l(\boldsymbol{x}(t),t)+\frac{d}{dt}x^k(t)\frac{\partial}{\partial x^k}A_l(\boldsymbol{x}(t),t)$$

を使って得られる．(1.8)はこの場合にも成立する．

粒子の速度が小さく $\left|\frac{d\boldsymbol{x}}{dt}\right| \ll 1$ で非相対論的近似がよい場合の(1.18)の近似式

$$L = \frac{m}{2}\left(\frac{d\boldsymbol{x}}{dt}\right)^2+e\left[\frac{dx^l(t)}{dt}A_l(\boldsymbol{x}(t),t)+A_0(\boldsymbol{x}(t),t)\right] \qquad (1.21)$$

が応用上も重要である．ここで量子力学に話をうつすと，与えられたゲージ場 A_μ 中の荷電粒子の量子力学的時間発展は付録 A の(A.2)により

$$\langle\psi_{\mathrm{f}},t_{\mathrm{f}}|\psi_{\mathrm{i}},t_{\mathrm{i}}\rangle = \sum_{\mathrm{path}}\psi_{\mathrm{f}}{}^*(\boldsymbol{x}_{\mathrm{f}},t_{\mathrm{f}})\exp\left\{i\int_{t_{\mathrm{i}}}^{t_{\mathrm{f}}}\left[\frac{m}{2}\left(\frac{d\boldsymbol{x}}{dt}\right)^2+eA_\mu\left(\frac{dx^\mu}{dt}\right)\right]dt\right\}\psi_{\mathrm{i}}(\boldsymbol{x}_{\mathrm{i}},t_{\mathrm{i}}) \qquad (1.22)$$

で与えられる．ただし，経路にわたる和は $\boldsymbol{x}_{\mathrm{i}}$ から $\boldsymbol{x}_{\mathrm{f}}$ への“連続的な全ての道”にわたる和であり，現在のように始および終状態を波動関数で指定するときには端点 $\boldsymbol{x}_{\mathrm{i}},\boldsymbol{x}_{\mathrm{f}}$ についても $(-\infty,+\infty)$ にわたる和をとる．

ゲージ変換(1.12)の下で(1.22)の指数の肩の作用は

$$e\int_{t_\mathrm{i}}^{t_\mathrm{f}}\frac{\partial\omega(x)}{\partial x^\mu(t)}dx^\mu(t) = e\omega(x_\mathrm{f}, t_\mathrm{f})-e\omega(x_\mathrm{i}, t_\mathrm{i}) \tag{1.23}$$

で与えられる分だけ変化する．したがって(1.12)と**同時**に任意の時間における粒子の波動関数を

$$\psi(\boldsymbol{x}, t)\to\exp[ie\omega(\boldsymbol{x}, t)]\psi(\boldsymbol{x}, t) \tag{1.24}$$

とゲージ変換すると，量子力学的な遷移振幅(1.22)は不変に保たれることがわかる．このように物質の波動関数(一般には物質場の変数)に対してはゲージ変換は**位相変換**(phase transformation)の形をとる．

1-2 Aharonov-Bohm 効果

(1.22)の表示に基づいて，ゲージ場 A_μ の持つ物理的意味を考えてみよう．図1-1のように右から入射した荷電粒子(電子)が2つのスリットを通った後にスクリーン上で干渉する過程を考える．ただし，スリットの後に置かれた円筒により限られた空間内においてのみ紙面に垂直に一様な静磁場がかかっているとし，電子が $\boldsymbol{B}\neq 0$ の領域に侵入する確率は無視できるほど小さいものとする．またポテンシャル $\boldsymbol{A}(\boldsymbol{x})$ は全空間で連続なように選ばれているとする．例えば，円筒の中心を原点とする直交座標系で z 軸を紙面に垂直にとり，円筒の半径を a として

$$\begin{aligned}\boldsymbol{A}(\boldsymbol{x}) &= \left(-\frac{B}{2}y, \frac{B}{2}x, 0\right) \qquad (\text{内部})\\ \boldsymbol{A}(\boldsymbol{x}) &= \left(-\frac{a^2B}{2r^2}y, \frac{a^2B}{2r^2}x, 0\right) \qquad (\text{外部})\end{aligned} \tag{1.25}$$

と選べばよい．ただし，$r^2=x^2+y^2$ であり，$A_0(\boldsymbol{x})=0$ とした．この場合に，始点および終点を共有する2つの経路に対しては確率振幅の2乗を考えると干渉項には

$$\exp\left[ie\int_{t_\mathrm{i}}^{t_\mathrm{f}}A_\mu(x(t))dx^\mu(t)\right]_{(1)}\exp\left[-ie\int_{t_\mathrm{i}}^{t_\mathrm{f}}A_\mu(x(t))dx^\mu(t)\right]_{(2)}$$

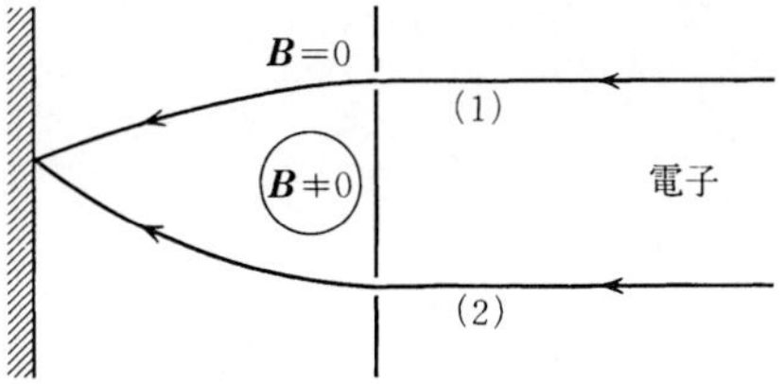

図 1-1

$$= \exp\left[ie\oint_C A_\mu(x(t))dx^\mu(t)\right] = \exp\left[ie\int_C \boldsymbol{B}d\boldsymbol{S}\right]$$
$$\equiv \exp[i(e/\hbar)\boldsymbol{\Phi}] \qquad (1.26)$$

で表わされる余分な**位相差**が中性粒子の場合に比してつけ加わることになる．(1.26)ではStokesの定理を使って線積分 $\int A_\mu dx^\mu$ を2つの経路で囲まれた面上の磁場の積分に置き換えた．また $\hbar$ を陽に書いた．

(1.26)から2つの経路が共に上のスリットないしは下のスリットを通った場合には余分な位相差は0になることがわかる．しかし，一方の経路が上のスリットを他方の経路が下のスリットを通る場合には，常に円筒の中の磁束 $\boldsymbol{\Phi}$ に比例する余分な位相差(1.26)が生じることになる．したがって，(1.22)に基づき磁束を変えて干渉実験をすれば，荷電粒子が磁場 $\boldsymbol{B}=0$ のところのみを通っているにもかかわらず，干渉縞が電子の行路差に加えて

$$\exp[i(e/\hbar)\boldsymbol{\Phi}] = \exp[i(e/\hbar)\pi a^2 B] \qquad (1.27)$$

で決められる位相の変化に応じて変わるはずである．この効果は**Aharonov-Bohm 効果**と呼ばれ実験的にも確かめられている．

上記の効果は，電磁場を記述する基本的な変数が $\boldsymbol{E}$ と $\boldsymbol{B}$ ではなくポテンシャル $A_\mu(x)$ であることを示している．ただし，ポテンシャル $A_\mu(x)$ には(1.12)と(1.24)からわかるように物理的結果を変えないゲージ自由度が含まれている．この余分な自由度の存在はすべてのゲージ場理論に共通するものであり，次章以下の量子論において通常の場の理論にはない技術的な複雑さが現われる原因ともなる．

2

量子電磁力学——Abel的ゲージ理論

朝永，Schwinger, Feynman, Dyson らの人達により定式化された量子電磁力学(quantum electrodynamics，QED)は，現代的な場の理論の代表的なものであり，量子的場の理論に対するわれわれの信頼を支える理論である．量子電磁力学は簡単であると同時にゲージ理論の要点を学ぶ模範的な理論でもある．

2-1 Maxwell-Dirac 理論

量子電磁力学のラグランジアン(密度)は次のように書かれる．

$$\mathcal{L} = -\frac{1}{4}(\partial_\mu A_\nu - \partial_\nu A_\mu)^2 + \bar{\psi} i\gamma^\mu(\partial_\mu - ieA_\mu)\psi - m\bar{\psi}\psi \tag{2.1}$$

ここで第1項は(1.3)の Maxwell のラグランジアンである．$\psi(x)$ は4成分を持つ電子場であり，$\bar{\psi}(x) \equiv \psi(x)^\dagger\gamma^0$ と定義される．4行4列の γ 行列は(1.2)の $g^{\mu\nu}$ を使って

$$\gamma^\mu\gamma^\nu + \gamma^\nu\gamma^\mu = 2g^{\mu\nu} \tag{2.2}$$

で定義され，γ^μ の具体形としては2行2列の単位行列1および Pauli 行列 $\boldsymbol{\tau}$ を用いて

$$\gamma^0 = \begin{pmatrix} 1 & 0 \\ 0 & -1 \end{pmatrix}, \quad \boldsymbol{\gamma} = \begin{pmatrix} 0 & \boldsymbol{\tau} \\ -\boldsymbol{\tau} & 0 \end{pmatrix}$$
$$\gamma_5 = i\gamma^0\gamma^1\gamma^2\gamma^3 = \begin{pmatrix} 0 & 1 \\ 1 & 0 \end{pmatrix}, \quad \{\gamma_5, \gamma^\mu\}_+ = 0, \quad {\gamma_5}^2 = \begin{pmatrix} 1 & 0 \\ 0 & 1 \end{pmatrix} \tag{2.3}$$

で与えられる．このとき γ^0 は Hermite 的，γ^k は反 Hermite 的

$$\gamma^{0\dagger} = \gamma^0, \quad (\gamma^k)^\dagger = -\gamma^k \quad (k=1,2,3) \tag{2.4}$$

である．電子場 $\psi(x)$ の 4 成分は，物理的には電子と陽電子のそれぞれのスピン $\pm 1/2$ 状態の計 4 つの自由度を表わす．このとき作用(積分) $S=\int \mathcal{L} d^4x$ は Hermite 的，$S^\dagger = S$，となる．

(2.1)の特徴は電磁場 $A_\mu(x)$ が ψ と共変微分と呼ばれる

$$D_\mu \equiv \partial_\mu - ieA_\mu(x) \tag{2.5}$$

のみを通じて結合していることである．(2.1)は，$\alpha(x)$ を任意の関数として次の**ゲージ変換**の下で不変である．

$$\begin{aligned} \psi(x) \to \psi'(x) &= U(x)\psi(x) = \exp[i\alpha(x)]\psi(x) \\ \bar{\psi}(x) \to \bar{\psi}'(x) &= \bar{\psi}(x)U(x)^\dagger = \bar{\psi}(x)\exp[-i\alpha(x)] \\ A_\mu(x) \to A_\mu'(x) &= A_\mu(x) + \frac{1}{e}\partial_\mu\alpha(x) \end{aligned} \tag{2.6}$$

このとき，(2.5)の D_μ は

$$D_\mu \to D_\mu' = U(x)D_\mu U(x)^\dagger = \partial_\mu - ie\left(A_\mu(x) + \frac{1}{e}\partial_\mu\alpha(x)\right) \tag{2.7}$$

と変換される．(2.6)のゲージ変換は

$$U_1(x)U_2(x) = \exp[i\alpha_1(x)]\exp[i\alpha_2(x)] = \exp[i(\alpha_1(x)+\alpha_2(x))] \tag{2.8}$$

のように足し算の規則で合成され，ゲージ群は Abel 群 $U(1)$ を構成し，電磁場 A_μ は **Abel 的ゲージ場**とも呼ばれる．

微分 D_μ を使うと種々の議論が簡単になる．(2.6)，(2.7)から，$D_\mu\psi(x)$ は (2.6)の $\psi(x)$ と同様に

$$D_\mu\psi(x) \to U(x)D_\mu U(x)^\dagger U(x)\psi(x) = U(x)D_\mu\psi(x) \tag{2.9}$$

と変換され，この理由で D_μ は**共変微分**(covariant derivative)と呼ばれる．(2.9)から(2.1)で $\bar{\psi}\gamma^\mu D_\mu\psi$ はゲージ不変であることがわかり，Maxwellの作用のゲージ不変性は

$$[D_\mu, D_\nu] \equiv D_\mu D_\nu - D_\nu D_\mu = (-ie)(\partial_\mu A_\nu - \partial_\nu A_\mu) = -ieF_{\mu\nu} \qquad (2.10)$$

と(2.7)から得られる関係式

$$[UD_\mu U^\dagger, UD_\nu U^\dagger] = U[D_\mu, D_\nu]U^\dagger = -ieF_{\mu\nu} \qquad (2.11)$$

を用いると理解できる．この記法では(1.8)の $F_{\mu\nu}$ の定義のみから得られるMaxwellの方程式の組は

$$[D_\mu, [D_\nu, D_\alpha]] + [D_\nu, [D_\alpha, D_\mu]] + [D_\alpha, [D_\mu, D_\nu]] = 0 \qquad (2.12)$$

というJacobiの恒等式に(2.10)を組み合わせた式

$$\partial_\mu F_{\nu\alpha} + \partial_\nu F_{\alpha\mu} + \partial_\alpha F_{\mu\nu} = 0 \qquad (2.13)$$

で添字 μ, ν, α を適当にとることにより得られる．

(2.1)の特徴としては，**Pauli項**と呼ばれる

$$gF_{\mu\nu}(x)\bar{\psi}(x)[\gamma^\mu, \gamma^\nu]\psi(x) \qquad (2.14)$$

の形の相互作用はゲージ不変であるが含まれていないことがあげられる．これは(2.1)のくり込み可能性と関係しており，(2.14)をつけ加えた理論は後に議論するようにくり込み可能ではない．共変微分(2.5)を通じて，(2.1)のように粒子の系と結合しているゲージ場の理論は**最小結合**(minimal coupling)した理論と呼ばれる．(2.1)のLorentz共変性に関しては6-1節参照．

2-2 電磁場の量子化

Maxwell理論の粒子(光子)的側面の内容を見るために(1.3)で定義された自由な電磁場の量子化を考える．

$$S = \int d^4x \left[\frac{1}{2}(\partial_0 A_k - \partial_k A_0)^2 - \frac{1}{4}F_{kl}{}^2\right] \qquad (2.15)$$

から $\dot{A}_k = \partial_0 A_k$，$k = 1, 2, 3$ などと記して，A_μ に共役な運動量変数は

$$\begin{aligned} \Pi_0(x) &= \frac{\delta}{\delta \dot{A}_0(x)} S = 0 \\ \Pi_k(x) &= \frac{\delta}{\delta \dot{A}_k(x)} S = \partial_0 A_k(x) - \partial_k A_0(x) \end{aligned} \tag{2.16}$$

と与えられる．ハミルトニアンは

$$\begin{aligned} H &= \int [\Pi_0(x)\dot{A}_0(x) + \Pi_k(x)\dot{A}_k(x) - \mathcal{L}] d^3x \\ &= \int \left[\frac{1}{2}\Pi_k{}^2 + \frac{1}{4}F_{kl}{}^2 - A_0\partial_k\Pi_k\right] d^3x \end{aligned} \tag{2.17}$$

となる．正準理論は解析力学の同時刻での **Poisson 括弧**(bracket)$[q_k, p_l] = \delta_{kl}$，$[q_k, q_l] = [p_k, p_l] = 0$ の一般化として，$A_\mu(x)$ を座標，$\Pi_\mu(x)$ を運動量と見なして

$$\begin{aligned} \{\Pi_0(t, \boldsymbol{x}), A_0(t, \boldsymbol{y})\}_{\mathrm{PB}} &= -\delta^3(\boldsymbol{x}-\boldsymbol{y}) \\ \{\Pi_k(t, \boldsymbol{x}), A_l(t, \boldsymbol{y})\}_{\mathrm{PB}} &= -\delta_{kl}\delta^3(\boldsymbol{x}-\boldsymbol{y}) \end{aligned} \tag{2.18}$$

という形式的な代数関係で定義され，他の組み合わせの Poisson 括弧は 0 とする．現在の理論では(2.16)から $\Pi_0=0$ という制約がついている．Π_0 のように正準運動量を定義するときに現われる制約は原初的拘束条件(primary constraint)と呼ばれる．このように位相空間の変数に拘束条件がついているときに Poisson 括弧を書くには，とりあえず(2.18)に従って形式的に Poisson 括弧を計算してその後で $\Pi_0=0$ と置く．この処方で得られる関係式を弱い関係式と呼び $\approx$ を使って書くことにする．(2.18)から A_μ および Π_μ の任意の関数の Poisson 括弧が導かれるのは解析力学の場合と同じである．場の理論では，座標 $\boldsymbol{x}$ は場の変数 $A_\mu(\boldsymbol{x}, t)$ の指標となり力学的変数ではなくなる．

Dirac に従って拘束条件を

$$\phi_1(x) = \Pi_0(x) \approx 0 \tag{2.19}$$

と書き，全ハミルトニアン(total Hamiltonian)は(2.17)の H を一般化して

$$H_{\mathrm{T}} \equiv H + \int u(x)\Pi_0(x) d^3x \tag{2.20}$$

と任意の関数 $u(x)$ を使って書く．物理的には $u(x)$ は(2.17)の H では指定されない A_0 の時間微分に対応する．

$\phi_1 \approx 0$ が H_{T} による時間発展と矛盾しないためには

$$\dot{\phi}_1(x) = \{\phi_1(x), H_{\mathrm{T}}\}_{\mathrm{PB}} = -\partial_k \Pi_k(x) \approx 0 \tag{2.21}$$

が要求される．このようにして生成される新しい拘束 $\partial_k \Pi_k(x) \approx 0$ は一般に**2次的拘束**(secondary constraint)と呼ばれ

$$\phi_2(x) = \partial_k \Pi_k(x) \approx 0 \tag{2.22}$$

と書く．現在の例では(2.22)の時間発展および $\phi_1(x) \approx 0$ との整合性は

$$\begin{aligned} &\{\phi_2(x), H_{\mathrm{T}}\}_{\mathrm{PB}} = 0 \\ &\{\phi_2(\boldsymbol{x}, t), \phi_1(\boldsymbol{y}, t)\}_{\mathrm{PB}} = 0 \end{aligned} \tag{2.23}$$

により保証され，これ以上の拘束は現われない．このように全ての拘束条件同士およびハミルトニアンとのPoisson括弧がすでに知られている拘束条件の線型結合で書かれているとき，拘束の組 ϕ_1, ϕ_2 は**第1種の拘束**(first class constraints)と呼ばれ，物理的には意味のない余分な自由度(例えばゲージ自由度)の存在に対応する．

量子論は，Poissonの括弧(2.18)を対応する同時刻交換関係

$$[\hat{\Pi}_0(t, \boldsymbol{x}), \hat{A}_0(t, \boldsymbol{y})] = -i\delta^3(\boldsymbol{x}-\boldsymbol{y}) \tag{2.24}$$

$$[\hat{\Pi}_k(t, \boldsymbol{x}), \hat{A}_l(t, \boldsymbol{y})] = -i\delta_{kl}\delta^3(\boldsymbol{x}-\boldsymbol{y}) \tag{2.25}$$

および他の組み合わせは0に置き換えることにより得られる．このとき，(2.20)の H_{T} は $\hat{H}_{\mathrm{T}}(\hat{\Pi}, \hat{A})$ となり，場の変数の運動方程式は，例えば

$$\begin{aligned} \dot{\hat{\Pi}}_l(x) &= i[\hat{H}_{\mathrm{T}}, \hat{\Pi}_l(x)] = \partial_k \hat{F}_{kl} \\ \dot{\hat{A}}_l(x) &= i[\hat{H}_{\mathrm{T}}, \hat{A}_l(x)] = \hat{\Pi}_l(x) + \partial_l \hat{A}_0(x) \end{aligned}$$

から

$$\partial_0(\partial_0 \hat{A}_l(x) - \partial_l \hat{A}_0(x)) - \partial_k \hat{F}_{kl}(x) = 0 \tag{2.26}$$

というMaxwell方程式(1.5)の量子化版が得られる．場の変数が(2.26)のように時間発展し状態ベクトル $|\Psi\rangle$ が時間的に固定されている描像(picture)は**Heisenberg描像**と呼ばれる．他方，場の変数を例えば $t=0$ に固定して，状態ベクトル $|\Psi\rangle$ をSchrödinger方程式

$$i\partial_t \Psi(t)\rangle = \hat{H}_{\mathrm{T}}(t=0)\Psi(t)\rangle \tag{2.27}$$

に従って変化させる描像は**Schrödinger 描像**と呼ばれる．これら2つの描像は量子力学におけると同様に

$$\langle \Psi_{\mathrm{H}}, \hat{A}_\mu(\boldsymbol{x}, t)\Psi_{\mathrm{H}}\rangle = \langle \Psi_{\mathrm{S}}(t), \hat{A}_\mu(\boldsymbol{x}, 0)\Psi_{\mathrm{S}}(t)\rangle \tag{2.28}$$

で結ばれており，一般に $\hat{H}_{\mathrm{T}}$ を使って

$$\hat{A}_\mu(\boldsymbol{x}, t) = \exp[i\hat{H}_{\mathrm{T}}t]\hat{A}_\mu(\boldsymbol{x}, 0)\exp[-i\hat{H}_{\mathrm{T}}t] \tag{2.29}$$

と書かれる．$\hat{A}_\mu(\boldsymbol{x})$ を対角化する $\Psi(t)\rangle$ の汎関数表示

$$\langle A_\mu|\Psi(t)\rangle \equiv \Psi(t, A_\mu(\boldsymbol{x})), \qquad \langle A_\mu|\hat{A}_\mu(\boldsymbol{x}) = A_\mu(\boldsymbol{x})\langle A_\mu|$$

$$\langle A_\mu|\hat{\Pi}_\mu(\boldsymbol{x}) = \frac{\delta}{i\delta A_\mu(\boldsymbol{x})}\langle A_\mu|$$

で書いたSchrödinger 汎関数微分方程式

$$\begin{aligned} i\partial_t \Psi(t, A_\mu(\boldsymbol{x})) &= \hat{H}_{\mathrm{T}}\Big(A_\mu(\boldsymbol{x}), \frac{\delta}{i\delta A_\mu(\boldsymbol{x})}\Big)\Psi(t, A_\mu(\boldsymbol{x})) \\ \hat{\phi}_1\Psi(t, A_\mu(\boldsymbol{x})) &= \frac{\delta}{i\delta A_0(\boldsymbol{x})}\Psi(t, A_\mu(\boldsymbol{x})) = 0 \\ \hat{\phi}_2\Psi(t, A_\mu(\boldsymbol{x})) &= \partial_k\Big(\frac{\delta}{i\delta A_k(\boldsymbol{x})}\Big)\Psi(t, A_\mu(\boldsymbol{x})) = 0 \end{aligned} \tag{2.30}$$

は古典的な場の理論との関連とか後の経路積分との関連を理解するのに便利である．(2.30)の $\Psi(t, A_\mu(\boldsymbol{x}))$ は量子力学の座標表示 $\langle \boldsymbol{x}|\Psi(t)\rangle = \Psi(t, \boldsymbol{x})$ の場の理論への一般化である．(2.30)で第1種の拘束条件は物理的状態ベクトル Ψ に対する制約として表現され，これらの制約がお互いの間でもまたSchrödinger 方程式による時間発展とも矛盾しないことは(2.23)とその量子化版により保証される．$\hat{\phi}_1\Psi=0$ は Ψ が A_0 に依存しないこと，$\hat{\phi}_2\Psi=0$ は物理的状態 Ψ がゲージ自由度に依存しないことを示す．この後者は $\omega(\boldsymbol{x})$ を任意の関数として，(2.30)の第3式を使って

$$\begin{aligned} \exp\Big[i\int \omega(\boldsymbol{x})\hat{\phi}_2(\boldsymbol{x})d^3x\Big]\Psi(t, A_k(\boldsymbol{x})) &= \Psi(t, A_k(\boldsymbol{x})-\partial_k\omega(\boldsymbol{x})) \\ &= \Psi(t, A_k(\boldsymbol{x})) \end{aligned} \tag{2.31}$$

からわかる．(2.31)から微分 ∂_k に比例する $A_k(\boldsymbol{x})$ の**縦波成分**は $\omega(\boldsymbol{x})$ を適当

に選ぶと 0 にできるので，光子は横波の 2 つの物理的自由度を持つことになる．

以上の Dirac によるハミルトニアン形式は，ゲージ条件を課さずにゲージ理論の持つ物理的内容を理解する一般的な枠組を与える．しかし，実際の計算を行なう場合にはゲージ条件を課してより少ない変数を扱うのが普通である．まず(2.30)の $\hat{\phi}_1\Psi=0$ から物理的状態 Ψ は A_0 に依存せず，また $\hat{\phi}_2\Psi=0$ が満たされれば(2.17)と(2.20)からわかるように(2.30)の $\hat{H}_{\rm T}$ は A_0 に陽に依存しなくなる．したがって，

$$A_0(x)=0=\Pi_0(x) \tag{2.32}$$

という解を最初から選んでも，現在の**ハミルトニアン形式**では物理的内容を何一つ失うことはない．次に(2.31)および(2.23)のハミルトニアンのゲージ不変性

$$\{\phi_2, H_{\rm T}\}_{\rm PB}=0$$

から位相空間の変数にあらかじめ

$$\partial^k A_k(x)=0, \qquad \partial_k \Pi_k(x)=0 \tag{2.33}$$

という **Coulomb ゲージ**条件を課して(したがってゲージ不変性を陽に示さない)理論を定式化することが許される*．このとき $A_k(x)_{\rm T}$, $\Pi_k(x)_{\rm T}$ を(2.33)を満たす**横波成分**とすると，(2.17)の H は

$$H=\frac{1}{2}\int[(\Pi_k(x)_{\rm T})^2+\partial_l A_k(x)_{\rm T}\partial_l A_k(x)_{\rm T}]d^3x \tag{2.34}$$

のように横波の自由度のみを使って書かれる．同時に Poisson 括弧(2.18)および交換関係(2.25)は空間微分に比例する縦波成分を差し引いて($\partial_k=\partial/\partial x^k$ として $A_k(x)_{\rm T}=(\delta_{kl}-\partial_k\partial_l/\Delta)A_l(x)$ などと書けるので)

$$\{\Pi_k(t,\boldsymbol{x})_{\rm T}, A_l(t,\boldsymbol{y})_{\rm T}\}_{\rm PB}=-(\delta_{kl}-\partial^k\partial_l/\partial^m\partial_m)\delta^3(\boldsymbol{x}-\boldsymbol{y}) \tag{2.35}$$

$$[\hat{\Pi}_k(t,\boldsymbol{x})_{\rm T}, \hat{A}_l(t,\boldsymbol{y})_{\rm T}]=-i(\delta_{kl}-\partial^k\partial_l/\partial^m\partial_m)\delta^3(\boldsymbol{x}-\boldsymbol{y}) \tag{2.36}$$

に置き換えられる．(2.35)は $\{\partial_k\Pi_k, A_l\}_{\rm PB}=0$ などを満たしゲージ条件(2.33)

---

* ここでは(2.32)はハミルトニアン形式での力学的考察から選ばれ，本来のゲージ不変性に関係したゲージ条件は(2.33)で与えられると考える．任意の A_k からゲージ変換で $\partial^k A_k'=\partial^k A_k+\partial^k\partial_k\omega=0$ を満たす場へ移すには $\omega(t,\boldsymbol{x})=(1/4\pi)\int|\boldsymbol{x}-\boldsymbol{y}|^{-1}\partial^k A_k(t,\boldsymbol{y})d^3y$ と選べばよい．

と矛盾しない．

実際の応用においては，(2.30)の形の汎関数方程式を扱う代りに，それと同等な $A_k(x)_{\rm T}$ を完全系で展開しその係数を力学変数とする粒子数(**Fock 空間**)表示が見通しがよい．まず(2.34)をハミルトニアンとする正準方程式は

$$\begin{aligned}\dot{A}_k(x)_{\rm T} &= \{A_k(x)_{\rm T}, H\}_{\rm PB} = \Pi_k(x)_{\rm T} \\ \dot{\Pi}_k(x)_{\rm T} &= \{\Pi_k(x)_{\rm T}, H\}_{\rm PB} = \partial_l{}^2 A_k(x)_{\rm T} \\ \ddot{A}_k(x)_{\rm T} - \partial_l{}^2 A_k(x)_{\rm T} &\equiv \Box A_k(x)_{\rm T} = 0\end{aligned} \tag{2.37}$$

となり，$A_k(x)_{\rm T}$ は質量 0 ($q_\mu{}^2=0$) の実の 2 つの自由度を記述することがわかる．$q_0=|\boldsymbol{q}|$ として量子化された場の変数 $\hat{A}_k(x)_{\rm T}$ を

$$\hat{\boldsymbol{A}}(x)_{\rm T} = \sum_{j=1}^{2}\int\frac{d^3q}{\sqrt{(2\pi)^3 2q_0}}\left[\boldsymbol{\varepsilon}^{(j)}(q)a^{(j)}(q)e^{-iqx} + \boldsymbol{\varepsilon}^{(j)}(q)a^{(j)}(q)^\dagger e^{iqx}\right] \tag{2.38}$$

と展開する．ただし，横波の電磁波の分極ベクトル $\boldsymbol{\varepsilon}(q)$ を運動量 $\boldsymbol{q}$ が z 軸の正の方向に向いているとき

$$\begin{aligned}&\boldsymbol{\varepsilon}^{(1)}(q) = (1,0,0), \quad \boldsymbol{\varepsilon}^{(2)}(q) = (0,1,0); \quad \boldsymbol{q} \equiv (0,0,|\boldsymbol{q}|) \\ &\varepsilon_k{}^{(1)}(q)\varepsilon_l{}^{(1)}(q) + \varepsilon_k{}^{(2)}(q)\varepsilon_l{}^{(2)}(q) = \delta_{kl} - q_k q_l/(\boldsymbol{q})^2\end{aligned} \tag{2.39}$$

と選び，一般の $\boldsymbol{q}$ に関しては(2.39)の表式を回転して定義する．このとき交換関係(2.36)は

$$\begin{aligned}&[a^{(i)}(q), a^{(j)}(q')^\dagger] = \delta_{ij}\delta^3(\boldsymbol{q}-\boldsymbol{q}') \\ &[a^{(i)}(q), a^{(j)}(q')] = [a^{(i)}(q)^\dagger, a^{(j)}(q')^\dagger] = 0\end{aligned} \tag{2.40}$$

を要求する．(2.37)を考慮すると(2.34)の H の量子化されたものは

$$\hat{H} = \int d^3q\{q_0[a^{(1)}(q)^\dagger a^{(1)}(q) + a^{(2)}(q)^\dagger a^{(2)}(q)] + q_0\delta^3(0)\} \tag{2.41}$$

となる．以後は(2.41)で零点エネルギー q_0 を無視して，真空状態 $|0\rangle$ を量子力学での調和振動子の $a, a^\dagger$ 表示における基底状態と類似の

$$a^{(1)}(q)|0\rangle = a^{(2)}(q)|0\rangle = \hat{H}|0\rangle = 0 \tag{2.42}$$

で定義する．このように，消滅演算子 a を全て生成演算子 $a^\dagger$ の右側に移し，物理的に意味のない c 数の項を無視する処方は**正規順序化**(normal ordering)

と呼ばれる．この処方を施した $\hat{H}$ は：$\hat{H}$：と記されることが多いが，本書では：$\hat{H}$：を単に $\hat{H}$ と記す．

$a^{(i)}(q)^\dagger|0\rangle$ で定義される**1光子状態**のエネルギーおよび内積は

$$\begin{aligned}\hat{H}a^{(i)}(q)^\dagger|0\rangle &= q_0 a^{(i)}(q)^\dagger|0\rangle \\ \langle 0|a^{(i)}(q)a^{(j)}(q')^\dagger|0\rangle &= \delta^3(\boldsymbol{q}-\boldsymbol{q}')\delta_{ij}\end{aligned} \tag{2.43}$$

となり，正のエネルギーと正定値の内積を与える．1光子状態の波動関数および付録A,Bで説明したT積(Green関数)は

$$\begin{aligned}&\langle 0|\hat{\boldsymbol{A}}(\boldsymbol{x},t)a^{(j)}(q)^\dagger|0\rangle = \frac{1}{\sqrt{(2\pi)^3 2q_0}}\boldsymbol{\varepsilon}^{(j)}(q)e^{-iqx} \\ &\langle 0|\mathrm{T}\hat{A}_k(x)\hat{A}_l(y)|0\rangle \\ &\quad \equiv \langle 0|\hat{A}_k(x)\hat{A}_l(y)\theta(x^0-y^0)+\hat{A}_l(y)\hat{A}_k(x)\theta(y^0-x^0)|0\rangle \\ &\quad = \int\frac{d^3q}{(2\pi)^3 2q_0}(\delta_{kl}-q_k q_l/\boldsymbol{q}^2)\{e^{-iq(x-y)}\theta(x^0-y^0)+e^{iq(x-y)}\theta(y^0-x^0)\}\end{aligned} \tag{2.44}$$

となる*．ただし，$x^0>y^0$ で $\theta(x^0-y^0)=1$，$x^0<y^0$ で $\theta(x^0-y^0)=0$ とする．

状態ベクトル $\boldsymbol{\Psi}(t)\rangle$ は(2.41)の $\hat{H}$ を使ったSchrödinger方程式(2.27)を満たし，一般に基底(base)ベクトル

$$|n_1, n_2, \cdots\rangle \equiv \frac{1}{\sqrt{n_1!}}(a^{(i_1)}(q_1)^\dagger)^{n_1}\frac{1}{\sqrt{n_2!}}(a^{(i_2)}(q_2)^\dagger)^{n_2}\cdots|0\rangle \tag{2.45}$$

の完全系で展開される．(2.45)は $\varepsilon^{(i_1)}(q_1)$ 状態に n_1 個，$\varepsilon^{(i_2)}(q_2)$ 状態に n_2 個，…の光子が存在する状態を表わし，エネルギーの固有状態

$$\hat{H}|n_1, n_2, \cdots\rangle = (n_1 q_1{}^0 + n_2 q_2{}^0 + \cdots)|n_1, n_2, \cdots\rangle \tag{2.46}$$

に属する．ただし，$q^0=|\boldsymbol{q}|>0$ とする．(2.43)で運動量を離散化し，$\delta^3(\boldsymbol{q}-\boldsymbol{q}')\to\delta_{\boldsymbol{q}\boldsymbol{q}'}$ とすると，(2.45)の内積は

$$\langle n_1, n_2, \cdots|n_1{}', n_2{}', \cdots\rangle = \delta_{n_1 n_1{}'}\delta_{n_2 n_2{}'}\cdots \tag{2.45$'$}$$

となる．

* (2.44)のT積がGreen関数を与えることは，後にLorentz共変な量子化での表式(2.94)と(2.95)で説明する．

自由な Dirac 場の量子化

次に Dirac 場の正準量子化を説明する．(2.1)の Dirac 場のみに依存する部分から ψ に共役な運動量は

$$\Pi_\psi(x) = \frac{\delta}{\delta\dot{\psi}(x)}\int[\bar{\psi}i\gamma^\mu\partial_\mu\psi - m\bar{\psi}\psi]d^4x = i\psi(x)^\dagger \tag{2.47}$$

と与えられ，量子化は Fermi 統計を考慮して

$$\begin{aligned}&\{\hat{\psi}_\alpha(\boldsymbol{x},t)^\dagger, \hat{\psi}_\beta(\boldsymbol{y},t)\}_+ = \delta^3(\boldsymbol{x}-\boldsymbol{y})\delta_{\alpha\beta}\\&\{\hat{\psi}_\alpha(\boldsymbol{x},t)^\dagger, \hat{\psi}_\beta(\boldsymbol{y},t)^\dagger\}_+ = \{\hat{\psi}_\alpha(\boldsymbol{x},t), \hat{\psi}_\beta(\boldsymbol{y},t)\}_+ = 0\end{aligned} \tag{2.48}$$

のように**反交換関係**を用いて定義される．量子化された場 $\hat{\psi}(\boldsymbol{x},t)$ を

$$\hat{\psi}(\boldsymbol{x},t) = \sum_s\int\frac{d^3p}{\sqrt{(2\pi)^3 2p_0}}[u(p,s)b(p,s)e^{-ipx} + v(p,s)d^\dagger(p,s)e^{ipx}] \tag{2.49}$$

と 1 体の Dirac 方程式の解の完全系で展開する．ただし，正のエネルギー解 $u(p,s)$ と負のエネルギー解 $v(p,s)$ は $p_0=\sqrt{\boldsymbol{p}^2+m^2}$，$\bar{u}=u^\dagger\gamma^0$，$\bar{v}=v^\dagger\gamma^0$，$\not{p}=\gamma^\mu p_\mu$ として，

$$\begin{cases}(\not{p}-m)u(p,s)=0\\(\not{p}+m)v(p,s)=0\end{cases}\qquad\begin{cases}\bar{u}(p,s)(\not{p}-m)=0\\\bar{v}(p,s)(\not{p}+m)=0\end{cases} \tag{2.50}$$

で定義され，規格化と直交性

$$\bar{u}(p,s)u(p,s') = 2m\,\delta_{ss'},\qquad \bar{v}(p,s)v(p,s') = -2m\,\delta_{ss'}$$

$$u(p,s)^\dagger u(p,s') = 2p_0\delta_{ss'} = v(p,s)^\dagger v(p,s')$$

$$\bar{v}(p,s)u(p,s') = 0 = v(p,s)^\dagger u(p_0,-\boldsymbol{p},s')$$

および完全性

$$\sum_{\pm s}u_\alpha(p,s)\bar{u}_\beta(p,s) = (\not{p}+m)_{\alpha\beta},\qquad \sum_{\pm s}v_\alpha(p,s)\bar{v}_\beta(p,s) = (\not{p}-m)_{\alpha\beta}$$

などの関係式を満たし，s はスピン自由度を表わす(付録 A-2 も参照)．

このとき(2.48)は

$$\begin{aligned}&\{b^\dagger(p,s), b(p',s')\}_+ = \{d^\dagger(p,s), d(p',s')\}_+ = \delta_{ss'}\delta^3(\boldsymbol{p}-\boldsymbol{p}')\\&\{b^\dagger(p,s), b^\dagger(p',s')\}_+ = \{d^\dagger(p,s), d^\dagger(p',s')\}_+ = 0\end{aligned} \tag{2.51}$$

および他の b と d の組み合わせは全て0となることを要求する．ハミルトニアンは

$$\hat{H} = \int [\hat{\Pi}_\psi \dot{\hat{\psi}} - \hat{\mathcal{L}}] d^3x = -\int \hat{\psi}^\dagger [i\gamma^0 \gamma^k \partial_k - m\gamma^0] \hat{\psi} d^3x$$

$$= \sum_s \int d^3p \{ p_0 [b^\dagger(p,s) b(p,s) + d^\dagger(p,s) d(p,s)] - p_0 \delta^3(0) \} \quad (2.52)$$

となる．(2.42)と同様に零点エネルギー$(-p_0)$を無視し，真空状態 $|0\rangle$ を $b(p,s)|0\rangle = d(p,s)|0\rangle = \hat{H}|0\rangle = 0$ と定義する．このとき1粒子状態のエネルギー，内積および波動関数はそれぞれ

$$\hat{H} b^\dagger(p,s)|0\rangle = p_0 b^\dagger(p,s)|0\rangle, \qquad \hat{H} d^\dagger(p,s)|0\rangle = p_0 d^\dagger(p,s)|0\rangle$$

$$\langle 0 | b(p,s) b^\dagger(p',s') | 0 \rangle = \langle 0 | d(p,s) d^\dagger(p',s') | 0 \rangle = \delta_{ss'} \delta^3(\boldsymbol{p} - \boldsymbol{p}')$$

$$\langle 0 | \hat{\psi}(\boldsymbol{x},t) b^\dagger(p,s) | 0 \rangle = \frac{1}{\sqrt{(2\pi)^3 2p_0}} u(p,s) e^{-ipx} \quad (2.53)$$

$$\langle 0 | \hat{\bar{\psi}}(\boldsymbol{x},t) d^\dagger(p,s) | 0 \rangle = \frac{1}{\sqrt{(2\pi)^3 2p_0}} \bar{v}(p,s) e^{-ipx}$$

となり，正のエネルギーと正定値の内積を与える．T積(Green関数)は

$$\langle 0 | \mathrm{T} \hat{\psi}_\alpha(x) \hat{\bar{\psi}}_\beta(y) | 0 \rangle \equiv \langle 0 | \hat{\psi}_\alpha(x) \hat{\bar{\psi}}_\beta(y) \theta(x^0 - y^0) - \hat{\bar{\psi}}_\beta(y) \hat{\psi}_\alpha(x) \theta(y^0 - x^0) | 0 \rangle$$

$$= \sum_s \int \frac{d^3p}{(2\pi)^3 2p_0} [u_\alpha(p,s) \bar{u}_\beta(p,s) e^{-ip(x-y)} \theta(x^0 - y^0) - v_\alpha(p,s) \bar{v}_\beta(p,s) e^{ip(x-y)} \theta(y^0 - x^0)] \quad (2.54)$$

と書かれる(付録(A.37)参照)．(2.54)で重要な点は負のエネルギー解 $v(p,s)$ は時間軸の負の方向$(x^0 < y^0)$にのみ伝搬し，時間軸の正の方向に伝搬する(正のエネルギーを運ぶ)陽電子として解釈されることである．これは(2.53)の1粒子状態のエネルギー固有値および波動関数の表示とも合致する．

Schrödinger 方程式を満たす状態ベクトル $\Psi(t)\rangle$ を展開する基底ベクトルの完全系は(2.45)に対応して粒子数(あるいはFock空間)表示で

$$|\bar{n}_1, \bar{n}_2, \cdots, n_1, n_2, \cdots\rangle$$
$$= (d^\dagger(p_1, s_1))^{\bar{n}_1}(d^\dagger(p_2, s_2))^{\bar{n}_2}\cdots(b^\dagger(p_1, s_1))^{n_1}(b^\dagger(p_2, s_2))^{n_2}\cdots|0\rangle \tag{2.55}$$

で与えられる．$b^\dagger$ で生成される電子 e，$d^\dagger$ で生成される陽電子 $\bar{\mathrm{e}}$ は $(b^\dagger(p, s))^2 = 0$ などから同一状態には 2 個以上入ることが許されず n_i と $\bar{n}_i$ は 0 あるいは 1 となる．すなわちフェルミオンとなる．(2.55)の内積は(2.45)′と同様に

$$\langle\cdots, n_2, n_1, \cdots, \bar{n}_2, \bar{n}_1|\bar{n}_1', \bar{n}_2', \cdots, n_1', n_2', \cdots\rangle = \delta_{n_1n_1'}\delta_{n_2n_2'}\cdots\delta_{\bar{n}_1\bar{n}_1'}\delta_{\bar{n}_2\bar{n}_2'}\cdots \tag{2.55$'$}$$

となる．

場の量子化と確率解釈

ここで場の量子化の基本および通常の量子力学との関連を簡単に説明したい．

場の理論における状態ベクトル $\Psi(t)\rangle$ は一般に(2.45)，(2.55)の基底ベクトル(およびその直積)の完全系 $|N\rangle$ で

$$\Psi(t)\rangle = \sum_N \alpha_N(t)|N\rangle \tag{2.56}$$

のように展開され，全系のハミルトニアンを $\hat{H}$ として

$$i\partial_t\Psi(t)\rangle = \hat{H}\Psi(t)\rangle \tag{2.57}$$

で与えられる Schrödinger 方程式を満たす．これは相互作用がある場合にも成立する．ハミルトニアンが Hermite 的 $\hat{H}^\dagger = \hat{H}$ であれば(2.57)，(2.56)から

$$\frac{d}{dt}\langle\Psi(t), \Psi(t)\rangle = \frac{d}{dt}\left(\sum_N |\alpha_N(t)|^2\right) = 0 \tag{2.58}$$

という Heisenberg 表示との関係から予想される式が得られる．ここで $|N\rangle$ が**正定値**の内積 $\langle N|N'\rangle = \delta_{NN'}$ を与えるとしたが，ゲージ理論の Lorentz 共変な量子化ではこのことは自明ではなく，内積の正定値性の証明が後の議論の中心テーマの 1 つになる．(2.58)において $|\alpha_N(t)|^2$ を状態 $|N\rangle$ が実現される確率と解釈すると確率の保存が成立する．ある時刻 t_0 で $\Psi(t_0)\rangle = |N_\mathrm{i}\rangle$ から出発して，時間 t における確率から

$$|\alpha_{N_\mathrm{f}}(t)|^2 = |\langle N_\mathrm{f}|\Psi(t)\rangle|^2 = |\langle N_\mathrm{f}|e^{-i\hat{H}(t-t_0)}|N_\mathrm{i}\rangle|^2 \tag{2.59}$$

により $|N_\mathrm{i}\rangle$ から $|N_\mathrm{f}\rangle$ への遷移確率が求められることになる．ただし(2.57)は形式的に $\Psi(t)\rangle=\exp[-i\hat{H}(t-t_0)]\Psi(t_0)\rangle$ と解けることを使った．

(2.59)が量子力学の確率解釈の一般化になっており，このことは例えば Dirac 方程式に対しては次のように示される．1粒子の状態(例えば電子)を考えると，(2.56),(2.57)は左から $\langle 0|b(\boldsymbol{p},s)$ を乗じることにより係数 $\alpha_N(t)$ に対して

$$i\partial_t\alpha_{p,s}(t)=\sum_{p',s'}\langle 0|b(\boldsymbol{p},s)\hat{H}b^\dagger(\boldsymbol{p}',s')|0\rangle\alpha_{p',s'}(t) \tag{2.60}$$

という方程式を解くことになる．他方，量子力学で正のエネルギー解に対して(ただし，$p_0\equiv\sqrt{\boldsymbol{p}^2+m^2}>0$ として)

$$\psi(\boldsymbol{x},t)=\sum_{p,s}a_{p,s}(t)u(p,s)\frac{1}{\sqrt{(2\pi)^3 2p_0}}e^{ipx} \tag{2.61}$$

と展開し，Dirac 方程式 $i\partial_t\psi=h\psi$ に代入して

$$\int e^{-ipx}u(p,s)^\dagger hu(p',s')e^{ip'x}\frac{d^3x}{(2\pi)^3 2p_0}=\langle 0|b(p,s)\hat{H}b^\dagger(p',s')|0\rangle \tag{2.62}$$

に注意すれば，$a_{p,s}(t)$ が(2.60)と同じ方程式を満たすことになる．したがって量子力学での $|a_{p,s}(t)|^2$ と $|\alpha_{p,s}(t)|^2$ が同じ確率解釈を与える．一般に

$$\langle 0|\hat{\psi}(\boldsymbol{x},0)\Psi(t)\rangle=\sum_{p,s}\alpha_{p,s}(t)u(p,s)\frac{1}{\sqrt{(2\pi)^3 2p_0}}e^{ipx} \tag{2.63}$$

が1粒子状態の確率振幅を与える．(2.63)は波動関数の **Fock 表示**と呼ばれるものの一例になっている．$\langle 0|\hat{\bar{\psi}}(\boldsymbol{x})\Psi(t)\rangle$ を考えると，負のエネルギー解に対する Dirac のホール理論と同等な理論が得られる．

2-3 相互作用する電磁場の量子化

電磁場と Dirac 場が相互作用する(2.1)の量子化は，(2.16)と(2.47)に従って行なわれる．ハミルトニアンは(2.17),(2.52)と同様な考察から

$$H = \int d^3x \left\{ \frac{1}{2}\Pi_k{}^2 + \frac{1}{4}F_{kl}{}^2 - \psi^\dagger[i\gamma^0\gamma^k(\partial_k - ieA_k) - m\gamma^0]\psi - A_0(\partial_k \Pi_k + e\psi^\dagger\psi) \right\} \tag{2.64}$$

と与えられ，原初的拘束は(2.19)と同じく $\phi_1 = \Pi_0(x) \approx 0$ で与えられる．$\phi_1(x)$ の時間発展から2次的拘束は(2.22)に代って

$$\phi_2(x) = \partial_k \Pi_k(x) + e\psi^\dagger(x)\psi(x) \approx 0 \tag{2.65}$$

となる．$\{H, \phi_2\}_{\mathrm{PB}} = 0$ であり，$\phi_2(x)$ はゲージ変換を生成する*．

$$\begin{aligned} \left\{ \int \omega(x)\phi_2(x)d^3x, A_l(y) \right\}_{\mathrm{PB}} &= \partial_l \omega(y) \\ \left\{ \int \omega(x)\phi_2(x)d^3x, \psi(y) \right\}_{\mathrm{PB}} &= ie\omega(y)\psi(y) \end{aligned} \tag{2.66}$$

ϕ_1, ϕ_2 と H は(2.23)と同じく**第1種の拘束系**をなすことが確かめられる．$\phi_1 = 0 = A_0$ と選んでも力学的内容が失われないのは(2.32)の場合と同様である．(2.33)の Coulomb ゲージ条件は，

$$\begin{aligned} &\partial^k A_k(x) = 0 \\ &\phi_2 = \partial_k \Pi_k(x)_{\mathrm{L}} + e\psi^\dagger(x)\psi(x) = \partial_k{}^2 \Pi(x) + e\psi^\dagger\psi = 0 \end{aligned} \tag{2.67}$$

と変更される．ただし，$\partial_k \Pi_k(x)_{\mathrm{T}} = 0$ で横波成分を定義し，Π_k の縦成分はある関数 $\Pi(x)$ の微分 $\Pi_k(x)_{\mathrm{L}} = \partial_k \Pi(x)$ で書けるとした．(2.67)から $\Pi(x) = (1/4\pi)\int |\boldsymbol{x} - \boldsymbol{y}|^{-1} e\psi^\dagger(y)\psi(y)d^3y$ と解けることを使うと，(2.64)のハミルトニアンの量子化版は

$$\begin{aligned} \hat{H} = \int \Biggl\{ &\frac{1}{2}\hat{\Pi}_k(x)_{\mathrm{T}}{}^2 + \frac{1}{2}(\partial_l \hat{A}_k(x)_{\mathrm{T}})^2 - \hat{\psi}^\dagger(x)[i\gamma^0\gamma^k(\partial_k - ie\hat{A}_k(x)_{\mathrm{T}}) - \gamma^0 m]\hat{\psi}(x) \\ &+ \frac{e^2}{8\pi}\int \hat{\psi}^\dagger(x)\hat{\psi}(x)\frac{\delta(x^0 - y^0)}{|\boldsymbol{x} - \boldsymbol{y}|}\hat{\psi}^\dagger(y)\hat{\psi}(y)d^4y \Biggr\} d^3x \end{aligned} \tag{2.68}$$

のように物理的自由度のみで書かれる．$A_k(x)_{\mathrm{T}}$ は $\partial_k A_k(x)_{\mathrm{T}} = 0$ を満たす横波成分であり，(2.68)の Coulomb 相互作用項は $(1/2)(\Pi_k(x)_{\mathrm{L}})^2$ から生じたこ

---

* ここでは $\psi(x)$ と $\psi(x)^\dagger$ を普通の数として扱い，Poisson 括弧を形式的に $\{i\psi_\alpha(\boldsymbol{x})^\dagger, \psi_\beta(\boldsymbol{y})\}_{\mathrm{PB}} = -\delta_{\alpha\beta}\delta^3(\boldsymbol{x} - \boldsymbol{y})$ と $\{\psi_\alpha(\boldsymbol{x}), \psi_\beta(\boldsymbol{y})\}_{\mathrm{PB}} = \{\psi_\alpha(\boldsymbol{x})^\dagger, \psi_\beta(\boldsymbol{y})^\dagger\}_{\mathrm{PB}} = 0$ で定義する．

とに注意されたい．量子化された変数は(2.36)と(2.48)の交換および反交換関係を満たす．

(2.68)に基づく拘束条件なしのSchrödinger方程式

$$i\partial_t \Psi(t)\rangle = \hat{H}(t=0)\Psi(t)\rangle \tag{2.69}$$

を摂動的に解くことを考える．まず(2.68)の自由場部分

$$\hat{H}_0 \equiv \int\left\{\frac{1}{2}\hat{\Pi}_k(\boldsymbol{x})_{\mathrm{T}}{}^2+\frac{1}{2}(\partial_l\hat{A}_k(\boldsymbol{x})_{\mathrm{T}})^2-\hat{\psi}^\dagger(\boldsymbol{x})[i\gamma^0\gamma^k\partial_k-\gamma^0\bar{m}]\hat{\psi}(\boldsymbol{x})\right\}d^3x$$

を**物理的な電子質量** $\bar{m}\equiv m-\delta m$ を使って定義して，次のユニタリー変換

$$\Psi(t)\rangle = U(t)\Phi(t)\rangle, \qquad U(t)\equiv \exp[-i\hat{H}_0 t] \tag{2.70}$$

を考える．このときSchrödinger方程式(2.69)は

$$\begin{aligned}
&i\partial_t\Phi(t)\rangle = \hat{H}_{\mathrm{I}}(t)\Phi(t)\rangle\\
&\hat{H}_{\mathrm{I}}(t) \equiv U(t)^\dagger[\hat{H}-\hat{H}_0]U(t)\\
&\quad = -\int e\hat{A}_k(\boldsymbol{x},t)_{\mathrm{T}}\hat{\bar{\psi}}(\boldsymbol{x},t)\gamma^k\hat{\psi}(\boldsymbol{x},t)d^3x+\int\delta m\hat{\bar{\psi}}(\boldsymbol{x},t)\psi(\boldsymbol{x},t)d^3x\\
&\qquad +\frac{e^2}{8\pi}\iint\hat{\bar{\psi}}(\boldsymbol{x},t)\gamma^0\hat{\psi}(\boldsymbol{x},t)\frac{1}{|\boldsymbol{x}-\boldsymbol{y}|}\hat{\bar{\psi}}(\boldsymbol{y},t)\gamma^0\hat{\psi}(\boldsymbol{y},t)d^3xd^3y
\end{aligned} \tag{2.71}$$

$$\begin{aligned}
&\hat{A}_k(\boldsymbol{x},t)_{\mathrm{T}} \equiv U(t)^\dagger\hat{A}_k(\boldsymbol{x},0)_{\mathrm{T}}U(t)\\
&\hat{\psi}(\boldsymbol{x},t) \equiv U(t)^\dagger\hat{\psi}(\boldsymbol{x},0)U(t)
\end{aligned}$$

と書き換えられる．状態ベクトル $\Phi(t)\rangle$ の時間発展が $\hat{H}_{\mathrm{I}}(t)$ で記述され，場の演算子は(2.71)で定義される物理的質量を持つ**自由場**の時間発展，例えば

$$i\dot{\hat{\psi}}(\boldsymbol{x},t) = -[\hat{H}_0,\hat{\psi}(\boldsymbol{x},t)] = -\gamma^0[i\gamma^k\partial_k-\bar{m}]\hat{\psi}(\boldsymbol{x},t) \tag{2.72}$$

で与えられる表示は，**相互作用表示**(interaction picture)と呼ばれる．(2.71)のSchrödinger方程式をまず積分方程式に書き換えて

$$\Phi(t)\rangle = \Phi(-\infty)\rangle - i\int_{-\infty}^{t}\hat{H}_{\mathrm{I}}(t)\Phi(t)\rangle dt$$

逐次近似で $H_{\mathrm{I}}(t)$ に関する時間順序積Tを使ったベキ展開で形式的に解くと

$$\Phi(t)\rangle = \mathrm{T}\exp\left[-i\int_{-\infty}^{t}\hat{H}_{\mathrm{I}}(t)dt\right]\Phi(-\infty)\rangle \tag{2.73}$$

と与えられる．$t \to +\infty$ として**散乱の S 行列**は

$$\hat{S} = \mathrm{T}\exp\left[-i\int_{-\infty}^{\infty}\hat{H}_{\mathrm{I}}(t)dt\right]$$
$$= \lim_{t_1\to\infty,\, t_2\to-\infty} \exp[i\hat{H}_0 t_1]\exp[-i\hat{H}(t_1-t_2)]\exp[-i\hat{H}_0 t_2] \qquad (2.74)$$

と書かれ **Dyson 公式**と呼ばれている．(2.74)の第2の表式は(2.69)の形式解 $\Psi(t_1)\rangle = \exp[-i\hat{H}(t_1-t_2)]\Psi(t_2)\rangle$ に(2.70)の $U(t)$ 変換を組み合わせて得られる．

現在の表示では場の変数の展開(2.38)および(2.49)が成立し，$t=\pm\infty$ の漸近状態は(2.45)と(2.55)の正定値の計量(内積)と物理的質量を持つ自由場状態で指定される．例えば光子と電子の Compton 散乱 $\mathrm{e}+\gamma\to\mathrm{e}'+\gamma'$ の散乱振幅は

$$\langle\varepsilon^{(j)}(q')e(p',s')|\varepsilon^{(i)}(q)e(p,s)\rangle = \langle 0|a^{(j)}(q')b(p',s')\hat{S}a^{(i)}(q)^{\dagger}b(p,s)^{\dagger}|0\rangle$$

で与えられ，最低次では(2.74)の $\hat{S}$ を $\hat{H}_{\mathrm{I}}$ の第1項に関して2次の項まで展開して計算される．このとき(2.44)および(2.53)に従って始状態の $a^{\dagger}$ と $b^{\dagger}$ は $\hat{H}_{\mathrm{I}}$ の中の $\hat{A}$ および $\hat{\psi}$ と組み合わさって始状態の波動関数を与える．終状態に関してはこれらの複素共役が現われる．残った $\hat{\psi}$ と $\hat{\bar{\psi}}$ の組は(2.54)の T 積で表わされる．このようにして Compton 散乱の散乱振幅は

$$\frac{-ie^2}{(2\pi)^2}\delta^4(q+p-q'-p')\frac{1}{\sqrt{2^4 p_0 p_0' q_0 q_0'}}\bar{u}(p',s')\left\{\boldsymbol{\gamma\varepsilon}^{(j)}(q')\frac{1}{\not{p}+\not{q}-\bar{m}+i\epsilon}\boldsymbol{\gamma\varepsilon}^{(i)}(q)\right.$$
$$\left.+\boldsymbol{\gamma\varepsilon}^{(i)}(q)\frac{1}{\not{p}-\not{q}'-\bar{m}+i\epsilon}\boldsymbol{\gamma\varepsilon}^{(j)}(q')\right\}u(p,s) \qquad (2.75)$$

と求められる．ただし，(2.54)の T 積と同等な(A.36)の表示を使った．(2.75)は 2-5 節で説明する Feynman 則を使えばより見通しよく求められる．(2.68)の Coulomb ゲージによる定式化は物理的 Fock 空間でのユニタリー性 $\hat{S}^{\dagger}\hat{S}=1$ が自明であるが Lorentz 共変性が明確ではない．より一般の Lorentz 共変なゲージ条件とくり込みの操作を見通しよく扱うために次節で経路積分表示を議論する．

2-4 経路積分表示

Schrödinger 表示における時間発展の演算子の経路積分表示を考える．付録(A. 21)にならって，(2. 34)のハミルトニアンに対しては

$$\lim_{t_f\to\infty,\, t_i\to-\infty}\langle 0|e^{-i\hat{H}(t_f-t_i)}|0\rangle$$

$$=\int\mathcal{D}\Pi_k\mathcal{D}A_k\prod_t\{\delta(\partial^k A_k(\boldsymbol{x},t))\delta(\partial_k\Pi_k(\boldsymbol{x},t))$$

$$\times\det\{\partial_k\Pi_k(\boldsymbol{x},t),\partial^l A_l(\boldsymbol{y},t)\}_{\mathrm{PB}}\}\exp\left\{i\int\dot{A}_k\Pi_k d^4x-i\int Hdt\right\}$$

$$=\int\mathcal{D}\Pi_k\mathcal{D}A_k\mathcal{D}A\,\mathcal{D}B\,\det[\partial_k{}^2\delta(x-y)]$$

$$\times\exp\left\{i\int\left(\dot{A}_k\Pi_k-\frac{1}{2}\Pi_k{}^2-\frac{1}{4}F_{kl}{}^2+A\,\partial_k\Pi_k+B\partial_k A_k\right)d^4x\right\}$$

$$=\int\mathcal{D}A_\mu\mathcal{D}B\,\det[\partial_k{}^2\delta(x-y)]\exp\left\{i\int\left[-\frac{1}{4}F_{\mu\nu}{}^2+B\partial_k A_k\right]d^4x\right\}\qquad(2.76)$$

と表示される*．この表式の意味を順に説明してゆくと，まずハミルトニアン $\hat{H}$ (2. 34)が古典的レベルでは(2. 17)の H に制約(2. 33)を加えたものと同等なことを使って(後に説明する行列式の因子を加えて)，最初の経路積分を書いた．第 2 の等号は，一般に関数空間における δ 汎関数は補助場を使って積分表示できること

$$\delta(\partial^k A_k)=\int\mathcal{D}B\,\exp\left\{i\int B(x)\partial^k A_k(x)d^4x\right\}\qquad(2.77)$$

および(2. 18)から導かれる Poisson 括弧 $\{\partial_k\Pi_k(x),\partial^l A_l(y)\}_{\mathrm{PB}}=\partial_k{}^2\delta(\boldsymbol{x}-\boldsymbol{y})$ を使って得られる．(2. 76)の最後の等号は **Gauss 積分**の公式

$$\int\mathcal{D}\Pi_k\,\exp\left\{-\frac{i}{2}\int[\Pi_k+\partial_k A-\partial_0 A_k]^2 d^4x\right\}=\mathrm{const.}\qquad(2.78)$$

---

* $\mathcal{D}A_k$ は $\mathcal{D}A_1\mathcal{D}A_2\mathcal{D}A_3$，$\mathcal{D}A_\mu$ は $\mathcal{D}A_0\mathcal{D}A_1\mathcal{D}A_2\mathcal{D}A_3$ を意味する．

を使って得られる．この公式は測度 $\mathcal{D}\Pi_k$ が関数空間での並進不変性(A. 14)を満たすことから正当化される．また

$$F_{0k} \equiv \partial_0 A_k - \partial_k A \tag{2.79}$$

と定義して，補助場 A を A_μ の時間成分のように見なして Lorentz 共変な形に書いた．(A. 21)で説明したように，経路積分の変数には周期的境界条件 $A_\mu(\boldsymbol{x}, \infty) = A_\mu(\boldsymbol{x}, -\infty)$ および $B(\boldsymbol{x}, \infty) = B(\boldsymbol{x}, -\infty)$ を課す．

現在のゲージ理論に特徴的なことは，(2. 76)の最後の表式に Faddeev-Popov の行列式 $\det[\partial_k{}^2\delta(x-y)]$ および $B(x)$ を含むゲージ固定項が現われることである．これらの意味を理解するために $B(x)$ に関する積分を行なった後の経路積分の測度

$$\begin{aligned} d\mu &= \mathcal{D}A_\mu \delta(\partial^k A_k) \det[\partial_k{}^2 \delta(x-y)] \\ &= \mathcal{D}A_\mu{}^\omega \delta(\partial^k A_k{}^\omega) \det[\delta \partial^k A_k{}^\omega(x)/\delta\omega(y)] \end{aligned} \tag{2.80}$$

を考える．この第2の表式は，一般の変数 A_μ は $\partial^k A_k = 0$ を満たす $\bar{A}_\mu$ から出発してパラメタ $\omega(x)$ で指定されるゲージ変換を行なったもので書けること*

$$A_\mu(x) \equiv A_\mu{}^\omega(x) = \bar{A}_\mu(x) + \partial_\mu \omega(x) \tag{2.81}$$

および

$$\det[\delta\partial^k A_k{}^\omega(x)/\delta\omega(y)] = \det[\delta[\partial_k{}^2\omega(x)]/\delta\omega(y)] = \det[\partial_k{}^2\delta(x-y)]$$

に注意すれば得られる．このとき行列式はヤコビアンと見なされるので，$d\mu$ に $\mathcal{D}\omega$ を掛けると

$$\begin{aligned} &\mathcal{D}A_\mu{}^\omega \delta(\partial^k A_k{}^\omega) \det[\delta\partial^k A_k{}^\omega(x)/\delta\omega(y)] \mathcal{D}\omega \\ &= \mathcal{D}A_\mu{}^\omega \delta(\partial^k A_k{}^\omega) \mathcal{D}(\partial^k A_k{}^\omega) = \mathcal{D}A_\mu{}^\omega \end{aligned} \tag{2.82}$$

となる．最後の等式は $A_\mu{}^\omega$ の任意の汎関数をかけて積分するとき同じ答を与えるという意味である．すなわち $d\mu\mathcal{D}\omega$ で積分することは**制約なしの積分** $\mathcal{D}A_\mu{}^\omega$ に等しいことを示しており，模式的に

$$d\mu = \mathcal{D}A_\mu{}^\omega/\mathcal{D}\omega = \mathcal{D}A_\mu/\mathcal{D}\omega \tag{2.83}$$

と書かれ，$d\mu$ はゲージ場に対する自然な測度 $\mathcal{D}A_\mu$ からゲージ自由度の測度

* (2. 81)で $\bar{A}_\mu(x)$ は $\partial^k \bar{A}_k(x) = 0$ と制約されているので $\mathcal{D}A_\mu{}^\omega = \mathcal{D}\bar{A}_\mu$ は成立しない．$\bar{A}_\mu$ を制約なしの一般の変数とすれば測度はゲージ不変 $\mathcal{D}A_\mu{}^\omega = \mathcal{D}\bar{A}_\mu$ となる．

$\mathcal{D}\omega$ を抜き出したものを表わす．同様な解釈は(2.76)の第1式の位相空間の測度でも可能である．すなわち

$$\begin{aligned}&\mathcal{D}\Pi_k\mathcal{D}A_k\,\delta(\partial_k\Pi_k)\delta(\partial^l A_l)\det\{\partial_k\Pi_k,\partial^l A_l\}_{\mathrm{PB}}\\&\quad=\mathcal{D}\Pi_k\mathcal{D}A_k\,\delta(\partial_k\Pi_k)/\mathcal{D}\omega\end{aligned}\tag{2.83$'$}$$

が成立する．(2.83)と(2.83)$'$から経路積分の測度はゲージ条件の選び方によらずに定義されていることがわかる．

特に Coulomb ゲージ $\partial^l A_l=0$ に対しては Maxwell の作用(1.3)は

$$\int\mathcal{L}d^4x=\frac{1}{2}\int[(\partial_0A_{\mathrm{T}k})^2-(\partial_lA_{\mathrm{T}k})^2+A_0\partial^l\partial_lA_0]d^4x$$

となる．したがって(2.76)は B に関する積分の後，$\mathcal{D}A_k=\mathcal{D}A_{\mathrm{T}k}\mathcal{D}\omega\{\det[\partial^l\partial_l\delta(x-y)]\}^{1/2}$ および A_0 に関する経路積分の結果を用いて*

$$\int\mathcal{D}A_{\mathrm{T}k}\exp\left\{i\int\frac{1}{2}[(\partial_0A_{\mathrm{T}k})^2-(\partial_lA_{\mathrm{T}k})^2]\right\}\tag{2.84}$$

と書け，(2.34)を Legendre 変換した物理的な横波成分のみの(正しく規格化された)経路積分に帰着することがわかる．

一般の Lorentz 共変なゲージ条件 $\partial^\mu A_\mu(x)=\Lambda(x)$ に対しては，(2.83)から

$$\begin{aligned}d\mu&=\mathcal{D}A_\mu{}^\omega\delta(\partial^\mu A_\mu{}^\omega-\Lambda)\det[\delta(\partial^\mu A_\mu{}^\omega(x))/\delta\omega(y)]\\&=\mathcal{D}A_\mu\delta(\partial^\mu A_\mu-\Lambda)\det[\partial_\mu{}^2\delta(x-y)]\end{aligned}\tag{2.85}$$

を使えばよいことになり，(2.76)に対応して

$$\int\mathcal{D}A_\mu\mathcal{D}B\,\det[\partial_\mu{}^2\delta(x-y)]\exp\left\{i\int\left[-\frac{1}{4}F_{\mu\nu}{}^2+B(\partial^\mu A_\mu-\Lambda)\right]d^4x\right\}\tag{2.86}$$

---

* A_k に関する経路積分を2つの横波成分 $A_k{}^{(\alpha)},\alpha=1,2,$ と縦波のゲージ自由度 ω に関する経路積分に変換するため，(2.81)を使って関数空間のノルムを各時間で $\|\delta\boldsymbol{A}\|^2=\int\delta A_k\delta A_k d^3x=\int[\delta A_k{}^{(1)}\delta A_k{}^{(1)}+\delta A_k{}^{(2)}\delta A_k{}^{(2)}+\delta\omega\partial^l\partial_l\delta\omega]d^3x$ と計算する．長さ $ds^2=g_{kl}dx^kdx^l$ から体積要素 $dV=[\det g_{kl}]^{1/2}d^3x$ が求まることを一般化して $\mathcal{D}A_1\mathcal{D}A_2\mathcal{D}A_3=\mathcal{D}A_k{}^{(1)}\mathcal{D}A_k{}^{(2)}\mathcal{D}\omega\{\det[\partial^l\partial_l\delta(x-y)]\}^{1/2}$ と求まる．次に A_0 に関する経路積分は，$\int\mathcal{D}A_0\exp\left[\frac{i}{2}\int A_0\partial^l\partial_lA_0d^4x\right]=\{\det[\partial^l\partial_l\delta(x-y)]\}^{-1/2}$ $\int\mathcal{D}\tilde{A}_0\exp\left[\frac{i}{2}\int\tilde{A}_0\tilde{A}_0d^4x\right]=\{\det[\partial^l\partial_l\delta(x-y)]\}^{-1/2}$ を与える．また(2.82)と同様に $\delta(\partial^lA_l)\det[\partial_k{}^2\delta(x-y)]\mathcal{D}\omega=1$ が成立する．

を得る．(2.86)に $\exp[-(i/2\xi)\int \Lambda(x)^2 d^4x]$ をかけて Λ に関する Gauss（汎関数）積分を行なって平均化した表式

$$\int \mathcal{D}A_\mu \mathcal{D}B \det[\partial_\mu{}^2\delta(x-y)] \exp\left\{i\int\left[-\frac{1}{4}F_{\mu\nu}{}^2 + B\partial^\mu A_\mu + \frac{\xi}{2}B^2\right]d^4x\right\} \tag{2.87}$$

が最もよく使われる．ここで，ξ はゲージパラメタと呼ばれ，$B(x)$ は**中西-Lautrup 場**と呼ばれている．(2.87)と(2.76)がどういう場合に同等となるかは後に説明する．

相互作用する理論(2.1)を記述する $\mathcal{L}$ への(2.87)の一般化は

$$\begin{aligned}\langle 0|0\rangle_J &\equiv \int \mathcal{D}\bar{\psi}\mathcal{D}\psi\mathcal{D}A_\mu\mathcal{D}B \det[\partial_\mu{}^2\delta(x-y)] \exp\left\{i\int\left[\mathcal{L} + B\partial^\mu A_\mu + \frac{\xi}{2}B^2 + \mathcal{L}_J\right]d^4x\right\} \\ &= \int \mathcal{D}\bar{\psi}\mathcal{D}\psi\mathcal{D}A_\mu \det[\partial_\mu{}^2\delta(x-y)] \exp\left\{i\int\left[-\frac{1}{4}F_{\mu\nu}{}^2 + \bar{\psi}i\gamma^\mu(\partial_\mu - ieA_\mu)\psi\right.\right. \\ &\qquad \left.\left. - m\bar{\psi}\psi - \frac{1}{2\xi}(\partial^\mu A_\mu)^2 + \mathcal{L}_J\right]d^4x\right\}\end{aligned} \tag{2.88}$$

で与えられる．ただし，**Schwinger の源項**(source term)

$$\mathcal{L}_J \equiv -A_\mu(x)J^\mu(x) + \bar{\eta}(x)\psi(x) + \bar{\psi}(x)\eta(x) \tag{2.89}$$

をつけ加え，第2の表式は B に関する Gauss 積分の結果である．源は有限な時間 $-\infty < t < \infty$ にのみ値を持つとする．付録 A-2 で説明したように，(2.88)のフェルミオンの経路積分では，$\psi(x), \bar{\psi}(x), \eta(x), \bar{\eta}(x)$ はすべて **Grassmann 数**である*．$\xi \to 0$ とし源を無視すると(2.88)の第1の表式は，(2.76)と同様に，ゲージ不変な古典的作用 $\int \mathcal{L}d^4x$（を $\hbar$ で割ったもの）を位相因子として，4次元時空間の全ての点で

$$\mathcal{D}\bar{\psi}\mathcal{D}\psi\mathcal{D}A_\mu/\mathcal{D}\omega \tag{2.90}$$

という測度で積分すれば場の量子論が得られることを示している．この魅力的な描像は知られている全てのゲージ理論（重力理論も含む）で成立し，場の量子

---

* (2.88)を直接(2.68)の $\hat{H}$ から導くこと（特にフェルミオンの経路積分）に関しては巻末の参考書・文献[10]を参照されたい．本書では，Schwinger の作用原理を満たし，自由な場に対しては正しい答を与える経路積分公式(2.88)を出発点として採用する．

論および作用(積分)の新しい角度からの見方を与えるものである．

(2.88)を $\langle 0|0\rangle_J=\int d\mu \exp[iS_J]$ と略記するとき，付録 A の Schwinger の作用原理を使うと

$$\begin{aligned}&\langle 0|\partial_\nu \hat{F}^{\nu\mu}(x)+e\hat{\bar{\psi}}(x)\gamma^\mu\hat{\psi}(x)+(1/\xi)\partial^\mu\partial^\nu\hat{A}_\nu(x)-J^\mu(x)|0\rangle_J\\&\quad=\int d\mu\{\partial_\nu F^{\nu\mu}(x)+e\bar{\psi}(x)\gamma^\mu\psi(x)+(1/\xi)\partial^\mu\partial^\nu A_\mu(x)-J^\mu(x)\}e^{iS_J}=0\\&\langle 0|i\gamma^\mu(\partial_\mu-ie\hat{A}_\mu(x))\hat{\psi}(x)-m\hat{\psi}(x)+\eta(x)|0\rangle_J\\&\quad=\int d\mu\{i\gamma^\mu(\partial_\mu-ieA_\mu(x))\psi(x)-m\psi(x)+\eta(x)\}e^{iS_J}=0\end{aligned}\tag{2.91}$$

が成立する．すなわち，左辺の $\langle 0|\hat{A}_\mu(x)|0\rangle_J$ などは $\langle 0|0\rangle_J$ の源に関する微分で書かれ，これと(2.88)を組み合わせると右辺の経路積分表示が得られる．経路積分の測度が基本的性質(A.14)，(A.30)を満たすことから右辺は 0 となり，左辺の**量子化された**運動方程式が保証されることになる．

結合定数 $e=0$ とした自由場の理論に対しては，(2.88)で B に関する Gauss 積分を行なった後の表式で

$$\begin{aligned}A_\mu(x)&=A_\mu{}'(x)+\int D_{\mathrm{F}}{}^{(0)}(x-y)_{\mu\nu}J^\nu(y)d^4y\\\psi(x)&=\psi'(x)-\int S_{\mathrm{F}}{}^{(0)}(x-y)\eta(y)d^4y\\\bar{\psi}(x)&=\bar{\psi}'(x)-\int\bar{\eta}(y)S_{\mathrm{F}}{}^{(0)}(y-x)d^4y\end{aligned}\tag{2.92}$$

と変数変換し，$D_{\mathrm{F}}{}^{(0)}(x-y)_{\mu\nu}$ と $S_{\mathrm{F}}{}^{(0)}(x-y)$ を以下の(2.95)(および(2.94))で定義された関数に選ぶと，

$$\begin{aligned}&\langle 0|0\rangle_J{}^{(0)}=\text{const.}\\&\quad\times\exp\left\{-i\int\left[\frac{1}{2}J^\mu(x)D_{\mathrm{F}}{}^{(0)}(x-y)_{\mu\nu}J^\nu(y)+\bar{\eta}(x)S_{\mathrm{F}}{}^{(0)}(x-y)\eta(y)\right]d^4xd^4y\right\}\end{aligned}\tag{2.93}$$

と計算される．$\langle 0|0\rangle_{J=0}{}^{(0)}=1$ と規格化すると，Schwinger の作用原理から

$$
\begin{aligned}
\langle 0|\mathrm{T}^*\hat{A}_\mu(x)\hat{A}_\nu(y)|0\rangle &= \frac{1}{(i)^2}\frac{\delta^2}{\delta J^\mu(x)\delta J^\nu(y)}\langle 0|0\rangle_J{}^{(0)}\bigg|_{J=0} = iD_{\mathrm{F}}{}^{(0)}(x-y)_{\mu\nu} \\
&\equiv \int\frac{d^4q}{(2\pi)^4}(-i)\frac{g_{\mu\nu}-(1-\xi)q_\mu q_\nu/q^2}{q^2+i\epsilon}e^{-iq(x-y)} \\
\langle 0|\mathrm{T}^*\hat{\psi}_\alpha(x)\hat{\bar{\psi}}_\beta(y)|0\rangle &= \frac{-1}{(i)^2}\frac{\delta^2}{\delta\bar{\eta}_\alpha(x)\delta\eta_\beta(y)}\langle 0|0\rangle_J{}^{(0)}\bigg|_{J=0} = iS_{\mathrm{F}}{}^{(0)}(x-y)_{\alpha\beta} \\
&\equiv \int\frac{d^4p}{(2\pi)^4}\left(\frac{i}{\not{p}-m+i\epsilon}\right)_{\alpha\beta}e^{-ip(x-y)}
\end{aligned}
\tag{2.94}
$$

となる．ただし，$\not{p}=\gamma^\mu p_\mu$ とした．(2.94)の右辺の積分表示の分母に現われる無限小の $\epsilon>0$ の物理的意味は，(A.38)のように q_0 あるいは p_0 に関する積分を実行すると，(2.44)の相対論的不変な一般化あるいは(2.54)が得られる．すなわち負のエネルギー解が正の時間軸方向に伝搬しないようにし，真空の安定性を与える．上記の $i\epsilon$ を加える処方は **Feynman の $i\epsilon$ 処方**と呼ばれている．$D_{\mathrm{F}}{}^{(0)}(x-y)_{\mu\nu}$ と $S_{\mathrm{F}}{}^{(0)}(x-y)$ は次の Green 関数を定義する方程式を満たす．

$$
\begin{aligned}
&\left[\partial_\alpha\partial^\alpha g^{\mu\lambda}+\left(\frac{1}{\xi}-1\right)\partial^\mu\partial^\lambda\right]D_{\mathrm{F}}{}^{(0)}(x-y)_{\lambda\nu} = \delta_\nu{}^\mu\delta^4(x-y) \\
&(i\gamma^\mu\partial_\mu-m)S_{\mathrm{F}}{}^{(0)}(x-y) = \delta^4(x-y)
\end{aligned}
\tag{2.95}
$$

2-5 摂動計算と Feynman 則

量子電磁力学は(2.88)で定義される．以後 $\langle 0|0\rangle_J$ を $Z(\eta,\bar{\eta},J)$ と書き，B に関する Gauss 積分の後，定数項を与える行列式を省略して

$$
\begin{aligned}
Z(\eta,\bar{\eta},J) &= \int\mathcal{D}\bar{\psi}\mathcal{D}\psi\mathcal{D}A_\mu\exp\left[i\int(\mathcal{L}_{\mathrm{eff}}+\mathcal{L}_J)d^4x\right] \\
&\equiv \int d\mu\, e^{iS_{\mathrm{eff}}+i\int\mathcal{L}_J d^4x} \\
\mathcal{L}_{\mathrm{eff}} &\equiv -\frac{1}{4}(F_{\mu\nu})^2+\bar{\psi}i\gamma^\mu(\partial_\mu-ieA_\mu)\psi-m\bar{\psi}\psi-\frac{1}{2\xi}(\partial^\mu A_\mu)^2 \\
\mathcal{L}_J &\equiv -A_\mu J^\mu+\bar{\eta}\psi+\bar{\psi}\eta
\end{aligned}
\tag{2.96}
$$

と書くことにする．(2.96)を

$$
Z(\eta,\bar{\eta},J) = \sum_{m,n} \frac{1}{m!(n!)^2} \int dx_1 \cdots dz_m \, iG(x_1\cdots x_n, y_1\cdots y_n, z_1\cdots z_m)_{\mu_1\cdots\mu_m}
$$
$$
\times(-i)^m (i)^{2n} \bar{\eta}(x_1)\cdots\bar{\eta}(x_n)\eta(y_1)\cdots\eta(y_n)J^{\mu_1}(z_1)\cdots J^{\mu_m}(z_m) \tag{2.97}
$$

と展開すると，源に関する微分と Schwinger の作用原理を組み合わせて*

$$
\begin{aligned}
&iG(x_1\cdots x_n, y_1\cdots y_n, z_1\cdots z_m)_{\mu_1\cdots\mu_m} \\
&\quad = \langle 0|\mathrm{T}^*\psi(x_1)\cdots\psi(x_n)\bar{\psi}(y_1)\cdots\bar{\psi}(y_n)A_{\mu_1}(z_1)\cdots A_{\mu_m}(z_m)|0\rangle \\
&\quad = \int d\mu[\psi(x_1)\cdots\psi(x_n)\bar{\psi}(y_1)\cdots\bar{\psi}(y_n)A_{\mu_1}(z_1)\cdots A_{\mu_m}(z_m)]e^{iS_{\mathrm{eff}}}
\end{aligned} \tag{2.98}
$$

と一般の Green 関数が定義される．時間順序積 T^* は(2.44)と(2.54)の一般化として時間の若い変数が右にくるように並べることを意味する．Fermi 場の並びかえごとに(−)符号が現われることに注意．T と T^* 積の関係については付録 B 参照．(2.98)は Heisenberg 表示に対応しもし正確に計算されれば演算子形式で正確解を求めることに対応する．

(2.96)を結合定数のベキに展開して計算することを考える．このとき経路積分は変数に関する 2 次の項 $S_{\mathrm{eff}}{}^{(0)}$ の積分になり，(2.93)の結果を使って計算される．すなわち，

$$
\begin{aligned}
Z(\eta,\bar{\eta},J) &= \int d\mu\left\{\exp\left[i\int\mathcal{L}_{\mathrm{I}}d^4x\right]\right\}\exp\left[iS_{\mathrm{eff}}{}^{(0)}+i\int\mathcal{L}_J d^4x\right] \\
&= \exp\left\{i\int d^4x\mathcal{L}_{\mathrm{I}}\left(i\frac{\delta}{\delta\eta(x)}, -i\frac{\delta}{\delta\bar{\eta}(x)}, i\frac{\delta}{\delta J^\mu(x)}\right)\right\} \\
&\quad\times\exp\left\{-i\int\left[\frac{1}{2}J^\mu(x)D_{\mathrm{F}}{}^{(0)}(x-y)_{\mu\nu}J^\nu(y)+\bar{\eta}(x)S_{\mathrm{F}}{}^{(0)}(x-y)\eta(y)\right]d^4xd^4y\right\} \\
&= \langle 0|\mathrm{T}^*\exp\left[i\int\hat{\mathcal{L}}_{\mathrm{I}}d^4x+i\int\hat{\mathcal{L}}_J d^4x\right]|0\rangle
\end{aligned} \tag{2.99}
$$

と書くことができる．相互作用ラグランジアン $\mathcal{L}_{\mathrm{I}}$ を

* 以後，特別な場合を除き量子的変数に ^ 記号をつけるのを省略する．

$$\mathscr{L}_{\mathrm{I}}(\bar{\psi}, \psi, A_\mu) \equiv e\bar{\psi}(x)\gamma^\mu \psi(x) A_\mu(x)$$
$$\mathscr{L}_{\mathrm{I}}\left(i\frac{\delta}{\delta\eta(x)}, -i\frac{\delta}{\delta\bar{\eta}(x)}, i\frac{\delta}{\delta J^\mu(x)}\right) \equiv e\left(i\frac{\delta}{\delta\eta(x)}\right)\left(-i\frac{\delta}{\delta\bar{\eta}(x)}\right)\left(i\frac{\delta}{\delta J^\mu(x)}\right) \tag{2.100}$$

と定義した．現在の計算法(**裸の摂動展開**)では，質量項を(2.71)のように物理的質量と相殺項に分けなくても最終結果は同じである．(2.99)の第2の表式はまず $\mathscr{L}_{\mathrm{I}}$ を源に関する微分で表わしてから(2.93)を使って得られ，Z の具体形を与える．第2の表式で源の項をベキ級数に展開し，ベキ展開された $\mathscr{L}_{\mathrm{I}}$ に含まれる微分演算をこれらの源に作用させると，残った源は(2.97)で Green 関数の定義を与えることになる．η と $\bar{\eta}$ は Grassmann 数であり順番が重要になる．結果として，Green 関数は $\mathscr{L}_{\mathrm{I}}(x)$ の各位置を頂点としてそれらの頂点間および**外線**である G に現われる座標の間を(2.94)の自由場の伝搬関数で結んだものの和として与えられる．演算子形式の Wick の定理に対応する操作が，経路積分では源に関する微分に置きかわったことになる．(2.99)の第3の表式は，後に説明する LSZ 公式(2.129)と組み合わせると，Lorentz 共変に量子化された Dyson 公式(2.74)の一般化を与えることを示すために与えておいた．

Green 関数(2.98)の Fourier 変換を，各座標の一様な並進に関する不変性を考慮して

$$\begin{aligned}
&(2\pi)^4\delta^4(p_1+\cdots p_n-p_{n+1}\cdots-p_{2n}-q_1\cdots-q_m)\\
&\quad\times\langle 0|\mathrm{T}^*\psi(p_1)\cdots\psi(p_n)\bar{\psi}(p_{n+1})\cdots\bar{\psi}(p_{2n})A_{\mu_1}(q_1)\cdots A_{\mu_m}(q_m)|0\rangle\\
&\equiv\int dx_1\cdots dy_1\cdots dz_m\, e^{ip_1x_1+\cdots+ip_nx_n-ip_{n+1}y_1\cdots-ip_{2n}y_n-iq_1z_1\cdots-iq_mz_m}\\
&\quad\times\langle 0|\mathrm{T}^*\psi(x_1)\cdots\psi(x_n)\bar{\psi}(y_1)\cdots\bar{\psi}(y_n)A_{\mu_1}(z_1)\cdots A_{\mu_m}(z_m)|0\rangle
\end{aligned} \tag{2.101}$$

と定義すると，運動量表示の Green 関数の摂動展開は(2.99)から導かれる次の **Feynman 則**により効率よく構成される．

(i) Dirac 場に関しては $\bar{\psi}$ から出発して ψ に向う矢印つきの実線を引き，その矢印方向に流れる4元運動量を p_μ とするとき，図2-1の $iS_{\mathrm{F}}^{(0)}(p)$ をその矢印のところに使う(4元運動量の方向が矢印と逆のときは $iS_{\mathrm{F}}^{(0)}(-p)$ となる)．Dirac 場の矢印は負の電荷の運動する方向を示し，矢印と4

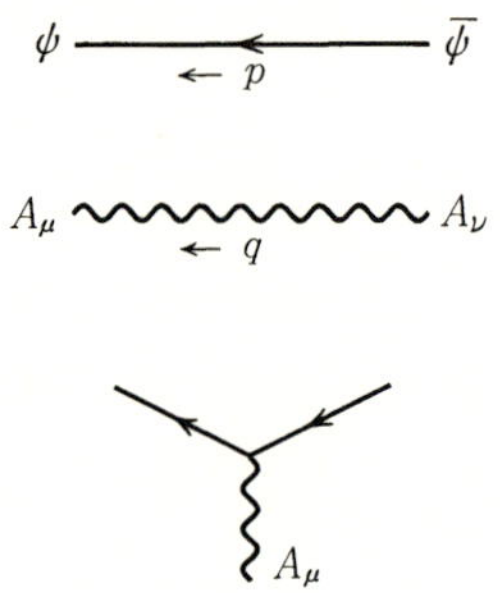

$$iS_F^{(0)}(p)=\frac{i}{\not p-m+i\epsilon}$$

$$iD_F^{(0)}(q)_{\mu\nu}=(-i)\frac{g_{\mu\nu}-(1-\xi)q_\mu q_\nu/q^2}{q^2+i\epsilon}$$

$$ie\gamma^\mu$$

図 2-1

元運動量が逆のときは陽電子に対応する．

（ii） 光子の線には矢印のつかない波線を描き，その線のところに図 2-1 の $iD_F^{(0)}(q)_{\mu\nu}$ を使う．$\mathcal{L}_I$ で表わされる頂点には $ie\gamma^\mu$ を使う．

（iii） 各頂点にはエネルギー運動量を保存させる $(2\pi)^4\delta^4(p_1+\cdots)$ の形の δ 関数を挿入し，(2.98) の G に陽に現われる場と直接結ばれていない**内線**に対しては 4 元運動量の積分 $\int d^4p/(2\pi)^4$ を行なう．このとき最後に 1 つ残る δ 関数を (2.101) の δ 関数として取り出す．

（iv） Dirac 場が閉じたループを描くごとに (-1) を掛ける．

このようにして位相幾何学的に異なる全ての Feynman 図を重み 1 で足し上げれば (2.101) の Green 関数が求められる．ただし，例えば (2.101) で同一粒子 $\psi(p_1)$ と $\psi(p_2)$ を入れ換えると $(-)$ 符号が生じることに対応して，2 つの Feynman 図を相対的に $(-)$ 符号で足す必要がある．Bose 場に対しては対称化する．

例として，図 2-2 に $\langle 0|\mathrm{T}^*\psi(p')\bar\psi(p)A_\nu(-q')A_\mu(q)|0\rangle$ に対応する最低次の Compton 散乱の Feynman 図を示す．図 2-3 には $\langle 0|\mathrm{T}^*\psi(p_3)\psi(-p_2)\bar\psi(-p_4)$

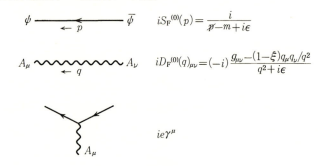

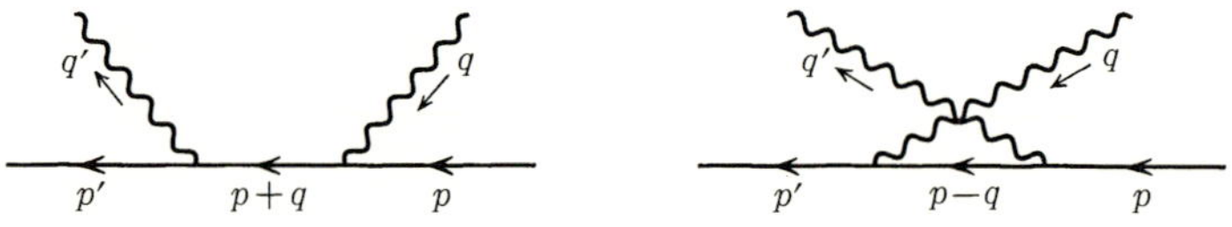

図 2-2

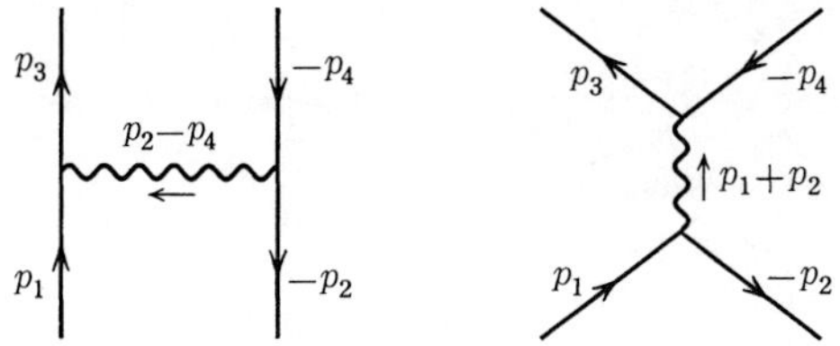

図 2-3

$\bar{\psi}(p_1)|0\rangle$ に対応する最低次での電子-陽電子散乱 $e(p_1)+\bar{e}(p_2)\to e(p_3)+\bar{e}(p_4)$ の Feynman 図を示す．図 2-3 の 2 つの図では $\psi(p_3)$ と $\psi(-p_2)$ の反対称性を考慮する．

次に摂動計算でループが 1 つ現われる基本的な Feynman 図の例を考える．まず，図 2-4(a)の光子の自己エネルギーに対応する量子補正がある．これは Feynman 則から

$$(-1)\int\frac{d^4k}{(2\pi)^4}\mathrm{Tr}\left[ie\gamma^\mu\frac{i}{\not{k}-m+i\epsilon}ie\gamma^\nu\frac{i}{\not{k}+\not{q}-m+i\epsilon}\right] \qquad (2.102)$$

の計算に帰着する．跡(Tr)はループを描くフェルミオンの Dirac の足に関して足し上げることを意味する．ただし，外線に現われる光子の伝搬関数は省略してあり，以下の例でも外線の伝搬関数は省略する．

図 2-4(b)のフェルミオンの自己エネルギーに対する補正は

$$\int\frac{d^4k}{(2\pi)^4}\left[ie\gamma^\mu\frac{i}{\not{p}-\not{k}-m+i\epsilon}ie\gamma^\nu(-i)\frac{g_{\mu\nu}-(1-\xi)k_\mu k_\nu/k^2}{k^2+i\epsilon}\right] \qquad (2.103)$$

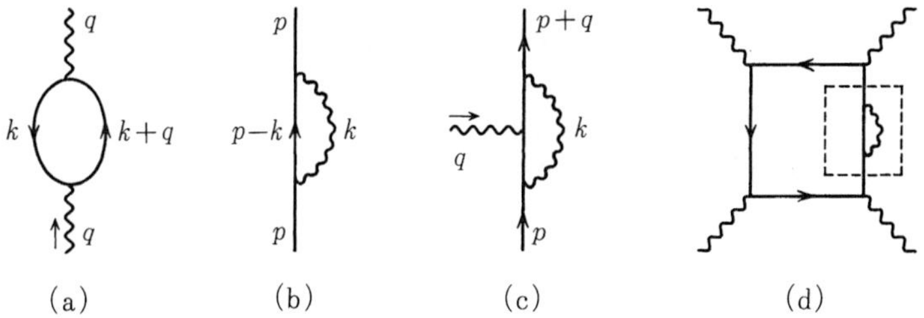

図 2-4

を与える.

最後に，図 2-4(c)の電磁相互作用の頂点に対する量子補正があり，入射する光子の Lorentz の足を A_α とすると

$$\int \frac{d^4k}{(2\pi)^4}\left\{ie\gamma^\mu \frac{i}{\not{p}-\not{k}-m+i\epsilon}ie\gamma^\alpha \frac{i}{\not{p}-\not{k}+\not{q}-m+i\epsilon}ie\gamma^\nu \right.$$
$$\left. \times(-i)\frac{g_{\mu\nu}-(1-\xi)k_\mu k_\nu/k^2}{k^2+i\epsilon}\right\} \tag{2.104}$$

を与える.

ここで，**連結した Green 関数**および **1 粒子既約**(one particle irreducible) な Feynman 図の生成汎関数を与える．まず

$$iW(\eta,\bar{\eta},J^\mu) \equiv \ln Z(\eta,\bar{\eta},J^\mu) \tag{2.105}$$

を定義する．W を η と $\bar{\eta}$ で 4 回微分し $\eta=\bar{\eta}=0$ とおくと η あるいは $\bar{\eta}$ に関して奇数回微分したものはフェルミオン数の保存により 0 になるので

$$i\frac{\delta^4 W}{\delta\bar{\eta}(x_4)\delta\bar{\eta}(x_3)\delta\eta(x_2)\delta\eta(x_1)} = \left(\frac{1}{Z}\right)\frac{\delta^4 Z}{\delta\bar{\eta}(x_4)\delta\bar{\eta}(x_3)\delta\eta(x_2)\delta\eta(x_1)}$$
$$+\left(\frac{1}{Z}\right)\frac{\delta^2 Z}{\delta\bar{\eta}(x_4)\delta\eta(x_2)}\left(\frac{1}{Z}\right)\frac{\delta^2 Z}{\delta\bar{\eta}(x_3)\delta\eta(x_1)}$$
$$-\left(\frac{1}{Z}\right)\frac{\delta^2 Z}{\delta\bar{\eta}(x_4)\delta\eta(x_1)}\left(\frac{1}{Z}\right)\frac{\delta^2 Z}{\delta\bar{\eta}(x_3)\delta\eta(x_2)} \tag{2.106}$$

が得られる．(2.106)は図 2-5 のように，連結していない成分を差し引くことに対応し，W は一般に連結した Green 関数を生成することがわかる.

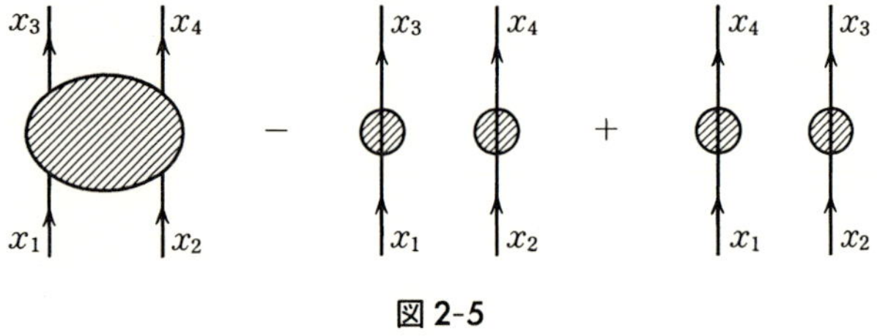

図 2-5

次に

$$\Gamma(\bar{\psi},\psi,A_\mu) \equiv W(\eta,\bar{\eta},J^\mu)+\int[A_\mu(x)J^\mu(x)-\bar{\psi}(x)\eta(x)-\bar{\eta}(x)\psi(x)]d^4x \tag{2.107}$$

を定義する．ただし，$\psi(x)$ と $\bar{\psi}(x)$ はGrassmann 数である．このとき

$$\frac{\delta}{\delta J^\mu(x)}W = -A_\mu(x), \quad \frac{\delta}{\delta\eta(x)}W = -\bar{\psi}(x), \quad \frac{\delta}{\delta\bar{\eta}(x)}W = \psi(x) \tag{2.108}$$

から形式的に $J^\mu,\eta,\bar{\eta}$ が $A_\mu,\bar{\psi},\psi$ で表わされ，$W(J^\mu,\eta,\bar{\eta})$ から $\Gamma(A_\mu,\bar{\psi},\psi)$ への Legendre 変換を定義する．この逆変換は

$$\frac{\delta}{\delta A_\mu(x)}\Gamma = J^\mu(x), \quad \frac{\delta}{\delta\bar{\psi}(x)}\Gamma = -\eta(x), \quad \frac{\delta}{\delta\psi(x)}\Gamma = \bar{\eta}(x) \tag{2.108$'$}$$

で定義される．これらの表式から

$$\begin{aligned}\frac{\delta^2}{\delta A_\mu(x)\delta A_\nu(y)}\Gamma &= \frac{\delta}{\delta A_\mu(x)}J^\nu(y) = -\left[\frac{\delta^2 W}{\delta J^\mu(x)\delta J^\nu(y)}\right]^{-1}\\ \frac{\delta^2}{\delta\bar{\psi}(x)\delta\psi(y)}\Gamma &= \frac{\delta}{\delta\bar{\psi}(x)}\bar{\eta}(y) = -\left[\frac{\delta^2 W}{\delta\bar{\eta}(y)\delta\eta(x)}\right]^{-1}\end{aligned} \tag{2.109}$$

となり，$A_\mu=\psi=\bar{\psi}=0$ とおくと左辺は伝搬関数の逆を与える．$A_\mu,\bar{\psi},\psi$ で1回ずつ微分して $A_\mu=\bar{\psi}=\psi=0$ とおくと

$$\begin{aligned}\frac{\delta^3}{\delta A_\mu(z)\delta\bar{\psi}(y)\delta\psi(x)}\Gamma = &-\int dw_1dw_2dw_3\left[\frac{\delta^2 W}{J^\mu(z)J^\nu(w_1)}\right]^{-1}\left[\frac{\delta^2 W}{\delta\eta(y)\delta\bar{\eta}(w_3)}\right]^{-1}\\ &\times\left[\frac{\delta^2 W}{\delta\eta(w_2)\delta\bar{\eta}(x)}\right]^{-1}\frac{\delta^3}{\delta J^\nu(w_1)\delta\eta(w_2)\delta\bar{\eta}(w_3)}W\end{aligned} \tag{2.110}$$

を与える．(2.110)は連結した3点の Feynman 図の各外線に正確な伝搬関数の逆を掛けたものに対応する．一般に Γ は**1粒子既約な成分**(1本の線を切っても2つに分れない Feynman 図)を定義する．図2-6(a)は1粒子既約でなく，(2.110)の操作により図2-6(b)で外線の伝搬関数を省いたものを与える．くり込みの議論では(2.102)～(2.104)のように1粒子既約な成分を扱う．1粒子既

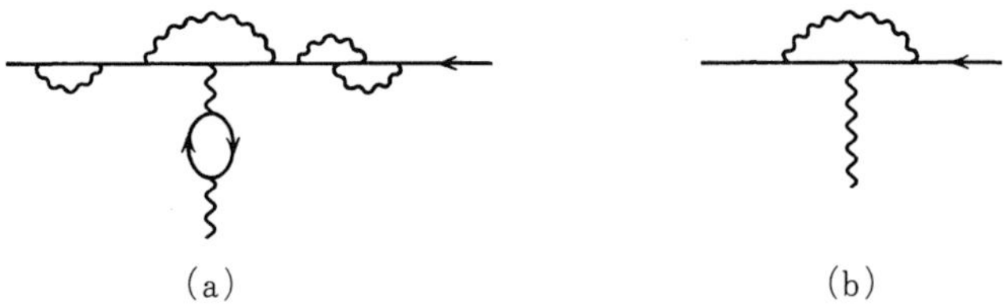

図 2-6

約な頂点関数の生成汎関数 Γ は最低次では古典的作用積分に一致し，一般には量子効果を取り入れた(非局所的な項を含む)作用積分の一般化を与える．

見かけ上の発散の次数

表式(2.102)～(2.104)は積分変数 k が大きくなったときの分母分子の振舞いから全て紫外発散する積分を与える．したがって発散の次数の一般的な計算法が重要になり*，特に**見かけ上の発散の次数**(superficial degree of divergence) d が基本的である．d は素朴に予想される発散の次数で

$$d = 4k-2b-f \tag{2.111}$$

と定義される．ここに k は**1粒子既約な** Feynman 図((2.107)参照)中に現われる運動量積分の数(1つの積分で4次元積分を意味する)，b と f はそれぞれ光子(ボソン)と電子(フェルミオン)の伝搬関数の数を示す．図 2-4(a)～(c)の簡単な例では発散の次数が d で与えられることはすぐわかる．次に Feynman 図中の相互作用の頂点の数を v，光子の外線の数を b_e，電子の外線数を f_e(常に偶数個の外線が現われる)とすると(2.111)の d は

$$d = 4-b_e-\frac{3}{2}f_e \tag{2.112}$$

と書き換えられる．(2.112)は，積分の総数は内線の数だけ現われ，それから各頂点に現われる δ 関数の数(ただし全体としての4元運動量保存の δ 関数の分は差し引く)を引いたものが実際の積分の数になることを示す関係式

$$4k = 4(b+f)-4(v-1) \tag{2.113}$$

* 発散の次数は，$d<0$ は収束，$d=0$ が対数発散，$d=2$ が2次の発散というように定義される．

および各頂点から2本のフェルミオンと1本のボソンの線が出ること(ただし，こうすると内線は2回ずつ勘定される)を示す関係式

$$2v = 2f+f_{\mathrm{e}}, \qquad v = 2b+b_{\mathrm{e}} \tag{2.114}$$

を(2.111)に使うと導かれる．

外線が奇数個の光子のみの Feynman 図は荷電共役変換の下で奇となり0となること(**Furry の定理**)を考慮すると，(2.112)で $d \geq 0$ となる場合は

$$\begin{aligned} d &= 2, \quad (b_{\mathrm{e}}, f_{\mathrm{e}}) = (2,0) \quad \text{光子の自己エネルギー} \\ d &= 1, \quad (b_{\mathrm{e}}, f_{\mathrm{e}}) = (0,2) \quad \text{電子の自己エネルギー} \\ d &= 0, \quad (b_{\mathrm{e}}, f_{\mathrm{e}}) = (1,2) \quad \text{光子-電子の頂点図} \\ d &= 0, \quad (b_{\mathrm{e}}, f_{\mathrm{e}}) = (4,0) \quad \text{光子-光子散乱} \end{aligned} \tag{2.115}$$

で尽くされる．$(b_{\mathrm{e}}, f_{\mathrm{e}})=(4,0)$ は図2-4(d)の光子-光子散乱に対応しゲージ不変性の要請から $d<0$ となることが示され，実際に $d \geq 0$ を与えるのは図2-4の最初の3つの図とそれらの高次補正の図で尽くされる．ただし，図2-4(d)では全体としては $d<0$ となるが，点線で囲った**部分図**(sub-graph)に $d \geq 0$ の電子の自己エネルギーを含む．ここで次の **Weinberg の定理**が基本的である：任意の Feynman 図において，全体としての図あるいは任意の1粒子既約な部分図で $d \geq 0$ となる部分を全てくり込みの操作により実質的に $d<0$ とすれば，全体としての Feynman 図は有限な答を与える．

2-6 くり込みとくり込み定数

(2.115)のように $d \geq 0$ の図(あるいは部分図)が摂動の任意の次数で外線で指定される有限個の組み合わせに限定されるのは，結合定数 e が**自然単位系** $\hbar = c = 1$ で無次元量となることと関係している．経路積分の肩に現われる作用が無次元量となることと自然単位系では全ての量は質量の次元 $[M]$ で表わされることを使うと，(2.96)の作用で

$$\begin{aligned} &[m] = [M], \qquad [x^{\mu}] = [M]^{-1}, \qquad [\partial_{\mu}] = [M] \\ &[\psi] = [M]^{3/2}, \qquad [A_{\mu}] = [M] \end{aligned} \tag{2.116}$$

のようにいわゆる**正準的次元**(canonical dimension)が決められる．このとき相互作用項 $e\bar{\psi}\gamma^{\mu}\psi A_{\mu}$ が全体として $[M]^4$ の次元となることから

$$[e] = [M]^0 \tag{2.117}$$

のように e は無次元量となる．このことが摂動の高次においても発散の次数 d が(2.112)のように一定に留まる説明となっている．他方，(2.14)のような Pauli 項をつけ加えたとすると，$[F_{\mu\nu}\bar{\psi}\sigma^{\mu\nu}\psi]=[M]^5$ であることから

$$[g] = [M]^{-1} \tag{2.118}$$

となる．g の高次を含む Feynman 図においては，$d\geq 0$ の図が (b_e, f_e) の組み合わせで考えて無限個生成されることが示される．このような理論はくり込み不可能な理論と呼ばれる．一般的にいって，伝搬関数の紫外での振舞いが場の変数の質量次元(2.116)から期待されるような理論(すなわち Bose 場で $1/k^2$，Fermi 場で $1/k\!\!\!/$)では，相互作用の次元を 4 を超えないものに限定すれば(したがって結合定数の質量次元は 0 か正)，$d\geq 0$ となる (b_e, f_e) の組み合わせは有限個に留まる．

量子電磁力学では，ゲージ対称性により紫外発散が図 2-4 の最初の 3 つの Feynman 図とその高次項に限定され，これらの発散は場の変数，電荷および電子質量の**くり込み定数**，すなわち次式で定義される $Z_1 \sim Z_3$ と Z_m

$$\begin{aligned} &\psi(x) = \sqrt{Z_2}\psi_r(x), \qquad A_{\mu}(x) = \sqrt{Z_3}A_{\mu}(x)_r \\ &e = (Z_1/\sqrt{Z_3}Z_2)e_r, \qquad m = (Z_m/Z_2)m_r \\ &\xi = Z_3 Z_{\xi}\xi_r \end{aligned} \tag{2.119}$$

に全て吸収される*．この操作が**くり込み**(renormalization)と呼ばれ，くり込みにより発散が全て除去できる理論は**くり込み可能な理論**と呼ばれる．ただし，くり込まれた量は添字 r で表わした．後に $Z_{\xi}=1$，$Z_1=Z_2$ が示される．(2.119)と同時に

* くり込み可能性の証明は，Weinberg の定理を援用した数学的帰納法による Dyson 流の方法と，運動量空間での Taylor 展開に基づく BPHZ (Bogoliubov-Parasiuk-Hepp-Zimmermann)の R 演算という方法がある．文献[1]，[2]，[3]および[12]，[13]参照．

$$\eta(x) = \eta_r(x)/\sqrt{Z_2}, \quad \bar{\eta}(x) = \bar{\eta}_r(x)/\sqrt{Z_2}, \quad J^\mu(x) = J_r{}^\mu(x)/\sqrt{Z_3} \qquad (2.120)$$

と定義すると，(2.96)から

$$Z(\eta_r, \bar{\eta}_r, J_r{}^\mu\,;\, e_r, m_r, \xi_r) \equiv Z(\eta, \bar{\eta}, J^\mu) \qquad (2.121)$$

がくり込まれたパラメタ e_r, m_r, ξ_r で記述される発散を含まない Green 関数の生成汎関数を与える．(2.121)から例えば η と $\bar{\eta}$ で微分することにより

$$\frac{1}{Z_2}\langle 0|\mathrm{T}^*\psi(x)\bar{\psi}(y)|0\rangle = \langle 0|\mathrm{T}^*\psi_r(x)\bar{\psi}_r(y)|0\rangle \qquad (2.122)$$

は有限になることが結論される．

本書では，くり込み可能性の証明は与えないが，(2.119)のくり込みが Weinberg の定理にいうところの発散の除去とどう関係しているかを分かりやすく示す「**くり込まれた摂動展開の方法**」を説明する．まず(2.96)を

$$Z(\eta_r, \bar{\eta}_r, J_r{}^\mu) = \int \mathcal{D}\bar{\psi}_r \mathcal{D}\psi_r \mathcal{D}A_{\mu r} \exp\left[i\int (\mathcal{L}_{\mathrm{eff}} + \mathcal{L}_J) d^4x \right]$$

$$\mathcal{L}_{\mathrm{eff}} \equiv -\frac{1}{4}(F_{\mu\nu}(x)_r)^2 + \bar{\psi}_r(x) i\gamma^\mu(\partial_\mu - ie_r A_\mu(x)_r)\psi_r(x) - m_r\bar{\psi}_r(x)\psi_r(x)$$
$$-\frac{1}{2\xi_r}(\partial^\mu A_\mu(x)_r)^2 + \mathcal{L}_{\mathrm{c}} \qquad (2.123)$$

$$\mathcal{L}_{\mathrm{c}} \equiv -\frac{1}{4}(Z_3 - 1)(F_{\mu\nu}(x)_r)^2 + (Z_2 - 1)\bar{\psi}_r(x) i\gamma^\mu \partial_\mu \psi_r(x)$$
$$-(Z_m - 1)m_r\bar{\psi}_r(x)\psi_r(x) + (Z_1 - 1)e_r\bar{\psi}_r(x)\gamma^\mu A_\mu(x)_r\psi_r(x)$$

$$\mathcal{L}_J = -A_\mu(x)_r J_r{}^\mu(x) + \bar{\psi}_r(x)\eta_r(x) + \bar{\eta}_r(x)\psi_r(x)$$

とくり込まれた量で書き換える．(2.123)で $\mathcal{L}_{\mathrm{c}}=0$ とした理論で摂動計算を定義し，摂動の各次数で現われる発散は結合定数のベキ展開(例えば $Z_1 = 1 + a_1 e_r{}^2 + a_2 e_r{}^4 + \cdots$)で定義される**相殺項**(counter terms) $\mathcal{L}_{\mathrm{c}}$ で相殺する計算法はくり込まれた摂動展開と呼ばれる．この計算法ではくり込み可能性は直観的に次のように理解される：任意の Feynman 図において $d \geq 0$ を与える部分図の種類は(2.112)に示すように有限個に限られる．紫外発散部分は座標空間でいえば不確定性関係により局所的な項に対応する．全ての発散する部分図に

(2.123)では$\mathscr{L}_c$の相殺項が対応しており*，$\mathscr{L}_c$の各項を対応するFeynman図の発散を相殺するように選べば，Weinbergの定理により全体としてのFeynman図は有限にできる．

例として図2-7に光子の自己エネルギーの2次の(すなわちループが2つの)補正の1つを示す．点線で囲った発散部分に対応して，× で示す2つの頂点の相殺項Z_1-1と1つの全体としての光子の波動関数の相殺項Z_3-1が現われる．一般に伝搬関数の紫外での振舞いが次元解析から予想される場合に限れば，対称性により許される(質量)次元が4次以下の相互作用項を全て含む理論はくり込み可能となる．

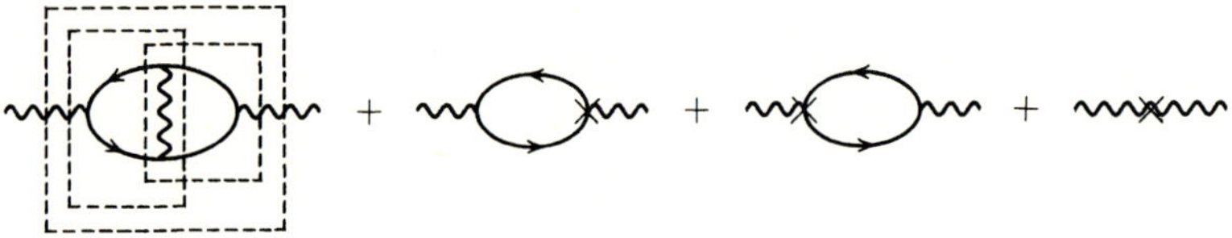

図2-7

漸近場とLSZ公式

(2.122)から正確なフェルミオンの伝搬関数は

$$\int d^4x e^{ip(x-y)}\langle 0|\mathrm{T}^*\psi(x)\bar{\psi}(y)|0\rangle \approx \frac{i\bar{Z}_2}{\not p-\bar{m}+i\epsilon} \qquad (2.124)$$

と質量殻$\not p=\bar{m}$の近くで書けることがわかる．$\bar{m}$と$\bar{Z}_2$はそれぞれm_r, Z_2とは一般には有限なくり込みだけの差がある．(2.124)の右辺から

$$\int d^4x e^{ip(x-y)}\langle 0|\mathrm{T}^*\psi(x)_{\mathrm{as}}\bar{\psi}(y)_{\mathrm{as}}|0\rangle = \frac{i}{\not p-\bar{m}+i\epsilon} \qquad (2.125)$$

と相互作用領域から遠く離れた点での**漸近場**(asymptotic fields)が定義される．同様に光子に対しても$\langle 0|\mathrm{T}^*A_\mu(x)A_\nu(y)|0\rangle/\bar{Z}_3$と後に説明する(2.157)から

* ゲージ対称性と運動学的考察により，QCDでは実際の発散は全て$d=0$の対数発散に留まること(2-7節参照)を使う．

$$\int d^4x e^{ik(x-y)}\langle 0|\mathrm{T}^* A_\mu(x)_{\mathrm{as}} A_\nu(y)_{\mathrm{as}}|0\rangle = (-i)\left[\frac{g_{\mu\nu}-k_\mu k_\nu/k^2}{k^2+i\epsilon}+\bar{\xi}_r\frac{k_\mu k_\nu}{k^4}\right] \tag{2.126}$$

が定義される．これらの漸近場は一般には Heisenberg 表示で導入されるものであるが，相互作用表示では Dyson 公式(2.74)に現われる場に対応する．

S 行列と $|\mathrm{in}\rangle$ および $|\mathrm{out}\rangle$ 状態を

$$\langle \alpha\ \mathrm{out}|\beta\ \mathrm{in}\rangle = \langle \alpha\ \mathrm{in}|S|\beta\ \mathrm{in}\rangle \tag{2.127}$$

で一般に定義すると，与えられた Green 関数(2.101)から S 行列の要素は次の **LSZ**(**Lehmann-Symanzik-Zimmermann**)**の処方**により得られる．

$$\begin{aligned}&\lim_{\not{p}\to\bar{m}}\langle \alpha\ \mathrm{out}|\mathrm{T}^*\psi(p_1)\cdots\bar{\psi}(p_n)\bar{\psi}(p)|\beta\ \mathrm{in}\rangle\left(\frac{\not{p}-\bar{m}}{i\sqrt{\bar{Z}_2}}\right)\frac{u(p,s)}{\sqrt{(2\pi)^3 2p_0}}\\&\quad=\langle \alpha\ \mathrm{out}|\mathrm{T}^*\psi(p_1)\cdots\bar{\psi}(p_n)|e(p,s),\beta\ \mathrm{in}\rangle\end{aligned} \tag{2.128}$$

すなわち Green 関数の外線から正確な伝搬関数を除去し質量殻上の $\sqrt{\bar{Z}_2}\,u(p,s)/\sqrt{(2\pi)^3 2p_0}$ を乗じると入射状態に電子が 1 個加わった状態が作られる*．この処方はゲージ場にも一般化されて，模式的には

$$\begin{aligned}&\bar{\psi}_\beta(p)|\beta\ \mathrm{in}\rangle\left(\frac{\not{p}-\bar{m}}{i\sqrt{\bar{Z}_2}}\right)_{\beta\alpha}\frac{u_\alpha(p,s)}{\sqrt{(2\pi)^3 2p_0}} &&\to |e(p,s),\beta\ \mathrm{in}\rangle\\
&(-1)\psi_\alpha(-p)|\beta\ \mathrm{in}\rangle\left(\frac{-\not{p}-\bar{m}}{i\sqrt{\bar{Z}_2}}\right)_{\beta\alpha}\frac{\bar{v}_\beta(p,s)}{\sqrt{(2\pi)^3 2p_0}} &&\to |\bar{e}(p,s),\beta\ \mathrm{in}\rangle\\
&\frac{\bar{u}_\alpha(p,s)}{\sqrt{(2\pi)^3 2p_0}}\left(\frac{\not{p}-\bar{m}}{i\sqrt{\bar{Z}_2}}\right)_{\alpha\beta}\langle \alpha\ \mathrm{out}|\psi_\beta(p) &&\to \langle \alpha\ \mathrm{out},e(p,s)|\\
&(-1)\frac{v_\beta(p,s)}{\sqrt{(2\pi)^3 2p_0}}\left(\frac{-\not{p}-\bar{m}}{i\sqrt{\bar{Z}_2}}\right)_{\alpha\beta}\langle \alpha\ \mathrm{out}|\bar{\psi}_\alpha(-p) &&\to \langle \alpha\ \mathrm{out},\bar{e}(p,s)|\\
&A_\mu(q)|\beta\ \mathrm{in}\rangle\left(\frac{-g^{\mu\nu}q^2}{i\sqrt{\bar{Z}_3}}\right)\frac{\varepsilon_\nu^{(i)}(q)}{\sqrt{(2\pi)^3 2q_0}} &&\to |\varepsilon^{(i)}(q),\beta\ \mathrm{in}\rangle\end{aligned} \tag{2.129}$$

---

* この処方は，相互作用表示では Dyson 公式(2.74)の外線の扱いと一致する．

$$\frac{\varepsilon_\nu^{(i)}(q)}{\sqrt{(2\pi)^3 2q_0}}\left(\frac{-g^{\mu\nu}q^2}{i\sqrt{Z_3}}\right)\langle\alpha\ \mathrm{out}|A_\mu(-q) \qquad \rightarrow\langle\alpha\ \mathrm{out},\varepsilon^{(i)}(q)|$$

を使って S 行列の要素と Green 関数が関係づけられる.

この処方の意味は，(2.91)で自由場の運動方程式が

$$u(x) = \int\langle 0|\mathrm{T}^*\psi(x)\bar{\psi}(y)|0\rangle i\eta(y)d^4y$$

と c 数のレベルで解け，源と伝搬関数の組み合わせで粒子状態 $u(x)$ が用意されることからも直観的に理解される．(2.129)では4元運動量が $q_0=|\boldsymbol{q}|$ として $q^\mu=(q_0,0,0,|\boldsymbol{q}|)$ と書けるときに

$$\varepsilon_\mu^{(1)}(q) = (0,1,0,0), \quad \varepsilon_\mu^{(2)}(q) = (0,0,1,0) \qquad (2.130)$$

と(2.39)を一般化して定義し，$\varepsilon_\mu^{(i)}(q)q^\mu=0$ を満たす．(2.129)での符号は $\bar{\psi}$ とか ψ を T^* 積の中で一番右あるいは左へ前もって動かしておいたときの規約を示す．反粒子に余分な(−)符号が現われるのは，座標空間で考えて $\psi(x)$ を $|\mathrm{in}\rangle$ 状態に取り入れるには $\cdots\psi(x)|\mathrm{in}\rangle$ の x^0 をどの場の時間よりも前に選ぶことに起因する．このときには $\bar{\psi}(y)$ を任意の場として $\bar{\psi}(y)\psi(x)=-\mathrm{T}^*(\psi(x)\bar{\psi}(y))$ となり，伝搬関数に(−)を乗じた因子を取り除くことになる．$\langle\mathrm{out}|\bar{\psi}(x)$ の場合も同様である．

上記の LSZ 処方を $\langle e\gamma|e\gamma\rangle$ に適用すると最低次では図 2-2 の Compton 散乱の Feynman 図および(2.75)で $\boldsymbol{\gamma\varepsilon}^{(i)}(q)\rightarrow-\gamma^\mu\varepsilon_\mu^{(i)}(q)$ と Lorentz 共変化した表式が得られる．

LSZ 処方を使うと S 行列の要素がゲージ条件の選び方によらないことは形式的にではあるが次のように示される．まず(2.96)で Faddeev-Popov の行列式を陽に書き，補助場 B と Λ を用いて

$$Z(\eta,\bar{\eta},J^\mu) = N\int\mathcal{D}\bar{\psi}\mathcal{D}\psi\mathcal{D}A_\mu\mathcal{D}B\mathcal{D}\Lambda\det[\partial_\mu{}^2\delta(x-y)]$$
$$\times\exp\left\{i\int\left[\mathcal{L}+B(\partial^\mu A_\mu-\Lambda)-\frac{1}{2\xi}\Lambda^2+\mathcal{L}_J\right]d^4x\right\} \qquad (2.131)$$

と書き直して $Z(0,0,0)=1$ と規格化する．ただし $\mathcal{L}$ は(2.1)のラグランジアン

である．ゲージ変換(2.6)で

$$\alpha_1(x) \equiv e\iint\frac{d^4k}{(2\pi)^4}\frac{1}{k^2+i\epsilon}e^{-ik(x-y)}\Lambda(y)d^4y \tag{2.132}$$

というパラメタ $\alpha_1(x)$ を考えると，

$$\partial^\mu A_\mu{}'(x) = \partial^\mu A_\mu(x)-\Lambda(x) \tag{2.133}$$

となり，(2.131)の積分の測度はこのとき不変である．ひき続いて

$$\alpha_2(x) = e\frac{1}{\partial^l\partial_l}\partial^0 A_0{}' = -e\frac{1}{\Delta}\partial^0 A_0{}' \tag{2.134}$$

というゲージ変換を考えると

$$\begin{aligned}\partial^l A_l{}'' &= \partial^l A_l{}'+(1/e)\partial^l\partial_l\alpha_2(x) = \partial^\mu A_\mu{}' \\ A_0{}''(x) &= A_0{}'-\frac{1}{\Delta}\partial^0\partial_0 A_0{}' = -\frac{1}{\Delta}\Box A_0{}'\end{aligned} \tag{2.135}$$

が得られ，ゲージ固定項は結果として $B\partial^l A_l{}''$ と書きかえられ，また

$$\mathcal{D}\bar{\psi}'\mathcal{D}\psi'\mathcal{D}A_\mu{}'\det[\partial_\mu{}^2\delta(x-y)] = \mathcal{D}\bar{\psi}''\mathcal{D}\psi''\mathcal{D}A_\mu{}''\det[\partial_l{}^2\delta(x-y)] \tag{2.136}$$

が成立する．これらのゲージ変換の下で(2.131)の $\mathcal{L}$ は不変であり，源の項 $\mathcal{L}_J$ は S 行列を定義する漸近場(2.129)を生成するように選ぶと

$$\begin{aligned}\int\mathcal{L}_J d^4x &= \int[-A_\mu{}''J^\mu+\partial_\mu(\alpha_1+\alpha_2)J^\mu+\bar{\psi}''e^{i(\alpha_1+\alpha_2)}\eta+\bar{\eta}e^{-i(\alpha_1+\alpha_2)}\psi'']d^4x \\ &\to\int[-A_l{}''J^l+\bar{\psi}''\eta+\bar{\eta}\psi'']d^4x = \int\mathcal{L}_J{}''d^4x\end{aligned} \tag{2.137}$$

が結論される．すなわち $\partial_\mu J^\mu=J^0=0$ が成立するように J^μ を選ぶ．$\alpha_1(x)$ と $\alpha_2(x)$ は(2.131)では場の変数に依存する(q 数の)変換となり，場の変数に関して 1 次の漸近場を抜き出す操作を想定した源 η と $\bar{\eta}$ には(2.137)のように効かない．このようにして(2.131)は(漸近場を持たない)Λ に関する積分の後

$$\begin{aligned}Z(\eta,\bar{\eta},J^\mu) &= N'\int\mathcal{D}\bar{\psi}''\mathcal{D}\psi''\mathcal{D}A_\mu{}''\mathcal{D}B\det[\partial_l{}^2\delta(x-y)] \\ &\quad\times\exp\left\{i\int[\mathcal{L}''+B\partial^l A_l{}''+\mathcal{L}_J{}'']d^4x\right\}\end{aligned} \tag{2.138}$$

となり，共変なゲージ条件(2.131)と Coulomb ゲージ(2.76)が同等であることがわかる*．ただし，波動関数のくり込み定数はゲージに依存するので(2.129)で $\bar{Z}_2 \to \bar{Z}_2{}''$, $\bar{Z}_3 \to \bar{Z}_3{}''$ と置き換える必要がある．

2-7 Ward-高橋の恒等式

光子の質量項

$$\mathcal{L}_{\mathrm{m}} = \frac{1}{2} m_{\mathrm{ph}}{}^2 (A_\mu)^2 \tag{2.139}$$

は(2.1)の作用には現われない．これは(2.139)のような項は(2.6)で定義されるゲージ変換に対する不変性をこわすからである．また(2.139)のような項は実験との比較という点からも高次の量子効果によって誘起されてはならない．したがって，量子電磁力学においては，ゲージ不変性を摂動の各次数でいかに損なわずに計算を進めるかが基本的に重要な問題になる．

出発点になる理論(2.1)がゲージ不変であるという性質を Green 関数の性質に翻訳する重要な関係式が，**Ward-高橋(WT)の恒等式**と呼ばれるものである．これは(2.96)の経路積分表示では非常に簡単な形で定式化される．

フェルミオンの場の次の変換を考える．

$$\begin{aligned} \psi'(x) &= \exp[i\alpha(x)]\psi(x) \\ \bar{\psi}'(x) &= \bar{\psi}(x)\exp[-i\alpha(x)] \end{aligned} \tag{2.140}$$

このとき(2.96)において次の恒等式が成立する．

$$\begin{aligned} &\int \mathcal{D}\bar{\psi}\mathcal{D}\psi\mathcal{D}A_\mu \exp\left\{i\int[\mathcal{L}_{\mathrm{eff}}(\bar{\psi},\psi,A_\mu)+\mathcal{L}_J(\bar{\psi},\psi,A_\mu)]d^4x\right\} \\ &\quad = \int \mathcal{D}\bar{\psi}'\mathcal{D}\psi'\mathcal{D}A_\mu \exp\left\{i\int[\mathcal{L}_{\mathrm{eff}}(\bar{\psi}',\psi',A_\mu)+\mathcal{L}_J(\bar{\psi}',\psi',A_\mu)]d^4x\right\} \end{aligned} \tag{2.141}$$

---

* 現在のラグランジアン形式では，Coulomb 相互作用項は A_0'' に関する経路積分から生じる．

すなわち，積分変数の名前のつけ換えは積分の値そのものを変えないからである．(2.141)で積分の測度が不変であること(第7章の量子異常の議論参照)

$$\mathcal{D}\bar{\psi}'\mathcal{D}\psi' = \mathcal{D}\bar{\psi}\mathcal{D}\psi \tag{2.142}$$

および $\alpha(x)$ の1次の精度では

$$\begin{aligned}\mathcal{L}_{\text{eff}}(\bar{\psi}', \psi', A_\mu) &= \mathcal{L}_{\text{eff}}(\bar{\psi}, \psi, A_\mu) - \partial_\mu \alpha(x)\bar{\psi}(x)\gamma^\mu\psi(x) \\ \mathcal{L}_J(\bar{\psi}', \psi', A_\mu) &= \mathcal{L}_J(\bar{\psi}, \psi, A_\mu) - i\alpha(x)\bar{\psi}(x)\eta(x) + i\alpha(x)\bar{\eta}(x)\psi(x)\end{aligned} \tag{2.143}$$

となることに注意すると，$\alpha(x)$ の1次の項を3つひろって

$$\int d^4x\alpha(x)\langle\partial_\mu(\bar{\psi}(x)\gamma^\mu\psi(x)) - i\bar{\psi}(x)\eta(x) + i\bar{\eta}(x)\psi(x)\rangle_J = 0 \tag{2.144}$$

が成立する．ただし，$\alpha(x)$ は(無限遠までは拡がっていない)局所化された関数として部分積分を行なった．なお，(2.144)では一般に，

$$\begin{aligned}\langle O(x)\rangle_J &\equiv \langle 0|\hat{O}(x)|0\rangle_J \\ &= \int \mathcal{D}\bar{\psi}\mathcal{D}\psi\mathcal{D}A_\mu O(x) \exp\left[i\int(\mathcal{L}_{\text{eff}} + \mathcal{L}_J)d^4x\right]\end{aligned} \tag{2.145}$$

と定義した．この記法は以後よく用いる．

(2.144)で $\alpha(x)$ をある x^μ の近くで δ 関数的な山を持つものに選ぶと

$$\partial_\mu\langle\bar{\psi}(x)\gamma^\mu\psi(x)\rangle_J = i\langle\bar{\psi}(x)\eta(x)\rangle_J - i\langle\bar{\eta}(x)\psi(x)\rangle_J \tag{2.146}$$

が成立する．(2.144)あるいは(2.146)が WT 恒等式と呼ばれる基本的な関係式である．(2.146)を $J^\nu(y)$ で1回微分して全ての源を0とおくと

$$\partial_\mu^x\langle \mathrm{T}^*\bar{\psi}(x)\gamma^\mu\psi(x)A_\nu(y)\rangle = 0 \tag{2.147}$$

が得られる．(2.147)の Fourier 変換は(模式的な)グラフでいえば，図2-8(a)あるいは光子の正確な伝搬関数(すなわち1粒子可約な部分)を取り除いた図

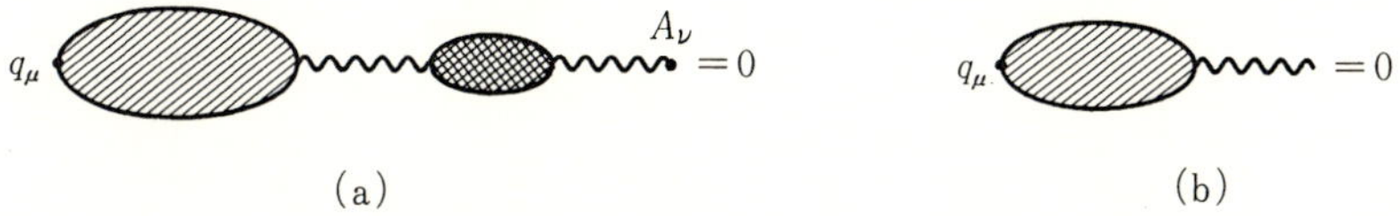

図2-8

2-8(b)が成立することを示す．

(2.102)の積分(これは**光子の分極テンソル**と呼ばれる)の一般化は，カレント $\bar{\psi}\gamma^{\mu}\psi$ が光子の源となることを考えると(1 PIは1粒子既約部分を示すとして)，

$$\begin{aligned}\Pi_{\mu\nu}(q) &= -e^2\int d^4x e^{iq(x-y)}\langle 0|\mathrm{T}^*\bar{\psi}(x)\gamma_{\mu}\psi(x)\bar{\psi}(y)\gamma_{\nu}\psi(y)|0\rangle_{1\mathrm{PI}} \\ &= -i(q^2g_{\mu\nu}-q_{\mu}q_{\nu})\Pi(q^2)+ig_{\mu\nu}\Pi_2(q^2) \qquad (2.148)\end{aligned}$$

の形に書けるが，このとき(2.147)は $\Pi_2(q^2)=0$ となることを示す．$\Pi_2(q^2)$ はもし存在すれば(2.139)の光子の質量項を与えうる．他方，$\Pi(q^2)$ は q^2 の項が前に出ていることから予想されるように，実際の発散の次数は $d=0$ となり対数発散にとどまる．

次に，(2.146)を $\bar{\eta}(y)$ と $\eta(z)$ に関して微分して源を0とおくと

$$\begin{aligned}\partial_{\mu}^{x}\langle\mathrm{T}^*\bar{\psi}(x)\gamma^{\mu}\psi(x)\psi(y)\bar{\psi}(z)\rangle &= \langle\mathrm{T}^*\psi(y)\bar{\psi}(z)\rangle\delta(x-z) \\ &\quad -\langle\mathrm{T}^*\psi(y)\bar{\psi}(z)\rangle\delta(x-y) \qquad (2.149)\end{aligned}$$

が得られる．これは運動量表示では図2-9に対応している(座標 x を通じて q_{μ} が流れ込む)．図2-9において，正確なフェルミオンの伝搬関数 S_{F} の逆数を

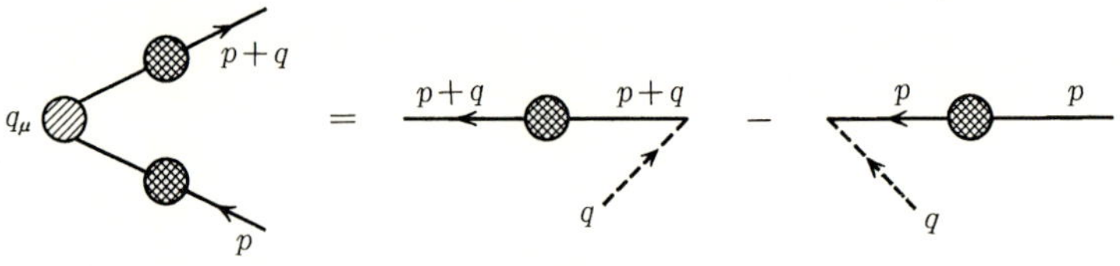

図2-9

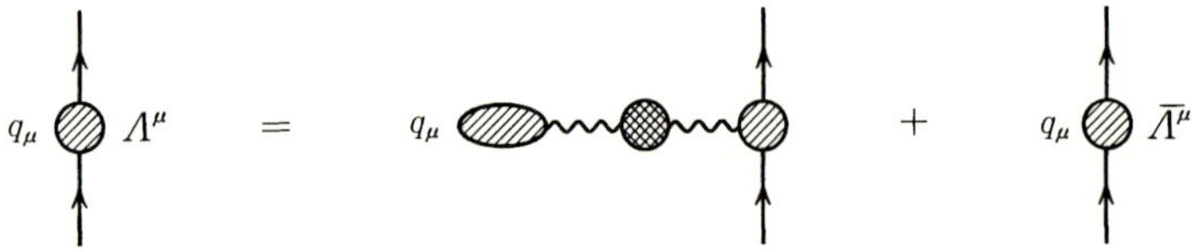

図2-10

入射及び出て行く粒子に掛けて外線を取り除くと

$$q_\mu \Lambda^\mu(p, p+q) = S_{\mathrm{F}}{}^{-1}(p+q) - S_{\mathrm{F}}{}^{-1}(p) \qquad (2.150)$$

という関係が得られる．Λ^μ は図 2-9 の左辺の頂点部を表わす．ただし，Λ^μ は一般には図 2-10 の形をしているが，右辺の 1 粒子可約な部分は(2.147)により 0 となり(2.150)には寄与しない．

(2.150)は(2.103)のフェルミオンの伝搬関数と(2.104)の頂点関数の発散の次数が同じであることを示している．したがって(2.115)から両方とも対数発散にとどまる．すなわち量子電磁力学では，ゲージ不変性のため全ての発散は対数発散になる．

ここで，基本的な恒等式(2.146)をくり込みの議論に便利な形に書き換えておく．(2.140)で A_μ を同時に $A_\mu{}' = A_\mu + (1/e)\partial_\mu \alpha$ と変換すると，恒等式(2.146)は

$$\left\langle -\frac{1}{e\xi}\Box\partial^\mu A_\mu(x) + \frac{1}{e}\partial_\mu J^\mu(x) - i\bar{\psi}(x)\eta(x) + i\bar{\eta}(x)\psi(x) \right\rangle_J = 0 \qquad (2.151)$$

と置き換えられる．あるいは，A_μ に関する運動方程式

$$\langle \partial_\nu F^{\nu\mu} + (1/\xi)\partial^\mu(\partial^\nu A_\nu) - J^\mu \rangle_J = -e\langle \bar{\psi}(x)\gamma^\mu\psi(x)\rangle_J \qquad (2.152)$$

に ∂_μ を掛けたものを(2.146)に使っても同じ結果が出る．(2.151)は Green 関数の連結成分の生成汎関数 $iW(\eta, \bar{\eta}, J) = \ln Z(\eta, \bar{\eta}, J)$ を使うと((2.108)参照)

$$\frac{1}{e\xi}\Box\partial^\mu \frac{\delta W}{\delta J^\mu(x)} + \frac{1}{e}\partial_\mu J^\mu(x) + i\frac{\delta W}{\delta\eta(x)}\eta(x) + i\bar{\eta}(x)\frac{\delta W}{\delta\bar{\eta}(x)} = 0 \quad (2.153)$$

と書ける．さらに 1 粒子既約な頂点関数の生成汎関数 Γ(2.107)を使うと(2.153)は

$$-\frac{1}{e\xi}\Box\partial^\mu A_\mu(x) + \frac{1}{e}\partial_\mu \frac{\delta\Gamma}{\delta A_\mu(x)} + i\bar{\psi}(x)\frac{\delta\Gamma}{\delta\bar{\psi}(x)} + i\frac{\delta\Gamma}{\delta\psi(x)}\psi(x) = 0$$

$$(2.154)$$

と書かれる．この形に書いた恒等式がくり込み理論で最もよく使われる．ただし，(2.154)に現われる $\eta, \bar{\eta}, \psi, \bar{\psi}$ は全て古典的 Grassmann 数であり，微分の順序が重要となる．

(2.147)に対応した恒等式は，(2.154)を $A_\nu(y)$ で微分して古典場 $A_\mu, \psi, \bar{\psi}$ を 0 においた式

$$-\frac{1}{e\xi}\Box\partial_x{}^\nu\delta(x-y)+\frac{1}{e}\partial_\mu{}^x\frac{\delta^2\Gamma}{\delta A_\mu(x)\delta A_\nu(y)}=0 \qquad (2.155)$$

で与えられ，光子の正確な伝搬関数の逆 $\delta^2\Gamma/\delta A_\mu\delta A_\nu$ は運動量空間では常に

$$-(q^2g_{\mu\nu}-q_\mu q_\nu)(1+\Pi(q^2))-(1/\xi)q_\mu q_\nu \qquad (2.156)$$

の形に書けることを示す．すなわちゲージ固定項は高次の量子効果の影響を受けない．また $\Pi(q^2)$ は(2.148)に現われる $\Pi(q^2)$ に一致することは，(2.156)の逆で定義される伝搬関数が

$$\begin{aligned}D_{\mathrm{F}}(q)_{\mu\nu} &= -\frac{g_{\mu\nu}-q_\mu q_\nu/q^2}{(q^2+i\epsilon)(1+\Pi(q^2))}-\xi q_\mu q_\nu/q^4\\ &= D_{\mathrm{F}}{}^{(0)}(q)_{\mu\nu}+D_{\mathrm{F}}{}^{(0)}(q)_{\mu\alpha}\Pi_{\alpha\beta}D_{\mathrm{F}}{}^{(0)}(q)_{\beta\nu}+\cdots\end{aligned} \qquad (2.157)$$

と図 2-1 の自由場の光子の伝搬関数と(2.148)の $\Pi_{\mu\nu}$ を使って $\Pi(q^2)$ のベキに展開できることからわかる．

(2.150)の関係は，(2.154)の両辺を $\bar{\psi}(z)$ と $\psi(y)$ で微分して，古典場 A_μ, $\psi, \bar{\psi}$ を全て 0 とおいた式

$$\frac{1}{e}\partial_\mu{}^x\frac{\delta^3\Gamma}{\delta A_\mu(x)\delta\psi(y)\delta\bar{\psi}(z)}+i\frac{\delta^2\Gamma}{\delta\psi(y)\delta\bar{\psi}(z)}\delta(x-z)-i\frac{\delta^2\Gamma}{\delta\psi(y)\delta\bar{\psi}(z)}\delta(x-y)=0 \qquad (2.158)$$

の Fourier 変換で表わされる．くり込み理論では外線を取り除いた(1 粒子既約な)Feynman 図を分析するので，(2.107)の Γ を使うのが便利である．

2-8 次元正則化とくり込み計算の例

くり込み可能な理論というのは，(2.119)と(2.120)の変換により，(2.121)の $Z(\eta_r, \bar{\eta}_r, J_r{}^\mu)$ が有限な Green 関数の生成汎関数を与えることである．この性質は(2.107)の Γ でいえば

$$\Gamma(\sqrt{Z_3}A_{r\mu}, \sqrt{Z_2}\bar{\psi}_r, \sqrt{Z_2}\psi_r)\equiv\Gamma(A_{r\mu}, \bar{\psi}_r, \psi_r\,;\,e_r, m_r, \xi_r) \qquad (2.159)$$

が発散を含まない1粒子既約な頂点関数の生成汎関数を与えることに対応する．すなわち

$$\Gamma = \iint A_\mu(x)\Gamma_{\mu\nu}(x,y)A_\nu(y)dxdy + \iint \bar{\psi}(x)\Gamma(x,y)\psi(y)dxdy$$
$$+\iiint A_\mu(x)\bar{\psi}(y)\Gamma_\mu(x,y,z)\psi(z)dxdydz + \cdots$$
$$= \iint A_{r\mu}(x)[Z_3\Gamma_{\mu\nu}(x,y)]A_{r\nu}(y)dxdy + \iint \bar{\psi}_r(x)[Z_2\Gamma(x,y)]\psi_r(y)dxdy$$
$$+\iiint A_{r\mu}(x)\bar{\psi}_r(y)[\sqrt{Z_3}Z_2\Gamma_\mu(x,y,z)]\psi_r(z)dxdydz + \cdots \qquad (2.160)$$

と展開して頂点関数を定義するとき，第2の表式のようにくり込まれた変数の係数として定義される $Z_3\Gamma_{\mu\nu}(x,y)$ などが全て有限となることを意味する．

ゲージ変換に関する不変性により，量子電磁力学では(2.119)において，

$$Z_1 = Z_2, \qquad Z_\xi = 1 \qquad (2.161)$$

というより少ない数のくり込み定数により理論は有限になる．まず，(2.155)から

$$-\frac{1}{Z_3Z_\xi\xi_r}\Box\partial_x{}^\nu\delta(x-y) + \frac{1}{Z_3}\partial_\mu{}^x\frac{\delta^2\Gamma}{\delta A_{r\mu}(x)\delta A_{r\nu}(y)} = 0 \qquad (2.162)$$

となり，$Z_\xi=1$ と選んでよいことがわかり，(2.158)より

$$\left(\frac{1}{Z_1e_r}\right)\partial_\mu{}^x\frac{\delta^3\Gamma}{\delta A_{r\mu}(x)\delta\psi_r(y)\delta\bar{\psi}_r(z)} + i\frac{\delta(x-z)}{Z_2}\frac{\delta^2\Gamma}{\delta\psi_r(y)\delta\bar{\psi}_r(z)}$$
$$-i\frac{\delta(x-y)}{Z_2}\frac{\delta^2\Gamma}{\delta\psi_r(y)\delta\bar{\psi}_r(z)} = 0 \qquad (2.163)$$

すなわち，$Z_1=Z_2$ が結論される．

くり込み可能な理論では，全ての物理量(散乱の断面積など)が測定量と結びついた有限な質量 m_r および電荷 e_r で表わされることになり，特に光子の質量が0に留まる必要がある．一般には，(2.102)～(2.104)のように摂動の各次数で発散量を扱うことになり，発散とそれに伴いゲージ不変性が破れることがないかどうかといった問題を扱うには一般には理論を正則化する必要がある．

ここでは，現代的なゲージ場理論で重要な役割を果たす**次元正則化**(dimensional regularization)を説明したい．この正則化の基本的な考え方は，(2.96)を次元数が物理的な $D=4$ からずれた理論($D<4$)へ形式的に拡張することにある．もしこれができれば，(2.102)の例からわかるように運動量に関する積分が d^4k から d^Dk に変わり，他方伝搬関数からくる分母の次数が変わらないので，積分は十分小さい D に対しては全て有限になる．このとき注意すべき点は，Dirac の γ 行列(2.2)を形式的に

$$\begin{aligned}\{\gamma^\mu,\gamma^\nu\} &= 2g^{\mu\nu}, \qquad g_\mu{}^\mu = D\\ \mathrm{Tr}(\gamma^\mu\gamma^\nu) &= g^{\mu\nu}\,\mathrm{Tr}(1) = g^{\mu\nu}2^{D/2}\end{aligned} \tag{2.164}$$

と変更することである．例えば，$\gamma_\alpha\gamma^\mu\gamma^\alpha=(2-D)\gamma^\mu$．このとき理論(2.96)のゲージ不変性は形式的に保たれる．以下に，このことを図 2-4 の最初の 3 つのグラフを具体例にとって示したい．

まず(2.102)の光子の自己エネルギーは

$$(-i)e^2 2^{D/2}\int\frac{d^Dk}{(2\pi)^D}\frac{(q+k)_\alpha k_\beta[\delta^{\mu\alpha}\delta^{\nu\beta}-\delta^{\mu\nu}\delta^{\alpha\beta}+\delta^{\mu\beta}\delta^{\nu\alpha}]-m^2\delta^{\mu\nu}}{(k^2+m^2)((q+k)^2+m^2)} \tag{2.165}$$

の形に

$$\frac{1}{\not k-m}=\frac{\not k+m}{k^2-m^2}$$

$$\mathrm{Tr}(\gamma^\mu\gamma^\alpha\gamma^\nu\gamma^\beta) = 2^{D/2}[g^{\mu\alpha}g^{\nu\beta}-g^{\mu\nu}g^{\alpha\beta}+g^{\mu\beta}g^{\nu\alpha}]$$

を用いて，書くことができる．ここで $\not k=\gamma^\mu k_\mu$ である．ただし，$q_0\to iq_4$，$k_0\to ik_4$，$g^{\mu\nu}\to-\delta^{\mu\nu}$ といわゆる **Wick 回転**した Euclid 理論の記法を使い $k^2\equiv\boldsymbol{k}^2+(k_4)^2$ と定義した．計算の後で $q_4\to -iq_0$，$q^2\to -q^2$ と元に戻せばよい．(2.165)の積分を実行するには，例えば，Feynman のパラメタ α,β を使って*

$$\begin{aligned}&\int d^Dk\frac{1}{(k^2+m^2)((k+q)^2+m^2)}\\ &\quad=\int d^Dk\int_0^1 d\alpha\int_0^1 d\beta\frac{\delta(1-\alpha-\beta)}{[\alpha(k^2+m^2)+\beta((k+q)^2+m^2)]^2}\end{aligned}$$

* 分母が n 個の積の場合 $\dfrac{1}{a_1a_2\cdots a_n}=(n-1)!\displaystyle\int_0^1 d\alpha_1\cdots\int_0^1 d\alpha_n\frac{\delta(1-\alpha_1-\cdots-\alpha_n)}{[\alpha_1a_1+\cdots+\alpha_na_n]^n}$ を使う．

$$= \int d^D k \int_0^1 d\alpha \frac{1}{[k^2+\alpha(1-\alpha)q^2+m^2]^2}$$

と書き，この右辺は，$M^2 \equiv m^2+\alpha(1-\alpha)q^2$ と定義して

$$\int_0^1 d\alpha \int d^D k \int_0^\infty ds s e^{-s[k^2+M^2]} = \int_0^1 d\alpha \int_0^\infty ds \left(\frac{\pi}{s}\right)^{D/2} s e^{-sM^2}$$

$$= \int_0^1 d\alpha \pi^{D/2}(M^2)^{D/2-2}\Gamma\left(2-\frac{D}{2}\right) \qquad (2.166)$$

と計算される．ここで，s は固有時(proper time)に対応するパラメタである．$\Gamma(x)$ は Γ 関数で $x\Gamma(x)=\Gamma(1+x)$，$\Gamma(1)=1$ 等の関係を満たす．(2.165)の他の項も同様に計算できる．特に Euclid 化した Lorentz 対称性から導かれる

$$\int d^D k e^{-sk^2} k^\mu k^\nu = \frac{\delta^{\mu\nu}}{D} \int d^D k e^{-sk^2} k^2 = \frac{\delta^{\mu\nu}}{2} \frac{\pi^{D/2}}{s^{1+D/2}}$$

などの公式を使うと，(2.165)は

$$-i\frac{(e\mu^{-\varepsilon})^2}{(2\pi)^{D/2}} \int_0^1 d\alpha 2\alpha(1-\alpha)(q^2\delta^{\mu\nu}-q^\mu q^\nu)\left[\frac{m^2+\alpha(1-\alpha)q^2}{\mu^2}\right]^{-\varepsilon}\Gamma(\varepsilon) \qquad (2.167)$$

と計算される．ただし，D 次元では

$$[e] = [M]^\varepsilon, \qquad \varepsilon \equiv 2-D/2 \qquad (2.168)$$

と(2.117)が変更されることを考慮して，質量の次元を持つ任意のパラメタ μ を導入し，無次元量 $e\mu^{-\varepsilon}$ に関する展開の式に書いた．この μ によって，**くり込み点**に対応する質量のスケールが理論に持ち込まれることになる．物理的次元 $\varepsilon=2-D/2=0$ の近くでは

$$\begin{aligned} &A^{-\varepsilon} \approx 1-\varepsilon \ln A \\ &\Gamma(\varepsilon) = \Gamma(1+\varepsilon)/\varepsilon \approx \frac{1}{\varepsilon}-\gamma, \qquad \gamma \equiv -\Gamma'(1) \end{aligned} \qquad (2.169)$$

を使うと，(2.167)は(Minkowski 空間 $q_4 \to iq_0$ にもどして)

$$\Pi^{\mu\nu}(q) = -i\frac{(e\mu^{-\varepsilon})^2}{(2\pi)^2}\frac{1}{3}[q^2 g^{\mu\nu}-q^\mu q^\nu]\left\{\frac{1}{\varepsilon}-\gamma\right.$$

$$\left. -6\int_0^1 d\alpha\alpha(1-\alpha)\ln\left[\frac{m^2-\alpha(1-\alpha)q^2}{2\pi\mu^2}\right]\right\} \qquad (2.170)$$

となり，発散部分 $1/\varepsilon$ と有限部分に分けられる．この式から

$$1/\varepsilon = 1/(2-D/2) \leftrightarrow \ln(\Lambda^2/\mu^2) \tag{2.171}$$

と通常の運動量空間の切断 Λ との関係がつけられることがわかる．現在の発散は対数的である．

くり込みは，(2.156), (2.159), (2.161)から得られる関係

$$\int dx e^{iq(x-y)} \frac{\delta^2 \Gamma}{\delta A_{r\mu}(x)\delta A_{r\nu}(y)} = Z_3 \int dx e^{iq(x-y)} \frac{\delta^2 \Gamma}{\delta A_\mu(x)\delta A_\nu(y)}$$
$$= Z_3(-1)(q^2 g_{\mu\nu} - q_\mu q_\nu)(1+\Pi(q^2)) - \frac{1}{\xi_r} q_\mu q_\nu \tag{2.172}$$

および(2.170)の $-i(q^2 g^{\mu\nu} - q^\mu q^\nu)$ の係数が $\Pi(q^2)$ を与えることから

$$Z_3 = 1 - \frac{(e\mu^{-\varepsilon})^2}{3(2\pi)^2}\frac{1}{\varepsilon} + O(e^4) \tag{2.173}$$

と選べば，(2.172)の左辺で定義されるくり込まれた(有限な)2頂点関数は(くり込みの後 $\varepsilon \to 0$ として)

$$\Gamma_{r\mu\nu}(q) \equiv (-1)(q^2 g_{\mu\nu} - q_\mu q_\nu)\left\{1 - \frac{e^2}{3(2\pi)^2}\left[\gamma + 6\int_0^1 d\alpha \alpha(1-\alpha) \right.\right.$$
$$\left.\left. \times \ln\left(\frac{m^2 - \alpha(1-\alpha)q^2}{2\pi\mu^2}\right)\right]\right\} - \frac{1}{\xi_r} q_\mu q_\nu + O(e^4) \tag{2.174}$$

と書けることがわかる．このように $1/\varepsilon$ の極部分だけをくり込み定数で取り除く処方は**最小引算法**(minimal subtraction)と呼ばれる．(2.174)からわかるように，くり込みの操作により運動量の切断 Λ に代って新しい質量の次元を持つ量 μ が導入される．μ を決めると(2.174)から高次補正を 0 とする q^2 が決まる．高次補正を 0 とする点はくり込み点と呼ばれ，次元正則化では μ が**くり込み点を指定するパラメタ**と呼ばれる．

次に，(2.103)のフェルミオンの自己エネルギーは

$$(-e^2)\int \frac{d^D k}{(2\pi)^D} \frac{(2-D)(\not{p}-\not{k}) + Dm + (1-\xi)(\not{k}+\not{p}-m) - 2(1-\xi)(kp)\not{k}/k^2}{[(p-k)^2 - m^2 + i\epsilon][k^2 + i\epsilon]} \tag{2.175}$$

を与え，(2.165)と同様に Feynman パラメタを使って分母を 1 つにまとめ，

Wick 回転して固有時の積分の形(2.166)にもっていって計算される．結果は

$$
\begin{aligned}
-i\frac{(e\mu^{-\varepsilon})^2}{(4\pi)^2}\int_0^1 d\alpha\Big\{\{[(2-D)(1-\alpha)+2(1-\xi)\alpha]\not p \\
+[D-(1-\xi)]m\}\left[\frac{\alpha m^2-\alpha(1-\alpha)p^2}{4\pi\mu^2}\right]^{-\varepsilon}\Gamma(\varepsilon) \\
+2(1-\xi)(2\alpha-1)\not p\ln\left[\frac{m^2-(1-\alpha)p^2}{4\pi\mu^2}\right]\Big\}
\end{aligned}
\qquad (2.176)
$$

とまとめられる．(2.176)の発散部分は

$$
-i\frac{(e\mu^{-\varepsilon})^2}{(4\pi)^2}\{-\xi\not p+[4-(1-\xi)]m\}\frac{1}{\varepsilon} \qquad (2.177)
$$

となり，(2.159)から得られるくり込まれた量と裸の量の関係式

$$
\frac{\delta^2}{\delta\psi_r(x)\delta\bar{\psi}_r(y)}\Gamma = Z_2\frac{\delta^2}{\delta\psi(x)\delta\bar{\psi}(y)}\Gamma \qquad (2.178)
$$

において，次式で与えられる右辺の $1/\varepsilon$ 項が $O(e^4)$ の精度で相殺されるよう Z_2 と Z_m が決められる．

$$
Z_2\left\{\left(\not p-\frac{Z_m}{Z_2}m_r\right)-\frac{(e\mu^{-\varepsilon})^2}{(4\pi)^2}[-\xi\not p+(3+\xi)m]\frac{1}{\varepsilon}\right\} \qquad (2.179)
$$

ただし，(2.179)の最初の 2 項は裸の(くり込まれていない)作用(2.96)からの Γ への寄与である．こうして

$$
\begin{aligned}
Z_2 &= 1-\frac{(e\mu^{-\varepsilon})^2}{(4\pi)^2}\xi\left(\frac{1}{\varepsilon}\right)+O(e^4) \\
Z_m &= 1-\frac{(e\mu^{-\varepsilon})^2}{(4\pi)^2}(3+\xi)\left(\frac{1}{\varepsilon}\right)+O(e^4)
\end{aligned}
\qquad (2.180)
$$

とくり込み定数が決められる．フェルミオンの質量は**掛け算的**にくり込まれ，裸の質量が 0 ならくり込まれた質量も 0 となる．また，(2.180)から，$\xi=0$ (Landau ゲージ)では波動関数のくり込み定数 Z_2 には無限大は現われない．

次に，(2.104)の頂点関数も同様に計算できるが，結果は複雑になるので発散部分だけ書くと

$$(ie)\gamma^{\alpha}\left[1+\frac{(e\mu^{-\varepsilon})^2}{(4\pi)^2}\left(\frac{\xi}{\varepsilon}\right)\right] \tag{2.181}$$

と与えられる．(2.159)，(2.119)，および(2.161)の $Z_1=Z_2$ から得られる関係式

$$\frac{\delta^2\Gamma}{e_r\delta A_{r\alpha}(x)\delta\psi_r(y)\delta\bar{\psi}_r(z)}=Z_2\frac{\delta^2\Gamma}{e\delta A_{\alpha}(x)\delta\psi(y)\delta\bar{\psi}(z)} \tag{2.182}$$

と合致して，(2.181)を e で割り(2.180)の Z_2 を掛けると $O(e^4)$ の項を無視すると有限になる．ただし，(2.181)の第1項は(2.96)の作用からの寄与である．

なお，一般に(2.182)の頂点関数の Fourier 変換を

$$(\not{p}-m_r)u(p)=0,\qquad \bar{u}(p')(\not{p}+\not{q}-m_r)=0$$

という質量殻上の波動関数ではさんだ表式は

$$\overline{u(p')}\left\{F_1(q^2)\gamma^{\alpha}+\frac{F_2(q^2)}{2m}\frac{1}{2}[\not{q},\gamma^{\alpha}]\right\}u(p) \tag{2.183}$$

の形に書ける．(2.104)の計算から(本書では具体的な計算は示さないが)第2項の $F_2(q^2)$ は

$$F_2(0)\equiv\frac{1}{2}(g-2)=\frac{e_r^2}{4\pi}\left(\frac{1}{2\pi}\right) \tag{2.184}$$

という有名な**異常磁気能率**を与える．γ^{α} に比例する $F_1(0)$ 項は，くり込まれた電荷 $e_r=e/\sqrt{Z_3}$ および一般には光子と電子の質量殻上への有限な波動関数のくり込み((2.124)参照)と合わせて，Thomson 極限における測定された電荷の定義に吸収される．このように $1/\varepsilon$ (あるいは高次の補正では $1/\varepsilon^2$ 等も現われる)のような極だけを取り去る最小引算の処方では，実験と結びつけるには一般にさらに**有限なくり込み**(finite renormalization)を行なう必要がある．ただし，(2.184)では e_r と測定される電荷の差は $O(e_r^4)$ となり無視できる．なお，Thomson 極限などの物理的な過程を考えるときには一般に赤外発散の扱いが重要になる．赤外発散は，木下-Lee-Nauenberg の処方(4-3節参照)により，(確率振幅の段階ではなく)散乱断面積を摂動のパラメタ $\alpha_r=e_r^2/(4\pi)$ に展開するとき，各次数で相殺されることが知られている．

(2.172)〜(2.182)のくり込みの処方は(2.99)で定義された裸の量の摂動展開に基づいているが，(2.123)で説明したくり込まれた摂動展開でも同じ答が得られる．

2-9 くり込み群

くり込みの処方(2.160)により，くり込まれた1粒子既約な頂点関数は

$$\begin{aligned} \Gamma_{r\mu\nu}(x,y\,;\,e_r,m_r,\xi_r,\mu) &= Z_3\Gamma_{\mu\nu}(x,y\,;\,e,m,\xi) \\ \Gamma_{r\alpha}(x,y,z\,;\,e_r,m_r,\xi_r,\mu) &= \sqrt{Z_3}\,Z_2\Gamma_\alpha(x,y,z\,;\,e,m,\xi) \end{aligned} \tag{2.185}$$

のように定義される．ここで特徴的なことは，くり込まれた量にはくり込み点を指定するμという新しい質量のスケールが導入されることである((2.174)参照)．したがって，Γ_αを例にとって並進不変性を考慮して

$$(2\pi)^4\delta(q+p_1+p_2)\Gamma_\alpha(q,p_1,p_2) = \int dxdydz e^{iqx+ip_1y+ip_2z}\Gamma_\alpha(x,y,z) \tag{2.186}$$

と定義すると，(2.185)から

$$\mu\frac{d}{d\mu}\Gamma_\alpha(q,p_1,p_2) = \mu\frac{d}{d\mu}\left[\frac{1}{\sqrt{Z_3}Z_2}\Gamma_{r\alpha}(q,p_1,p_2\,;\,e_r,m_r,\xi_r,\mu)\right] = 0 \tag{2.187}$$

が得られる．すなわち，くり込まれた量$\Gamma_{r\alpha}$に対しては

$$\left[\mu\frac{\partial}{\partial\mu}+\beta\frac{\partial}{\partial e_r}-\gamma_m m_r\frac{\partial}{\partial m_r}+\gamma_\xi\frac{\partial}{\partial\xi_r}-\gamma_{\mathrm{A}}-2\gamma_\phi\right]\Gamma_{r\alpha}(q,p_1,p_2\,;\,\mu) = 0 \tag{2.188}$$

が成立する．ただし，β,γなどは裸のパラメタm,e,ξを固定したときの，くり込まれた量のμに関する微分で

$$\begin{aligned} &\beta = \mu\frac{d}{d\mu}e_r, \quad \gamma_m = -\frac{\mu}{m_r}\frac{dm_r}{d\mu} = \mu\frac{d}{d\mu}\left(\frac{Z_m}{Z_2}\right)\Big/\left(\frac{Z_m}{Z_2}\right) \\ &\gamma_{\mathrm{A}} = \frac{1}{2}\frac{1}{Z_3}\mu\frac{d}{d\mu}Z_3, \quad \gamma_\phi = \frac{1}{2}\frac{1}{Z_2}\mu\frac{d}{d\mu}Z_2, \quad \gamma_\xi = \mu\frac{d}{d\mu}\xi_r \end{aligned} \tag{2.189}$$

と定義される．(2.188)が**くり込み群**(renormalization group)**の方程式**と呼ば

れるものである．β, γ などが発散を含まないことを示すには(2.188)で，$\partial/\partial e_r$, $\partial/\partial m_r$ などの演算が全て Γ_r から線形独立な量を定義すること，したがってそれぞれの項が有限となることの議論が必要となるが，ここでは割愛する．$\gamma_{\rm A}$ と γ_ψ は光子およびフェルミオンの**異常次元**(anomalous dimension)と呼ばれる．

(2.189)の β は **β 関数**と呼ばれる基本的な量であるが，量子電磁力学では(2.119)と(2.161)から

$$\beta = \mu\frac{d}{d\mu}e_r = \mu\frac{d}{d\mu}(\sqrt{Z_3}e) = e_r\frac{1}{2}\frac{1}{Z_3}\mu\frac{d}{d\mu}Z_3 = e_r\gamma_{\rm A} \qquad (2.190)$$

と光子の異常次元 $\gamma_{\rm A}$ と関係している．同様に γ_ξ も

$$\gamma_\xi = -2\xi_r\gamma_{\rm A} \qquad (2.191)$$

と(2.119), (2.161)から計算される．

(2.188)のくり込み群の方程式は，形式的に解けてその解は

$$\Gamma_{r\alpha}(q, p_1, p_2\,;\, e_r, m_r, \xi_r, \mu) = \exp\left\{-\int_0^t dt'[\gamma_{\rm A}(t')+2\gamma_\psi(t')]\right\}$$
$$\times\Gamma_{r\alpha}(q, p_1, p_2\,;\, e_r(t), \tilde{m}_r(t)e^t, \xi_r(t), \mu e^t) \qquad (2.192)$$

と書くことができる．ただし，t は任意のパラメタであり，$e_r(t), \tilde{m}_r(t), \xi_r(t)$ は

$$\frac{d}{dt}e_r(t) = \beta(e_r(t), \xi_r(t)), \qquad e_r(0) = e_r$$
$$\frac{d}{dt}\tilde{m}_r(t) = -\tilde{m}_r(t)[1+\gamma_m(e_r(t), \xi_r(t))], \qquad \tilde{m}_r(0) = m_r \qquad (2.193)$$
$$\frac{d}{dt}\xi_r(t) = \gamma_\xi(e_r(t), \xi_r(t)), \qquad \xi_r(0) = \xi_r$$

で定義される．事実，(2.192)で $t=\delta t$ と無限小量にとり δt のベキに展開すると δt の係数として(2.188)が得られ，(2.192)は(2.188)を積分したものであることがわかる．最小引算の処方では，μ は $(e\mu^{-\varepsilon})$ の組み合わせでのみくり込み定数に現われ，したがって，μ に関する微分の後 $\varepsilon\to 0$ として定義される β

とかγはμには陽に依存しないことがわかる．さらに，最小引算の処方ではβは$\beta(e_r(t))$となりゲージのパラメタξ_rに依存しないことが知られている．

くり込み群による摂動計算の改良

(2.192)あるいはその一般化の応用の1つとして，くり込み群による摂動計算の“改良”についてコメントしたい．(2.185)の光子の2点関数$\Gamma_{\mu\nu}$のFourier変換を考えると，(2.192)に対応する解は

$$\Gamma_{r\mu\nu}(q\,;e_r,m_r,\xi_r,\mu)$$
$$=\exp\left\{-2\int_0^t\gamma_{\mathrm{A}}(t')dt'\right\}\Gamma_{r\mu\nu}(q\,;e_r(t),\tilde{m}_r(t)e^t,\xi_r(t),\mu e^t) \qquad (2.194)$$

となる．次元解析から$[\Gamma_{\mu\nu}]=[M]^2$であることがわかるので，$\tilde{\Gamma}_{r\mu\nu}$を次元を持たない変数の関数として

$$\Gamma_{r\mu\nu}(q\,;e_r(t),\tilde{m}_r(t)e^t,\xi_r(t),\mu e^t)$$
$$\equiv\tilde{\Gamma}_{r\mu\nu}(q/(\mu e^t)\,;e_r(t),\tilde{m}_r(t)/\mu,\xi_r(t))\mu^2e^{2t} \qquad (2.195)$$

と書ける．(2.195)から

$$\Gamma_{r\mu\nu}(qe^t\,;e_r(t),\tilde{m}_r(t)e^t,\xi_r(t),\mu e^t)$$
$$=e^{2t}\Gamma_{r\mu\nu}(q\,;e_r(t),\tilde{m}_r(t),\xi_r(t),\mu)$$

が成立するので，(2.194)と組み合わせて

$$\Gamma_{r\mu\nu}(e^tq\,;e_r,m_r,\xi_r,\mu)$$
$$=\exp\left[2t-2\int_0^t\gamma_{\mathrm{A}}(t')dt'\right]\Gamma_{r\mu\nu}(q\,;e_r(t),\tilde{m}_r(t),\xi_r(t),\mu) \qquad (2.196)$$

が結論される．すなわち，4元運動量をスケール変換した結果は，右辺に見るとおり4元運動量を固定しておいて他のパラメタを動かしたもので記述できる．(2.196)のγ_{A}の積分で与えられる異常次元の項は(2.190)と(2.193)から$e_r{}^2/e_r(t)^2$と書けることと，$\Gamma_{\mu\nu}$の表式(2.156)にZ_3を掛けてくり込んだ表式を用いると(2.196)は

$$\frac{1}{e_r{}^2}[1+\Pi(e^tq,e_r,m_r,\xi_r,\mu)]=\frac{1}{e_r(t)^2}[1+\Pi(q\,;e_r(t),\tilde{m}_r(t),\xi_r(t),\mu)]$$
$$(2.197)$$

と自己エネルギーに対する関係式を与える．

以後 Landau ゲージ $\xi_r=0$ で議論するとして，$t\to$大 では(2.193)の定義から $|\gamma_m|\ll 1$ では $\tilde{m}_r(t)\sim m_r e^{-t}$ となるが，$q^2<0$ の Euclid 領域では $m=0$ での特異点は出ないとすると

$$\frac{1}{e_r{}^2}[1+\Pi(e^t q\ ;\ e_r,0,0,\mu)] = \frac{1}{e_r(t)^2}[1+\Pi(q\ ;\ e_r(t),0,0,\mu)] \qquad (2.198)$$

が得られる．この式は，独立に計算される $e_r(t)$ および $\Pi(q)$ の e_r に関するベキ展開の表式に整合性条件を課すことになる．具体的には，(2.173), (2.190)から

$$\beta = \mu\frac{d}{d\mu}e_r = \frac{1}{12\pi^2}e_r{}^3+O(e_r{}^5) \qquad (2.199)$$

あるいは次の次数まで計算すると，β_2 を定数として

$$\beta(e_r) = \beta_1 e_r{}^3+\beta_2 e_r{}^5+O(e_r{}^7), \qquad \beta_1\equiv\frac{1}{12\pi^2} \qquad (2.200)$$

となり，(2.193)の解は

$$\int_{e_r}^{e_r(t)}\frac{de}{\beta(e)} = \int_0^t dt = t$$

から

$$\frac{1}{e_r(t)^2} = \frac{1}{e_r{}^2}-2\beta_1 t-2\beta_2 e_r{}^2 t+O(e_r{}^4) \qquad (2.201)$$

により与えられる．他方くり込まれた $\Pi(q)$ の展開は(2.174)から

$$\Pi(q,e_r,\mu) = e_r{}^2\left[-\frac{1}{12\pi^2}\ln\left(\frac{-q^2}{\mu^2}\right)+c_{10}\right] + e_r{}^4\left\{c_{22}\left[\ln\left(\frac{-q^2}{\mu^2}\right)\right]^2+c_{21}\ln\left(\frac{-q^2}{\mu^2}\right)+c_{20}\right\}+\cdots \qquad (2.202)$$

の形になる．ただし，c_{10}, c_{22} などは定数である．これらの表式を(2.198)に代入すると，$c_{21}=-\beta_2$, $c_{22}=0$ が結論される．すなわち，$O(e_r{}^4)$ では $\ln(-q^2/\mu^2)$ に関して 2 次以上の項が生じないことが具体的に計算しなくてもわかるこ

とになる．c_{21} は Jost と Luttinger により

$$c_{21} = -\frac{1}{12\pi^2}\times\frac{3}{(4\pi)^2} \tag{2.203}$$

と計算されている．したがって(2.201)で $\beta_2>0$ となる．

なお，(2.198)の物理的解釈としては，$t\to$大 とした運動量の大きな値(したがって不確定性原理により短距離)における有効電荷を右辺の $e_r(t)^2$ が表わしていると見なされる．このとき，(2.201)と $\beta_1>0, \beta_2>0$ から $t\to$大 では $e_r(t)$ が大きくなり摂動展開はよくなくなる．すなわち，**紫外不安定な**(ultra-violet unstable)**理論**を与える．また $e_r(t)^2$ が発散する点は **Landau 特異点**と呼ばれており，(2.198)の逆を考えることにより，光子の伝搬関数が($q^2=0$ 以外に) $-q^2e^{2t}$ に関してこの点で極を持つことがわかる．

3

Yang-Mills場——非Abel的ゲージ理論

ゲージ場の考えを非Abel的な群に拡張したものは，Yang-Mills場と呼ばれている．本章ではYang-Mills場の古典論および量子論の基本を議論する．量子論においてはFaddeev-Popov経路積分公式とBRST対称性が基本的となる．

3-1 Yang-Mills場

C. N. YangとR. Millsに従って2つのフェルミオンを含む場

$$\psi(x) = \begin{pmatrix} \psi_1(x) \\ \psi_2(x) \end{pmatrix} \tag{3.1}$$

から出発する．ここで$\psi_1(x)$と$\psi_2(x)$は共に通常の4成分のDirac場とする．ψを記述する自由場のラグランジアンを

$$\mathcal{L} = \bar{\psi}(x) i\partial\!\!\!/ \psi(x) - m\bar{\psi}(x)\psi(x), \qquad \partial\!\!\!/ \equiv \gamma^\mu \partial_\mu \tag{3.2}$$

ととる．(3.2)は$\psi(x)$の2つの成分を混合する変換

$$\psi'(x) = U\psi(x) \tag{3.3}$$

の下で形を変えない．ただし，Uはω^a ($a=1\sim3$)を定数として

$$U = \exp[i\omega^a T^a], \qquad U^\dagger U = 1$$
$$[T^a, T^b] = i\epsilon^{abc}T^c, \qquad T^a \equiv \frac{1}{2}\tau^a \tag{3.4}$$

と定義される．反対称シンボル ϵ^{abc} は $\epsilon^{123}=1$ と規格化する．Pauli 行列 τ^a で表わされた T^a は角運動量の理論で知られた群 $SU(2)$ の生成演算子を定義する．変換(3.3)の下で不変であるということは，2つの Dirac 場 ψ_1 と ψ_2 は同等な意味を持ち，同一粒子の1と2という**内部状態**(理想化された陽子 p と中性子 n がアイソスピンで区別されるように)を表わしていると考えられる．このように定数のパラメタ ω^a で記述される対称性は大局的対称性(global symmetry)と呼ばれる．

次に(3.3)の変換を時空間の各点で任意に選びうる局所的パラメタ $\omega^a(x)$ に一般化することを考える．このとき(3.2)の質量項は不変に留まるが，微分を含む運動エネルギーの項はそのままの形では不変ではない．この場合には微分を

$$D_\mu \equiv \partial_\mu - igA_\mu{}^a(x)T^a \equiv \partial_\mu - igA_\mu(x) \tag{3.5}$$

で定義される**共変微分**(covariant derivative)に一般化して，(3.3)を局所化した変換 $U(x)=\exp[i\omega^a(x)T^a]$ と同時に

$$\begin{aligned} D_\mu{}' &= \partial_\mu - igA_\mu{}'(x) \\ &\equiv U(x)D_\mu U(x)^\dagger = \partial_\mu - ig\left[UA_\mu U^\dagger + i\frac{1}{g}U\partial_\mu U^\dagger\right] \end{aligned} \tag{3.6}$$

と変換することにする．すなわち

$$\begin{aligned} \psi'(x) &\equiv U(x)\psi(x) = \exp[i\omega^a(x)T^a]\psi(x) \\ A_\mu{}'(x) &\equiv U(x)A_\mu(x)U(x)^\dagger + i(1/g)U(x)\partial_\mu U(x)^\dagger \end{aligned} \tag{3.7}$$

という**ゲージ変換**(gauge transformation)を定義すれば

$$\mathcal{L} = \bar{\psi}i\gamma^\mu D_\mu\psi - m\bar{\psi}\psi \tag{3.8}$$

は不変となる．このように，大局的対称性を時空間の各点での局所的ゲージ変換に一般化するときに必然的に導入される群の生成演算子と同じ数の(随伴表現に属する)ベクトル場 $A_\mu{}^a(x)$ は **Yang-Mills 場**と呼ばれている．

$$[D_\mu, D_\nu] = -ig[\partial_\mu A_\nu{}^a - \partial_\nu A_\mu{}^a + g\epsilon^{abc} A_\mu{}^b A_\nu{}^c] T^a$$
$$\equiv -igF_{\mu\nu}{}^a T^a = -igF_{\mu\nu} \tag{3.9}$$

と定義すると，(3.6)から

$$[D_\mu{}', D_\nu{}'] = -igF_{\mu\nu}{}'^a T^a = -igU(x)F_{\mu\nu}{}^a T^a U(x)^\dagger \tag{3.10}$$

が成立する．行列の跡は $\mathrm{Tr}\, T^a T^b = (1/2)\delta^{ab}$ と規格化されているので Yang-Mills 場のラグランジアンを

$$\mathcal{L}_{\mathrm{YM}} = -\frac{1}{2}\mathrm{Tr}\, F_{\mu\nu}F^{\mu\nu} = -\frac{1}{4}F_{\mu\nu}{}^a F^{a\mu\nu} \tag{3.11}$$

で定義すると，(3.10)から $\mathcal{L}_{\mathrm{YM}}$ はゲージ変換(3.7)の下で不変となる．

このゲージ場の考えは，任意の**コンパクトで連結な群**(compact connected group)に一般化できる．コンパクト連結群は局所的には単純群と $U(1)$ 群の直積の形に書ける．一般の単純群に対しては完全反対称な構造定数 f^{abc} を用いて生成演算子を

$$[T^a, T^b] = if^{abc}T^c, \qquad \mathrm{Tr}\, T^a T^b = (1/2)\delta^{ab} \tag{3.12}$$

で導入すると(3.8)と(3.11)の形がそのまま使える．物理的な応用においては，$SU(N)$ 群に属するゲージ場と $U(1)$ に属する電磁場が重要である．以下の議論では，N 個の Dirac 場から成る $\psi(x)$ に結合した $SU(N)$ ゲージ場の理論

$$\mathcal{L} = \bar{\psi} i\gamma^\mu(\partial_\mu - igA_\mu{}^a T^a)\psi - m\bar{\psi}\psi$$
$$-\frac{1}{4}(\partial_\mu A_\nu{}^a - \partial_\nu A_\mu{}^a + gf^{abc}A_\mu{}^b A_\nu{}^c)^2 \tag{3.13}$$

を典型的な例としてよく用いる．(3.13)が(2.1)の一般化を与える．

3-2 Yang-Mills 場の古典解——インスタントン

(3.11)は $g_{\mu\nu} = (1, -1, -1, -1)$ という Minkowski の計量で書かれているが，これを Euclid 化，すなわち

$$\begin{aligned} &A_0(x) \to iA_4(x), \qquad A^0(x) \to -iA^4(x) \\ &x_0 \to ix_4, \qquad\qquad\quad x^0 \to -ix^4 \end{aligned} \tag{3.14}$$

という置き換えをして，A_4, x^4 などを実数と見なした理論を考える．このとき

$$A_\mu A^\mu = -A_1A_1 - A_2A_2 - A_3A_3 - A_4A_4 \tag{3.15}$$

などとなり，計量は $g_{\mu\nu}=(-1,-1,-1,-1)$ で与えられる．作用は $S\to -iS_{\rm E}$ となり(3.11)は

$$\begin{aligned} S_{\rm E} &= \int \mathcal{L}_{\rm E} d^4x = \int \left[-\left(\frac{1}{2g^2}\right) \mathrm{Tr}(F_{\mu\nu})^2 \right] d^4x \le 0 \\ F_{\mu\nu} &\equiv \partial_\mu A_\nu - \partial_\nu A_\mu - i[A_\mu, A_\nu] \end{aligned} \tag{3.16}$$

と書き換えられる．ただし，$gA_\mu \to A_\mu$ と結合定数を場の変数に掛けたものを改めて新しい場の変数とする記法を用いた．

Euclid 化した理論の応用の 1 つとして量子力学のトンネル効果の理論がある．場の理論でも類似のトンネル効果の理論が可能であり，ゲージ場の**インスタントン**(instanton)解が重要な役割を果たす．インスタントン解とは Euclid 化した作用の停留点を与える(したがって古典的運動方程式の解となる)古典場であり，しかも作用を有限とするものとして定義される．このような古典解の具体例が群 $SU(2)$ に対して Belavin-Polyakov-Schwarz-Tyupkin により見い出された．この解を説明するために，まず(3.4)の群 $SU(2)$ の任意の要素は

$$\begin{aligned} g(x) &\equiv \exp[i\omega^a(x)T^a] = a(x) + i\boldsymbol{b}(x)\boldsymbol{\tau} \\ g(x)g(x)^\dagger &= a(x)^2 + (\boldsymbol{b}(x))^2 = 1 \end{aligned} \tag{3.17}$$

と書けることに注意する．作用 $S_{\rm E}$ (3.16)が有限となることから無限遠点 $|x| \to\infty$ で $F_{\mu\nu}{}^a \to 0$ が要求される．すなわち，$A_\mu(x)$ は真空と同等な配位に近づく．

$$A_\mu(x) \xrightarrow[|x|\to\infty]{} ig(x)\partial_\mu g(x)^\dagger \tag{3.18}$$

インスタントン解は具体的には

$$A_\mu(x) \equiv \frac{r^2}{r^2+\rho^2} ig(x)\partial_\mu g(x)^\dagger \tag{3.19}$$

で与えられる．ここに ρ は定数であり

$$\begin{aligned} r^2 &= (x^4)^2 + (\boldsymbol{x})^2 = |x|^2 \\ g(x) &\equiv (x^4 + i\boldsymbol{x}\boldsymbol{\tau})/r \equiv \hat{x}^4 + i\hat{\boldsymbol{x}}\boldsymbol{\tau} \end{aligned} \tag{3.19$'$}$$

で定義する．このとき $r\to\infty$ での振舞いは(3.18)で要求されるように

$$A_\mu(x) = ig(x)\partial_\mu g(x)^{-1}+O(1/r^2) \tag{3.20}$$

となる(第1項は $O(1/r)$ すなわち $\sim 1/r$ の大きさである)．

(3.17)から群 $SU(2)$ の要素は $(a, \boldsymbol{b})$ を座標とする仮想的な4次元空間の中の単位超球面(これを S^3 と書く)と同一視できる．他方，(3.19)′に現われる特殊な $g(x)$ では，現実の(Euclid 化した)4次元空間内の単位超球面(これも S^3)上の点と群 $SU(2)$ の要素が描く球面が1：1対応していることを示す．すなわち，時空間の S^3 を1回覆うときにゲージ空間内の S^3 を1回覆うことがわかる．これを巻きつき数(winding number)と呼び，(3.19)′の $g(x)$ と反対称シンボル $\epsilon^{\mu\nu\alpha\beta}$(ただし $\epsilon^{1234}=1$)を使って

$$\nu = \frac{1}{24\pi^2}\,\mathrm{Tr}\int\epsilon^{\mu\nu\alpha\beta}(g\partial_\nu g^{-1})(g\partial_\alpha g^{-1})(g\partial_\beta g^{-1})dS_\mu \tag{3.21}$$

のように4次元時空間の境界である超球面上の表面積分で表わされる．$x^4=+\infty$，すなわち $\hat{x}^4=1$，$\hat{x}^1=\hat{x}^2=\hat{x}^3=0$ の近傍で(3.21)の積分の要素は

$$\frac{3!}{24\pi^2}(-i)^3\epsilon^{4123}\,\mathrm{Tr}(\tau^1\tau^2\tau^3)d\hat{x}^1d\hat{x}^2d\hat{x}^3 = \frac{1}{2\pi^2}d\hat{x}^1d\hat{x}^2d\hat{x}^3 \tag{3.22}$$

と書かれる．このように超球面上の任意の点の近傍で，(3.21)は単位超球面の単位面積要素を $2\pi^2$ で割ったものを与える．単位超球面の面積(実は体積)は $2\pi^2$ であることを考慮すれば(3.21)は $\nu=1$ を与える．さらに一般に

$$\begin{aligned}&\mathrm{Tr}\,\epsilon^{\mu\nu\alpha\beta}[g_1g_2\partial_\nu(g_1g_2)^{-1}g_1g_2\partial_\alpha(g_1g_2)^{-1}g_1g_2\partial_\beta(g_1g_2)^{-1}]\\&\quad= \mathrm{Tr}\,\epsilon^{\mu\nu\alpha\beta}[g_1\partial_\nu g_1{}^{-1}g_1\partial_\alpha g_1{}^{-1}g_1\partial_\beta g_1{}^{-1}+g_2\partial_\nu g_2{}^{-1}g_2\partial_\alpha g_2{}^{-1}g_2\partial_\beta g_2{}^{-1}]\\&\qquad+\text{全微分の項}\end{aligned} \tag{3.23}$$

と書けることが確かめられるので，(3.21)において

$$\nu(g_1g_2) = \nu(g_1)+\nu(g_2) \tag{3.24}$$

が成立することがわかり，したがって

$$g(x) = [(x^4+i\boldsymbol{x\tau})/r]^n \tag{3.25}$$

は $\nu=n$ を与える．また，$\nu=-1$ の反インスタントンは(3.19)で $g(x)$ のとこ

ろに $g(x)^\dagger$ を使って得られる.

(3.21)の ν はまた(3.20)のような振舞いをする $A_\mu(x)$ に対して

$$\nu = \frac{1}{32\pi^2}\mathrm{Tr}\int \epsilon^{\mu\nu\alpha\beta}F_{\mu\nu}F_{\alpha\beta}d^4x \tag{3.26}$$

と書かれる. (3.26)の被積分関数は全微分に書けるので, Gauss の定理を使って超球面上の積分に変形すると

$$\begin{aligned}\nu &= \frac{1}{8\pi^2}\mathrm{Tr}\int \partial_\mu\left[\epsilon^{\mu\nu\alpha\beta}\left(A_\nu\partial_\alpha A_\beta - i\frac{2}{3}A_\nu A_\alpha A_\beta\right)\right]d^4x \\ &= \frac{1}{24\pi^2}\mathrm{Tr}\int \epsilon^{\mu\nu\alpha\beta}g\partial_\nu g^{-1}g\partial_\alpha g^{-1}g\partial_\beta g^{-1}dS_\mu \end{aligned}\tag{3.27}$$

となり, (3.21)に帰着する.

次に, (3.19)が運動方程式の解になることを示す. $\tilde{F}_{\mu\nu}=(1/2)\epsilon^{\mu\nu\alpha\beta}F_{\alpha\beta}$ と定義して Schwarz の不等式

$$\begin{aligned}\int F_{\mu\nu}{}^a F_{\mu\nu}{}^a d^4x &= \left[\left(\int d^4x F_{\mu\nu}{}^a F_{\mu\nu}{}^a\right)\left(\int d^4x \tilde{F}_{\mu\nu}{}^a \tilde{F}_{\mu\nu}{}^a\right)\right]^{1/2} \\ &\geq \left|\int d^4x F_{\mu\nu}{}^a \tilde{F}_{\mu\nu}{}^a\right| \end{aligned}\tag{3.28}$$

に注意すれば, (3.26)を考慮して

$$\frac{1}{4g^2}\int F_{\mu\nu}{}^a F_{\mu\nu}{}^a d^4x \geq \frac{8\pi^2}{g^2}|\nu| \tag{3.29}$$

となり等号は

$$F_{\mu\nu}{}^a = \pm\tilde{F}_{\mu\nu}{}^a \tag{3.30}$$

のときにのみ成立し, ± は ν の正(負)に対応している. (3.19)のインスタントンが(3.30)で(+)符号を与えることは, $A_\mu=if(r^2)g\partial_\mu g^{-1}$ とおいて(3.30)に代入すると

$$f(r^2)^2-f(r^2) = -r^2f'(r^2) \tag{3.31}$$

が要求され, (3.19)の解はこれを満たす. かつ(3.19)は $\nu=1$ を与えるので, $\nu=1$ のセクターでの作用の最低値を与え運動方程式の解となる.

インスタントン解(3.19)の特徴は，Euclid 化した時間 $|x_4| \gg \rho$ で真空と同等なゲージ変換だけの場(3.20)に近づくことである．すなわち，$x_4=-\infty$ で 1 つの真空の配位から出発して $x_4=\infty$ でもう 1 つの真空の配位へ，(3.29)の $\nu=1$ で与えられる Euclid 的な作用を指数の肩に乗せた因子

$$\exp[-8\pi^2/g^2] \tag{3.32}$$

を遷移振幅としてトンネル効果と類似の遷移をすることを示す．しかもこの 2 つの真空は整数(3.27)で区別され，(3.17)で $g=1$ から出発した局所化された(すなわち $g(r=\infty)=1$ となるような)無限小変換の重ね合わせでは移り変われないものである．すなわち，Yang-Mills 場の真空は 4-5 節で説明するように電磁場の理論に比してもっと豊かな構造を持つことになる．

一般にゲージ場 $A_\mu{}^a(x)$ は時空間の足 μ と内部空間の足 a を時空間の各点 x で結びつける働きを持つ．今 h_1, h_2 を $SU(2)$ に属する(それぞれ 3 つのパラメタを含む)定数の要素($h_1h_1{}^\dagger=h_2h_2{}^\dagger=1$)とし，(3.19)の $g(x)$ に次の 6 つの定数パラメタを含む変換を考える．

$$g(x') = (x_4'+i\boldsymbol{x}'\boldsymbol{\tau})/r \equiv h_1(x^4+i\boldsymbol{x}\boldsymbol{\tau})h_2{}^\dagger/r = h_1gh_2{}^\dagger \tag{3.33}$$

このとき $(x_4', \boldsymbol{x}')$ は $(x_4, \boldsymbol{x})$ の同次線形変換となり，しかも $g(x')g(x')^\dagger=1$ なので，長さ r を変えない．すなわち，(3.19)の A_μ に対しては(3.33)は定数のゲージ変換を与えると同時に 4 次元時空間の回転にも対応する．

インスタントン解(3.19)が持つ自由度の数を勘定しておくと，ρ を伸び縮みさせる自由度が 1 つ(スケール変換)，インスタントンの中心をずらす自由度 $x^\mu \to x^\mu - a^\mu$ のパラメタ a^μ が 4 つあり，さらに定数のゲージ自由度が 3 つ(これは，例えば，ゲージ条件 $A_0{}^a=0$ を課した後でも残る自由度である)存在する．回転の自由度は上記のようにゲージ自由度に吸収される．以上から，8 個の変形の自由度を持つことがわかるが，これが全てであることも知られている．インスタントンは 8 個の連続パラメタで指定される解の族をつくることになり，経路積分でゲージ場の配位に関する積分を行なうときにこれらのパラメタに関する積分も含める必要がある．

なお一般の単純 Lie 群に属する Yang-Mills 場に関しては，その群の $SU(2)$

部分群の各々に対して同様なインスタントン解が構成され，それ以外には解がないことが知られている．

3-3 ゲージ場の量子論──Faddeev-Popov 公式

(3.13)式で Yang-Mills 場のみに依存する部分

$$\mathcal{L}_{\mathrm{YM}} = -\frac{1}{4}(\partial_\mu A_\nu{}^a - \partial_\nu A_\mu{}^a + gf^{abc}A_\mu{}^b A_\nu{}^c)^2 \tag{3.34}$$

の量子化は第2章の電磁場のときと同様に行なわれる．まず運動量の定義から

$$\begin{aligned} \Pi_0{}^a(x) &= \frac{\delta}{\delta \dot{A}_0{}^a(x)}\int \mathcal{L}_{\mathrm{YM}} d^4x = 0 \\ \Pi_k{}^a(x) &= \frac{\delta}{\delta \dot{A}_k{}^a(x)}\int \mathcal{L}_{\mathrm{YM}} d^4x = F_{0k}{}^a = \partial_0 A_k{}^a - \partial_k A_0{}^a + gf^{abc}A_0{}^b A_k{}^c \end{aligned} \tag{3.35}$$

と定まり，$\Pi_0{}^a(x)\approx 0$ が原初的拘束を与える．ハミルトニアンは

$$H = \int(\Pi_k{}^a \dot{A}_k{}^a - \mathcal{L})d^3x = \int\left[\frac{1}{2}(\Pi_k{}^a)^2 + \frac{1}{4}(F_{kl}{}^a)^2\right]d^3x - \int A_0{}^a(D_k\Pi_k)^a d^3x \tag{3.36}$$

となり，全ハミルトニアンは任意の $u^a(x)$ を導入して，$H_{\mathrm{T}} = H + \int u^a \Pi_0{}^a d^3x$ と形式的に定義される．ただし，$(D_k\Pi_k)^a \equiv \partial_k \Pi_k{}^a + gf^{abc}A_k{}^b\Pi_k{}^c$ と定義した．Poisson 括弧は(2.18)の一般化として

$$\{\Pi_0{}^a(t,\boldsymbol{x}), A_0{}^b(t,\boldsymbol{y})\}_{\mathrm{PB}} = -\delta^{ab}\delta^3(\boldsymbol{x}-\boldsymbol{y})$$

と

$$\{\Pi_k{}^a(t,\boldsymbol{x}), A_l{}^b(t,\boldsymbol{y})\}_{\mathrm{PB}} = -\delta^{ab}\delta_{kl}\delta^3(\boldsymbol{x}-\boldsymbol{y})$$

により形式的な代数的関係式として定義する．次に $\Pi_0{}^a\approx 0$ に伴う2次的拘束は

$$\dot{\Pi}_0{}^a = \{\Pi_0{}^a, H_{\mathrm{T}}\}_{\mathrm{PB}} = (D_k\Pi_k)^a \approx 0 \tag{3.37}$$

となり，これ以上の拘束が出ないことは

$$\{(D_k\Pi_k)^a, H_{\mathrm{T}}\}_{\mathrm{PB}} = 0 \tag{3.38}$$

から確められる．電磁場の場合と異なるのは，2 次的拘束が非 Abel 的代数

$$\{(D_k\Pi_k)^a(\boldsymbol{x}),(D_l\Pi_l)^b(\boldsymbol{y})\}_{\mathrm{PB}}=\delta^3(\boldsymbol{x}-\boldsymbol{y})gf^{abc}(D_m\Pi_m)^c(\boldsymbol{x}) \qquad (3.39)$$

を満たす点である．(3.39)は $D_k\Pi_k(f)=\int d^3xf^a(\boldsymbol{x})(D_k\Pi_k)^a(\boldsymbol{x})$ のようにテスト関数 $f^a(\boldsymbol{x})$ などを掛けて部分積分を行なって計算すると見通しがよくなる．このようにして，拘束の系

$$\Pi_0{}^a(x)\approx 0$$
$$(D_k\Pi_k)^a(x)\approx 0$$

は**第 1 種の拘束系**をなす．基本的な同時刻交換関係は

$$\begin{aligned}[][\hat{\Pi}_0{}^a(t,\boldsymbol{x}),\hat{A}_0{}^b(t,\boldsymbol{y})]&=-i\delta^{ab}\delta^3(\boldsymbol{x}-\boldsymbol{y})\\ [\hat{\Pi}_k{}^a(t,\boldsymbol{x}),\hat{\Pi}_l{}^b(t,\boldsymbol{y})]&=-i\delta^{ab}\delta_{kl}\delta^3(\boldsymbol{x}-\boldsymbol{y})\end{aligned} \qquad (3.40)$$

で与えられ，(2.30)にならって $A_\mu{}^a(\boldsymbol{x})$ を対角化する表示で Schrödinger 汎関数方程式を書くと

$$\begin{aligned}i\partial_t\Psi(t,A_\mu{}^a(\boldsymbol{x}))&=\hat{H}\Psi(t,A_\mu{}^a(\boldsymbol{x}))\\ \hat{\Pi}_0{}^a\Psi(t,A_\mu{}^a(\boldsymbol{x}))&=0\\ (D_k\hat{\Pi}_k)^a(\boldsymbol{x})\Psi(t,A_\mu{}^a(\boldsymbol{x}))&=0\end{aligned} \qquad (3.40)'$$

となる．$\hat{\Pi}_0{}^a\Psi=0$ から Ψ は $A_0{}^a$ に依存せず，$\Pi_0{}^a=0=A_0{}^a$ としても力学的内容が失われないのは電磁場の場合と同じである．2 次的拘束 $D_k\hat{\Pi}_k\approx 0$ の物理的意味は電磁場のとき(2.31)と同様

$$i\left[\int d^3x\omega^a(\boldsymbol{x})(D_k\hat{\Pi}_k)^a(\boldsymbol{x}),A_l{}^b(\boldsymbol{y})\right]=-(D_l\omega)^b(\boldsymbol{y})$$

となりゲージ場 $A_l{}^b$ のゲージ変換を生成する．$\Psi(t,A_k{}^a(\boldsymbol{x}))$ および(3.38)から H もゲージ不変となり，任意の $A_k{}^a(\boldsymbol{x})$ から出発して

$$\partial^kA_k'^a(\boldsymbol{x})=0$$

という横波成分へ持って行けることになる．すなわち Yang-Mills 場(3.13)の物理的内容は内部自由度の数だけの横波を表わす．

したがって，c 数のレベルで **Coulomb** ゲージ条件

$$\begin{aligned}\partial^kA_k{}^a(x)&=0\\ (D_k\Pi_k)^a(x)&=0\end{aligned} \qquad (3.41)$$

を課して理論を構成することが許されることになる．$A_\mu = A_\mu{}^a T^a$ という(3.7)の記法では，(3.41)の $\partial^k A_k{}^a = 0$ は任意の A_μ から出発して

$$\partial^k [U(x) A_k(x) U(x)^\dagger + i(1/g) U(x) \partial_k U(x)] = 0 \qquad (3.42)$$

を満たす $U(x) = \exp[i\omega^a(x) T^a]$ を見つけることに対応する*．(3.41)の条件を $\Pi_k{}^a$ に関して解いて，(3.36)と組み合わせてハミルトニアン形式で議論するのは複雑であり実用的ではない．経路積分に基づくラグランジアン形式は一般のゲージ条件に対してもより見通しのよい定式化を与える．

経路積分表示は(2.76)にならって Coulomb ゲージ $\partial^k A_k{}^a = 0$ に対しては

$$\begin{aligned}
&\int \mathcal{D}A_k{}^a \mathcal{D}\Pi_k{}^a \mathcal{D}A_0{}^a \prod_t [\delta(\partial^l A_l{}^a(t, \boldsymbol{x})) \det \{(D_k \Pi_k)^a(t, \boldsymbol{x}), \partial_l A_l{}^b(t, \boldsymbol{y})\}_{\mathrm{PB}}] \\
&\qquad \times \exp\left\{i \int d^4x \, [\Pi_k{}^a \dot{A}_k{}^a - H + A_0{}^a (D_k \Pi_k)^a]\right\} \\
&= \int \mathcal{D}A_\mu{}^a \delta(\partial^l A_l{}^a) \det [(\partial^k D_k)^{ab} \delta^4(x-y)] \exp\left\{i \int d^4x \, \mathcal{L}_{\mathrm{YM}}\right\} \\
&= \int \mathcal{D}A_\mu{}^a \mathcal{D}B^a \mathcal{D}\bar{c}^a \mathcal{D}c^a \exp\left\{i \int d^4x \, [\mathcal{L}_{\mathrm{YM}} + B^a \partial^k A_k{}^a - i\bar{c}^a \partial^k (D_k c)^a(x)]\right\}
\end{aligned}$$

$$(3.43)$$

と与えられる．ただし，拘束条件 $\delta((D_k \Pi_k)^a)$ を積分表示するための補助的変数を改めて $A_0{}^a(x)$ と書いた．この式の特徴的なことは，Faddeev-Popov の行列式が $A_k{}^a$ に依存することであり，これを見通しよく扱うために，Faddeev と Popov はゴースト場と呼ばれる $\bar{c}^a(x)$ と $c^a(x)$ の 2 種の Fermi 的(Grassmann 数の)実スカラー場を導入して行列式を経路積分の肩に乗せた**．

---

* 摂動論的には，(3.42)は 1 つの定った解を持つが，非摂動論的には(3.42)は一般に複数個の ω に対して解を持ち，物理的な Coulomb ゲージが一意的に定まらなくなる．この問題は **Gribov の問題**と呼ばれて，Yang-Mills 場の量子論ではどう扱えばよいのか未解決の問題である．

** $\bar{c}^a(x)$ と $c^a(x)$ に関する積分(あるいは一般にフェルミオンの変数に関する積分)が行列式を与えることは，Grassmann 数に対しては積分は左微分で定義されること(付録 A-2 参照)を使って示される．$\bar{c}^a$ と c^a に関する境界条件は，ゲージ場と同じく周期的 $\bar{c}^a(\boldsymbol{x}, \infty) = \bar{c}^a(\boldsymbol{x}, -\infty)$, $c^a(\boldsymbol{x}, \infty) = c^a(\boldsymbol{x}, -\infty)$ とする．文献[10]参照．

ただし，$\mathcal{D}A_\mu{}^a$ などは詳しくは $\prod_{\mu,a}\mathcal{D}A_\mu{}^a$ などを意味するものとする．$\partial^k\bar{A}_k{}^a=0$ を満たす場 $\bar{A}_\mu{}^a(x)$ の近傍での一般の場の変数 $A_\mu{}^a(x)$ は**無限小**のゲージパラメタ $\omega^a(x)$ を用いて

$$A_\mu{}^a(x) = \bar{A}_\mu{}^a(x)+(D_\mu\omega)^a(x) \equiv \bar{A}_\mu{}^a(x)+[\partial_\mu\delta^{ac}+gf^{abc}\bar{A}_\mu{}^b(x)]\omega^c(x) \tag{3.44}$$

と書けることに注意すると，(3.43)の第2の表式での経路積分の測度は(2.83)に合致して

$$d\mu = \mathcal{D}A_\mu{}^a\delta(\partial^kA_k{}^a)\det[(\partial^kD_k)^{ab}\delta(x-y)] = \mathcal{D}A_\mu{}^a/\mathcal{D}\omega^a \tag{3.45}$$

のようにゲージ条件に依存せずに定義されていることがわかる．(3.43)における行列式の因子の必要性をより直接的に理解するには第1の表式において $\mathcal{D}A_0{}^a$ に関する積分の後，(2.84)と同様に，$\Pi_k{}^a$ および $A_k{}^a$ を横波成分 $\Pi_{\mathrm{T}k}{}^a$, $A_{\mathrm{T}k}{}^a$ と縦波成分 $\Pi_{\mathrm{L}k}{}^a\equiv\partial_k\Pi^a$，$A_{\mathrm{L}k}{}^a\equiv\partial_kA^a$ に分解するとよい．このとき(3.43)において

$$\begin{aligned}
\mathcal{D}\Pi_k{}^a &= \mathcal{D}\Pi_{\mathrm{T}k}{}^a\mathcal{D}\Pi^a \det[\partial^k\partial_k\delta(x-y)\delta^{ab}]^{1/2}\\
\delta(D_k\Pi_k{}^a) &= \delta(D_k\partial_k\Pi^a+(D_k\Pi_{\mathrm{T}k})^a)\\
\mathcal{D}A_k{}^a &= \mathcal{D}A_{\mathrm{T}k}{}^a\mathcal{D}A^a \det[\partial^k\partial_k\delta(x-y)\delta^{ab}]^{1/2}\\
\delta(\partial_kA_k{}^a) &= \delta(\partial^k\partial_kA^a)
\end{aligned}$$

が成立する．次に縦成分 $\mathcal{D}\Pi^a\mathcal{D}A^a$ に関する積分を実行すると，全ての行列式の因子は相殺され，(3.43)式は

$$\int\mathcal{D}\Pi_{\mathrm{T}k}{}^a\mathcal{D}A_{\mathrm{T}k}{}^a \exp\left\{i\int[\dot{A}_{\mathrm{T}k}{}^a\Pi_{\mathrm{T}k}{}^a-\mathcal{H}(\Pi_{\mathrm{T}k}{}^a, A_{\mathrm{T}k}{}^a\,;\,\Pi_{\mathrm{L}k}{}^a)]d^4x\right\} \tag{3.46}$$

と書ける．ここでハミルトニアン(密度)$\mathcal{H}$ の中では $(D_k\Pi_k)^a=0$ から得られる

$$\Pi_{\mathrm{L}k}{}^a \equiv -\partial_k[D_l\partial_l]^{-1}(D_m\Pi_m)_{\mathrm{T}}{}^a$$

を用いるものとする．このハミルトニアンは(3.41)を解いて物理的横波成分のみで表わしたものと一致し，正準理論の表式に帰着する．

一般の Lorentz 共変なゲージ条件は(3.13)に対しては(2.87)と(2.88)にならって

$$Z(J) = \int \mathcal{D}\bar{\psi}\mathcal{D}\psi\mathcal{D}A_\mu\mathcal{D}B\,\mathcal{D}\bar{c}\mathcal{D}c\,\exp\left\{i\int[\mathcal{L}_{\text{eff}}+\mathcal{L}_J]d^4x\right\}$$

$$\begin{aligned}\mathcal{L}_{\text{eff}} &\equiv \bar{\psi}i\gamma^\mu(\partial_\mu - igA_\mu{}^aT^a)\psi - m\bar{\psi}\psi - \frac{1}{4}F_{\mu\nu}{}^aF^{a\mu\nu} + B^a\partial^\mu A_\mu{}^a \\ &\quad + \frac{\xi}{2}(B^a)^2 - i\bar{c}^a\partial^\mu(D_\mu c)^a\end{aligned} \tag{3.47}$$

$$\mathcal{L}_J \equiv -A_\mu{}^aJ_a{}^\mu + \bar{J}_a\bar{c}^a + J_ac^a + B^aJ_B{}^a + \bar{\eta}\psi + \bar{\psi}\eta$$

で定義される．$\partial^\mu A_\mu{}^a \approx 0$ に対する Faddeev-Popov の行列式は(2.85)より

$$\det[\delta\partial^\mu(D_\mu\omega)^a(x)/\delta\omega^b(y)]$$

で与えられ，$(D_\mu c)^a = \partial_\mu c^a + gf^{abc}A_\mu{}^bc^c$ である．(3.47)が Yang-Mills 場の量子論の出発点となる．源 $\bar{J}_a, J_a, \eta, \bar{\eta}$ は Grassmann 数である．

摂動論と Feynman 則

摂動論は(2.99)にならって(3.47)を

$$\begin{aligned}Z(J) &\equiv \exp\left\{i\int\mathcal{L}_{\text{I}}\left(i\frac{\delta}{\delta J_a{}^\mu}, \frac{\delta}{i\delta\bar{J}_a}, \frac{\delta}{i\delta J_a}, \frac{\delta}{i\delta\bar{\eta}}, i\frac{\delta}{\delta\eta}\right)d^4x\right\} \\ &\quad\times\int\mathcal{D}\bar{\psi}\mathcal{D}\psi\mathcal{D}A_\mu\mathcal{D}B\,\mathcal{D}\bar{c}\mathcal{D}c\,\exp\left\{i\int[\mathcal{L}_2+\mathcal{L}_J]d^4x\right\}\end{aligned} \tag{3.48}$$

と書き直して定義される．ここで

$$\begin{aligned}\mathcal{L}_2 &\equiv -\frac{1}{4}(\partial_\mu A_\nu{}^a - \partial_\nu A_\mu{}^a)^2 + \partial^\mu A_\mu{}^aB^a + \frac{\xi}{2}(B^a)^2 - i\bar{c}^a\partial^\mu\partial_\mu c^a + \bar{\psi}(i\partial\!\!\!/ - m)\psi \\ \mathcal{L}_{\text{I}} &\equiv -\frac{1}{2}g(\partial_\mu A_\nu{}^a - \partial_\nu A_\mu{}^a)f^{abc}A^{b\mu}A^{c\nu} - \frac{g^2}{4}f^{abc}f^{ab'c'}A_\mu{}^bA_\nu{}^cA^{b'\mu}A^{c'\nu} \\ &\quad - igf^{abc}\bar{c}^a\partial^\mu(A_\mu{}^bc^c) + g\bar{\psi}\gamma^\mu T^a\psi A_\mu{}^a\end{aligned} \tag{3.49}$$

と与えられる．(3.48)の $\mathcal{L}_{\text{I}}$ では(3.49)の $\mathcal{L}_{\text{I}}(A_\mu{}^a, \bar{c}^a, c^a, \psi, \bar{\psi})$ の場の変数のところへそれぞれ対応する源の微分を代入したものを意味する．(3.48)の $\mathcal{L}_2 + \mathcal{L}_J$ を含む積分は(2.92)と(2.93)にならって実行でき，結果は

$$\begin{aligned}\exp\Bigg\{\iint dxdy\Bigg[&-\frac{i}{2}J_a{}^\mu(x)D_{\text{F}}{}^{(0)ab}(x-y)_{\mu\nu}J_b{}^\nu(y) + iJ_a{}^\mu(x)D_{\text{F}}{}^{(0)ab}(x-y)_\mu J_B{}^b(y) \\ &- i\bar{J}_a(x)D_{\text{F}}{}^{(0)ab}(x-y)J^b(y) - i\bar{\eta}(x)S_{\text{F}}{}^{(0)}(x-y)\eta(y)\Bigg]\Bigg\}\end{aligned} \tag{3.50}$$

と書ける．ここで

$$
\begin{aligned}
iD_{\mathrm{F}}{}^{(0)ab}(x-y)_{\mu\nu} &= \delta^{ab}\int\frac{d^4k}{(2\pi)^4}e^{-ik(x-y)}(-i)\frac{g_{\mu\nu}-(1-\xi)k_\mu k_\nu/k^2}{k^2+i\epsilon} \\
&= \langle \mathrm{T}^* A_\mu{}^a(x)A_\nu{}^b(y)\rangle \\
iD_{\mathrm{F}}{}^{(0)ab}(x-y)_{\mu} &= \delta^{ab}\int\frac{d^4k}{(2\pi)^4}e^{-ik(x-y)}\frac{-k_\mu}{k^2+i\epsilon} \\
&= \langle \mathrm{T}^* A_\mu{}^a(x)B^b(y)\rangle \\
iD_{\mathrm{F}}{}^{(0)ab}(x-y) &= \delta^{ab}\int\frac{d^4k}{(2\pi)^4}e^{-ik(x-y)}\frac{1}{k^2+i\epsilon} \\
&= \langle \mathrm{T}^* c^a(x)\bar{c}^b(y)\rangle \\
iS_{\mathrm{F}}{}^{(0)}(x-y)_{ij} &= \delta_{ij}\int\frac{d^4p}{(2\pi)^4}e^{-ip(x-y)}\frac{i}{\not{p}-m+i\epsilon} \\
&= \langle \mathrm{T}^* \psi_i(x)\bar{\psi}_j(y)\rangle
\end{aligned}
\tag{3.51}
$$

と定義した．電磁場の場合と異なるのは，内部自由度の足がつくことと，ゴースト場に対する $D_{\mathrm{F}}{}^{(0)ab}$ が新しく加わったことである．$D_{\mathrm{F}\mu}{}^{(0)ab}$ は(2.96)のように補助場 B^a に関して積分した後では現われないが，B^a を残した方が形式的な議論は見通しがよくなる．(3.51)の伝搬関数は(3.48)で $\int[\mathcal{L}_2+\mathcal{L}_J]d^4x$ を $A_\mu, B, \bar{c}, \bar{\psi}$ に関して変分して得られる源の中での自由場の運動方程式の解がそれぞれ

$$
\begin{aligned}
A_\mu{}^a(x) &= \int d^4y[D_{\mathrm{F}}{}^{(0)ab}(x-y)_{\mu\nu}J_b{}^\nu(y)-D_{\mathrm{F}}{}^{(0)ab}(x-y)_\mu J_B{}^b(y)] \\
B^a(x) &= -\int d^4y D_{\mathrm{F}}{}^{(0)ab}(x-y)_\mu J_b{}^\mu(y) \\
c^a(x) &= \int d^4y D_{\mathrm{F}}{}^{(0)ab}(x-y)\bar{J}^b(y) \\
\psi_i(x) &= \int d^4y S_{\mathrm{F}}{}^{(0)}(x-y)_{ij}\eta_j(y)
\end{aligned}
\tag{3.52}
$$

で与えられるよう定義され，伝搬関数は源からそれぞれの場がどのように伝搬して行くかを記述している．演算子形式の T* 積とは，(3.50)を源で微分する

ことと Schwinger の作用原理を組み合わせて(3.51)に示したように結びつけられる．

摂動展開は，具体的にはまず(3.48)の $Z(J)$ を(2.97)と同様に

$$Z(J) = (-i)^2\int dxdyJ_a{}^{\mu}(x)iG_{\mu\nu}{}^{ab}(x,y)J_b{}^{\nu}(y)+(i)^2\int dxdy\bar{\eta}(x)iG(x,y)\eta(y)$$
$$+(-i)(i)^2\int dxdydz\bar{\eta}(x)J_a{}^{\mu}(y)iG_{\mu}{}^{a}(x,y,z)\eta(z)+\cdots \qquad (3.53)$$

と展開して一般の Green 関数を定義する．これらの Green 関数は(3.48)に(3.50)を用いた公式において，$\mathcal{L}_{\mathrm{I}}$ のベキに関する展開および(3.50)を源のベキに展開したものを使って計算される．このとき，(3.53)に現われる源以外の源は全て $\mathcal{L}_{\mathrm{I}}$ に含まれる微分演算で消去されることになる．この Green 関数の計算規則を運動量表示でわかりやすく表現したものが **Feynman 則**であり，図 2-1 の一般化で与えられる．図 3-1 に示すように Dirac 場およびゴースト場には矢印つきの実線と破線を対応させる．ゲージ場には矢印なしの波線を対応させ，B には矢印なしの破線を使うことにする．2-5 節で説明したように位相幾何学的に異なる全ての Feynman 図を重み 1 で足し上げ，Fermi 的な粒子(ψ と c^a)が閉じたループを描くときには(−)符号をつける．これらは電磁場理論の場合の自然な一般化であり，図 3-1 にまとめられる((3.51)も参照)．ただし，図 3-1 で $V_{\mu_1\mu_2\mu_3}$ と $W_{\mu_1\cdots\mu_4}$ は次式で与えられる．

$$V_{\mu_1\mu_2\mu_3}(k_1,k_2,k_3) = g_{\mu_1\mu_2}(k_1-k_2)_{\mu_3}+g_{\mu_2\mu_3}(k_2-k_3)_{\mu_1}+g_{\mu_3\mu_1}(k_3-k_1)_{\mu_2}$$
$$\begin{aligned} W^{a_1a_2a_3a_4}_{\mu_1\mu_2\mu_3\mu_4} &= f^{ba_1a_2}f^{ba_3a_4}[g_{\mu_1\mu_3}g_{\mu_2\mu_4}-g_{\mu_1\mu_4}g_{\mu_2\mu_3}] \\ &\quad +f^{ba_1a_3}f^{ba_2a_4}[g_{\mu_1\mu_2}g_{\mu_3\mu_4}-g_{\mu_1\mu_4}g_{\mu_3\mu_2}] \\ &\quad +f^{ba_1a_4}f^{ba_3a_2}[g_{\mu_1\mu_3}g_{\mu_4\mu_2}-g_{\mu_1\mu_2}g_{\mu_4\mu_3}] \end{aligned} \qquad (3.54)$$

具体的な Feynman 図の計算は次章以降で議論するが，この Feynman 則からわかるように，Yang-Mills 場の摂動計算は手足の数が非常に多くなり，それらをいかに見通しよく扱うかが重要になる．

摂動計算における見かけ上の発散の次数の勘定は，電磁力学(2.112)と同様に行なわれる．(3.51)の伝搬関数の大きな運動量に対する振舞いは(補助的な

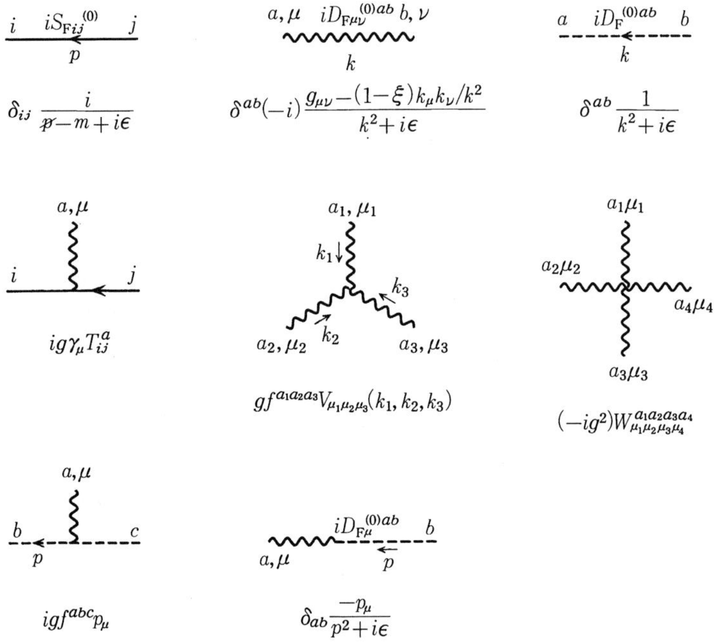

図 3-1

$\langle \mathrm{T}^* A_\mu{}^a(x) B^b(y)\rangle$ も含めて)通常の次元解析から予想されるものである．また(3.47)は，場の変数の質量次元 $[A_\mu]=[\bar{c}]=[c]=[M]$，$[\phi]=[M]^{3/2}$ および $[B]=[M]^2$ に注意すると質量次元が 4 以下のゲージ対称性(詳しくは以下で説明する BRST 対称性)により許される全ての項を含んでいるので，量子異常とか発散の扱いに予期しない困難が起こらない限り，くり込み可能な理論を定義することになる．

3-4 BRST 対称性

発散次数の勘定からは Yang-Mills 場の理論は通常のくり込み可能な理論の条件を満たしている．したがって量子論で重要になるのは適切な正則化を見つけることと，(2.154)と類似のゲージ対称性に起因する Green 関数の間の関係式を導き，くり込まれた理論においても Lorentz 共変なゲージと Coulomb ゲージ条件の同等性を示すことである．正則化は次章で示すように次元正則化が便利である．まず Green 関数の間の関係式を議論するため，(3.47)の経路積分表示を再吟味する．

ゲージ変換(3.7)はパラメタ ω^a を無限小にとると

$$\delta A_\mu{}^a = \partial_\mu \omega^a + g f^{abc} A_\mu{}^b \omega^c \equiv (D_\mu \omega)^a(x) \tag{3.55}$$

を与える．これは関数空間での並進と回転を組み合わせたもので，**ゲージ軌道**(gauge orbit)と呼ばれる(図 3-2 参照)．また経路積分の測度 $\mathcal{D}A_\mu$ は(3.55)の下でヤコビアンが 1 となり不変となる．1 つのゲージ軌道上の全ての A_μ はゲージ変換で結ばれており，したがって物理的には同等である．ゲージ条件を課すということは，各ゲージ軌道から 1 つずつ代表的な A_μ を選んで理論を構成することに対応する．一般化した Landau ゲージに対する経路積分の測度は(2.85)でも説明したように $\Lambda^a(x)$ を任意の関数として

$$d\mu = \mathcal{D}A_\mu{}^a/\mathcal{D}\omega^a = \mathcal{D}A_\mu{}^{a\omega}\delta(\partial^\mu A_\mu{}^{a\omega} - \Lambda^a)\det[\delta\partial^\mu A_\mu{}^{a\omega}(x)/\delta\omega^b(y)] \tag{3.56}$$

と書かれる．すなわち(3.55)のもとで不変な測度 $\mathcal{D}A_\mu{}^a$ からゲージ変換の体積 $\mathcal{D}\omega^a$ を取り去ったもので定義される．物理的には，異なるゲージ条件により S 行列は変わってはならない，すなわち，代表的な $A_\mu{}^a$ の取り方を少し変えても(3.56)の $d\mu$ は変化しないことが要求される．あるゲージ条件を満たす $\bar{A}_\mu$ から出発した($\bar{A}_\mu$ と同等な)一般のゲージ場 $A_\mu{}^\omega$ は(3.7)により

$$A_\mu{}^\omega = (i/g)U(\omega)\partial_\mu U(\omega)^\dagger + U(\omega)\bar{A}_\mu U(\omega)^\dagger \tag{3.57}$$

で与えられるので，代表点 $\bar{A}_\mu$ を無限小の $U(\varepsilon)$ で変換した $\bar{A}_\mu{}'$ へ移すには

$$\begin{aligned}
&\bar{A}_\mu \to \bar{A}_\mu{}' \equiv (i/g)U(\varepsilon)\partial_\mu U(\varepsilon)^\dagger + U(\varepsilon)\bar{A}_\mu U(\varepsilon)^\dagger \\
&U(\omega) \to U(\omega') \equiv U(\varepsilon)U(\omega)U(\varepsilon)^\dagger = \exp[iU(\varepsilon)\omega U(\varepsilon)^\dagger] \\
&A_\mu{}^\omega \to A_\mu{}^{\omega'} \equiv (i/g)U(\omega')\partial_\mu U(\omega')^\dagger + U(\omega')A_\mu{}'U(\omega')^\dagger
\end{aligned} \tag{3.58}$$

図 3-2

を考えればよい*．このとき無限小の ε に対しては

$$\omega^a \to \omega'^a = \omega^a + f^{abc}\varepsilon^b \omega^c \tag{3.59}$$

となり通常の（関数空間での）回転に対して不変な測度 $\mathcal{D}\omega' = \mathcal{D}\omega$ を採用すると，$A_\mu{}^{\omega'} = (i/g)U(\varepsilon)\partial_\mu U(\varepsilon)^\dagger + U(\varepsilon)A_\mu{}^\omega U(\varepsilon)^\dagger$ から結論される $\mathcal{D}A_\mu{}^{\omega'} = \mathcal{D}A_\mu{}^\omega$ と組み合わせて(3.56)がゲージ条件によらないことが保証される．

以上の考察から無限小の $\lambda^a(x)$ に対して Yang-Mills 場の作用を $S(A_\mu)$ と書いて

$$\int \mathcal{D}A_\mu{}^\omega \delta(\partial^\mu A_\mu{}^{\omega a} - \Lambda^a)\det[\delta\partial^\mu A_\mu{}^\omega/\delta\omega]\exp\left[iS(A_\mu) - i\int A_\mu{}^\omega J^\mu dx\right]$$
$$= \int \mathcal{D}A_\mu{}^{\omega'}\delta(\partial^\mu A_\mu{}^{\omega' a} - \Lambda^a - \lambda^a)\det[\delta\partial^\mu A_\mu{}^{\omega'}/\delta\omega']\exp\left[iS(A_\mu') - i\int A_\mu{}^\omega J^\mu dx\right] \tag{3.60}$$

が結論される．ただし，源の項はゲージ不変でないので両辺ともに $\int A_\mu{}^\omega J^\mu dx$ で与えられる．(3.60)において両辺の δ 関数を(2.77)にならって $B(x)$ を使って積分表示し，次に(3.58)の ε が λ を用いて $\varepsilon \approx g[\partial^\mu D_\mu]^{-1}\lambda$ と表わされることに注意すると(3.60)の右辺の源項で $A_\mu{}^\omega = A_\mu{}^{\omega'} - D_\mu[\partial^\mu D_\mu]^{-1}\lambda$ と書ける．ここで右辺の積分変数 $A_\mu{}^{\omega'}$ を $A_\mu{}^\omega$ と呼び換えて，λ のベキに展開して 1 次の項をひろうと **Slavnov-Taylor の恒等式**と呼ばれる関係式が得られ S 行列がゲージ条件に依存しないことを保証する．

BRST 変換

(3.60)と同じ内容を(3.47)が持つ BRST（Becchi-Rouet-Stora-Tyutin）対称性と呼ばれる対称性に基づいて導く方法はわかりやすい．

$$\mathcal{L}_{\text{eff}} = \bar{\psi} i\gamma^\mu(\partial_\mu - igA_\mu{}^a T^a)\psi - m\bar{\psi}\psi - \frac{1}{4}F_{\mu\nu}{}^a F^{a\mu\nu} + B^a\partial^\mu A_\mu{}^a$$
$$+ \frac{\xi}{2}(B^a)^2 - i\bar{c}^a\partial^\mu(D_\mu c)^a \tag{3.61}$$

---

* 25 ページの脚注で説明したように，(3.57)と(3.58)で $\mathcal{D}A_\mu{}^\omega = \mathcal{D}\bar{A}_\mu$ とか $\mathcal{D}A_\mu{}^{\omega'} = \mathcal{D}\bar{A}_\mu{}'$ は成立しない．

は，λを定数のGrassmann数(付録A-2参照)として次の**BRST変換**の下で不変であることが確められる．

$$\begin{aligned}
\delta\psi(x) &= i^2 g\lambda c^a(x) T^a \psi(x) \\
\delta A_\mu{}^a(x) &= i\lambda (D_\mu c)^a(x) = i\lambda[\partial_\mu c^a(x) + g f^{abc} A_\mu{}^b(x) c^c(x)] \\
\delta c^a(x) &= -i\lambda \frac{g}{2} f^{abc} c^b(x) c^c(x) \\
\delta \bar{c}^a(x) &= \lambda B^a(x), \qquad \delta B^a(x) = 0
\end{aligned} \tag{3.62}$$

(3.62)の最初の2式からBRST変換は$\varepsilon^a(x) = ig\lambda c^a(x)$をパラメタとする無限小ゲージ変換(実は$\lambda^2=0$なので$(\varepsilon^a(x))^2=0$)と見なすことができる．(3.62)の第3式に関しては微分を考えると

$$\delta dc^a(x) = -g f^{abc} i\lambda c^b(x) dc^c(x) \tag{3.63}$$

となり，経路積分のヤコビアンを計算するときには$dc \leftrightarrow d\omega$とすると(3.59)と同じヤコビアンを与える．(3.62)の変換の特徴は変換を2回続けて行なうと0になることであり，

$$\begin{aligned}
\delta_{\lambda_2}\delta_{\lambda_1} A_\mu{}^a &= \delta_{\lambda_2} i\lambda_1 (D_\mu c)^a(x) \\
&= i\lambda_1 [\delta_{\lambda_2}(D_\mu c)^a(x)] \\
&= i\lambda_1 \left\{ \partial_\mu \left[-i\lambda_2 \frac{g}{2} f^{abc} c^b c^c \right] + g f^{abc} A_\mu{}^b \right. \\
&\quad \left. \times \left(-i\lambda_2 \frac{g}{2} f^{cde} c^d c^e \right) + g f^{abc} i\lambda_2 [\partial_\mu c^b + g f^{bde} A_\mu{}^d c^e] c^c \right\} \\
&= \lambda_1 \lambda_2 \left(\frac{g^2}{2} \right) A_\mu{}^b [f^{abd} f^{dce} + 2 f^{adc} f^{dbe}] c^c c^e = 0 \\
\delta_{\lambda_2}\delta_{\lambda_1} c^a &= -i\lambda_1 \frac{g}{2} f^{abc} \delta_{\lambda_2}(c^b c^c) \\
&= -\lambda_1 \lambda_2 \frac{g^2}{4} f^{abc} [f^{bde} c^d c^e c^c - c^b f^{cde} c^d c^e] \\
&= \lambda_1 \lambda_2 \frac{g^2}{2} f^{acb} f^{bde} c^d c^e c^c = 0 \\
\delta_{\lambda_2}\delta_{\lambda_1} \bar{c}^a &= \lambda_1 (\delta_{\lambda_2} B^a) = 0
\end{aligned} \tag{3.64}$$

$$\begin{aligned}\delta_{\lambda_2}\delta_{\lambda_1}\psi(x) &= \delta_{\lambda_2}[i^2 g\lambda_1 c^a(x)T^a\psi(x)] \\ &= i^2\lambda_1 g\left[\left(-i\lambda_2\frac{g}{2}f^{abc}c^b c^c\right)T^a\psi + c^a T^a(i^2\lambda_2 g c^b T^b)\psi\right] \\ &= \lambda_1\lambda_2 g\left[i\frac{g}{2}f^{abc}c^b c^c T^a - \frac{g}{2}c^a c^b[T^a, T^b]\right]\psi = 0\end{aligned}$$

が成立する．ただし，(3.64)の最初の2式ではJacobiの恒等式 $[[T^a, T^b], T^c]$＋順置換＝0から導かれる関係式

$$f^{abd}f^{dce}+f^{bcd}f^{dae}+f^{cad}f^{dbe}=0 \tag{3.65}$$

を使い，最後の式では $[T^a, T^b]=if^{abc}T^c$ を使った．また，パラメタ λ_1, λ_2 およびゴースト場 $c^a(x)$ は全て反交換することも使う．(3.64)の第1式は実は(3.61)の $\mathcal{L}_{\rm eff}$ が不変であることを示すときにすでに使った．

次に重要な性質は(3.47)における経路積分の測度

$$d\mu = \mathcal{D}\bar{\psi}\mathcal{D}\psi\mathcal{D}A_\mu\mathcal{D}B\mathcal{D}\bar{c}\mathcal{D}c \tag{3.66}$$

は(3.62)の下で不変となることである．$\mathcal{D}\bar{\psi}\mathcal{D}\psi\mathcal{D}A_\mu\mathcal{D}c$ に関しては $\varepsilon^a=i\lambda c^a$ をパラメタとするゲージ変換と見なせることおよび(3.63)から不変であり，$\mathcal{D}B\mathcal{D}\bar{c}$ は経路積分の測度が関数空間の並進に関して不変であることからBRST不変となる．さらに，(3.66)の $d\mu$ は(3.62)の変換で λ を x に依存するGrassmann数 $\lambda(x)$ に一般化しても不変となる．局所化した $\lambda(x)$ に対しては，(3.61)の $\mathcal{L}_{\rm eff}$ は

$$\mathcal{L}_{\rm eff} \to \mathcal{L}_{\rm eff} - i\partial_\mu\lambda(x)j^\mu(x) \tag{3.67}$$

$$j^\mu(x) \equiv -g\bar{\psi}c^a T^a\psi(x) + F^{a\mu\nu}(D_\nu c)^a(x) - B^a(D^\mu c)^a(x) - i\frac{g}{2}f^{abc}\partial^\mu\bar{c}^a c^b c^c$$

と変換され，$i\partial_\mu\lambda$ の係数として**Noether カレント** $j^\mu(x)$ が定義される．$\lambda(x)$ で変換した変数を ′(prime)つきの変数で表示すると，経路積分は変数の名前のつけ方にはよらないという関係式

$$\int d\mu\, e^{iS(\bar{\psi},\psi,A_\mu,B,\bar{c},c)} = \int d\mu'\, e^{iS(\bar{\psi}',\psi',A_\mu',B',\bar{c}',c')} \tag{3.68}$$

と $d\mu=d\mu'$ および(3.67)から（源を陽に書くことは省略して）

$$\int d\mu\left[\int dx i^2 \partial_\mu \lambda(x) j^\mu(x)\right] e^{iS(\bar{\psi},\bar{\psi},A_\mu,B,\bar{c},c)}$$

$$\equiv -\int dx \partial_\mu \lambda(x)\langle j^\mu(x)\rangle = \int dx \lambda(x) \partial_\mu \langle j^\mu(x)\rangle = 0 \qquad (3.69)$$

が導かれ，$\lambda(x)$ は任意なので演算子の言葉では

$$\partial_\mu \hat{j}^\mu(x) = 0 \qquad (3.70)$$

が結論される．(3.68)と同様に

$$\int d\mu A_\nu{}^a(y)\bar{c}^b(z)e^{iS}$$

$$= \int d\mu'[A_\nu{}^a(y)+i\lambda(y)(D_\nu c)^a(y)][\bar{c}^b(z)+\lambda(z)B^b(z)]e^{iS'} \quad (3.71)$$

から λ に関する 1 次の項をひろって

$$\partial_\mu{}^x\langle \mathrm{T}^* j^\mu(x)A_\nu{}^a(y)\bar{c}^b(z)\rangle$$
$$= i\langle \mathrm{T}^* D_\nu c^a(y)\bar{c}^b(z)\rangle\delta^4(x-y)+\langle \mathrm{T}^* A_\nu{}^a(y)B^b(z)\rangle\delta^4(x-z) \quad (3.72)$$

が導かれ，BJL 処方(付録 B 参照)を用いると(3.70)および(定数の λ を使って)

$$\begin{aligned}[\lambda Q, A_\nu{}^a(y)] &= i\lambda(D_\nu c)^a(y)\\ [\lambda Q, \bar{c}^b(z)] &= \lambda B^b(z)\end{aligned} \qquad (3.73)$$

が結論される．ただし，(3.67), (3.70)から **BRST 演算子**を

$$Q = \int d^3x \hat{j}^0(x) \qquad (3.74)$$

と定義した．(3.73)は演算子に基づく(3.62)の表現を与え，(3.62)の他の変換も Q により生成される．(3.64)の性質は，(3.74)を使うと $\delta_{\lambda_1}\delta_{\lambda_2}=\lambda_1 Q\lambda_2 Q=-\lambda_1\lambda_2 QQ=0$ となり

$$\{Q,Q\}_+ = 0 \qquad (3.75)$$

を意味する．すなわち，Q はベキ 0 (nil-potent)である．

BRST 超対称性

BRST 対称性の代数的な特徴づけと関係して，(3.61)の $\mathscr{L}_{\mathrm{eff}}$ が α を定数と

して $c \to e^{\alpha}c$, $\bar{c} \to \bar{c}e^{-\alpha}$ という**ゴースト数の変換**に対して不変となることも重要である．局所化した無限小のパラメタを $\alpha(x)$ として

$$c^a(x) \to e^{\alpha(x)}c^a(x), \qquad \bar{c}^a(x) \to \bar{c}^a(x)e^{-\alpha(x)} \tag{3.76}$$

を考えると

$$\mathcal{L}_{\text{eff}} \to \mathcal{L}_{\text{eff}} + \partial_\mu \alpha(x) i [\partial_\mu \bar{c}^a c^a - \bar{c}^a (D_\mu c)^a] \tag{3.77}$$

となり，(3.76)の下で測度(3.66)が不変であること(これは確められる)を使うと，(3.70)に対応して

$$\partial^\mu \hat{j}_\mu^{gh}(x) \equiv i\partial^\mu[\partial_\mu \hat{\bar{c}}^a \hat{c}^a - \hat{\bar{c}}^a (D_\mu \hat{c})^a](x) = 0 \tag{3.78}$$

が導かれる．この保存カレントから

$$D = \int d^3x \hat{j}_0^{gh}(x) \tag{3.79}$$

と**ゴースト数の演算子**を定義すると(3.75)と合わせて

$$\{Q, Q\}_+ = 0, \quad i[D, Q] = Q, \quad [D, D] = 0 \tag{3.80}$$

が結論される．また(3.76)に対応して $i[D, c^a(x)] = c^a(x)$ と $i[D, \bar{c}^a(x)] = -\bar{c}^a(x)$ も示される．代数(3.80)は**超対称性**(supersymmetry)という観点からは，θ, λ を Grassmann 数，ρ を実数として

$$\begin{aligned} &\exp(\lambda Q): \quad \theta \to \theta + \lambda \\ &\exp(i\rho D): \quad \theta \to e^\rho \theta \end{aligned} \tag{3.81}$$

という演算に対応する．あるいは(3.62)の変換により生じた項を Grassmann 数 θ に比例する項として含ませた**超場**(superfield)の言葉で言えば

$$\begin{aligned} A_\mu{}^a(x, \theta) &= A_\mu{}^a(x) + i\theta (D_\mu c)^a(x) && (d=0) \\ c^a(x, \theta) &= c^a(x) - i\theta \left(\frac{g}{2}\right) f^{abc} c^b c^c && (d=+1) \\ \bar{c}^a(x, \theta) &= \bar{c}^a(x) + \theta B^a(x) && (d=-1) \\ \psi(x, \theta) &= \psi(x) + i\theta g c^a(x) T^a \psi(x) && (d=0) \end{aligned} \tag{3.82}$$

のように定義すると，BRST 変換(3.62)，(3.73)とゴースト数の変換は，(3.81)に対応して λ および無限小の ρ に関するベキに展開し，成分で書くとわかるように

$$\begin{aligned} &e^{\lambda Q}A_\mu{}^a(x,\theta)e^{-\lambda Q} = A_\mu{}^a(x,\theta+\lambda) \\ &e^{i\rho D}A_\mu{}^a(x,\theta)e^{-i\rho D} = e^{d\rho}A_\mu{}^a(x,e^\rho\theta), \qquad \text{ただし } d=0 \end{aligned} \tag{3.83}$$

などと表現される．ゴースト数 d はBRST次元とでも呼ぶべきもので，(3.82)に与えられた値を持つ．この超場(3.82)の記法は元の場とBRST変換されたものを1度に表わすのに便利である．また後のBRSTコホモロジーの分析に有効性を発揮する．

(3.83)から $d=-1$ の超場に対しては

$$\begin{aligned} &e^{\lambda Q}\bar{c}^a(x,\theta)e^{-\lambda Q} = \bar{c}^a(x,\theta+\lambda) = [\bar{c}^a(x)+\lambda B^a(x)]+\theta B^a(x) \\ &e^{i\rho D}\bar{c}^a(x,\theta)e^{-i\rho D} = e^{-\rho}\bar{c}^a(x,e^\rho\theta) = e^{-\rho}\bar{c}^a(x)+\theta B^a(x) \end{aligned} \tag{3.84}$$

となり，$d=-1$ の超場の θ に比例する第2成分はBRST超対称性変換(3.83)の下で不変であることがわかる．(3.83)から2つのBRST超場の積はまたBRST超場となることもわかる．Grassmann数 θ に対しては並進不変な積分は左微分で表現されること(付録(A.25)参照)を使うと，(3.82)から作られた $d=-1$ の超場の第2成分

$$\int d\theta\,\bar{c}^a(x,\theta)\partial^\mu A_\mu{}^a(x,\theta) = B^a(x)\partial^\mu A_\mu{}^a(x)-i\bar{c}^a(x)\partial^\mu(D_\mu c)^a(x) \tag{3.85}$$

はBRST変換(3.83)の下で不変であることがわかり，事実(3.85)は作用(3.61)に現われる．(3.85)は演算子形式で(3.83)を使って

$$\int d\theta\, e^{\theta Q}\bar{c}^a(x,0)\partial^\mu A_\mu{}^a(x,0)e^{-\theta Q} = \{Q,\bar{c}^a(x)\partial^\mu A_\mu{}^a(x)\}_+ \tag{3.86}$$

とも書ける．同様に $\int d\theta\bar{c}^a(x,\theta)B^a(x)=B^a(x)^2$ もBRST不変となる．さらに，

$$\begin{aligned} &\gamma\int d\theta f^{abc}\bar{c}^a(x,\theta)\bar{c}^b(x,\theta)c^c(x,\theta) \\ &\quad = \gamma\left\{2f^{abc}B^a(x)\bar{c}^b(x)c^c(x)+i\frac{g}{2}f^{abc}f^{cde}\bar{c}^a(x)\bar{c}^b(x)c^d(x)c^e(x)\right\} \end{aligned} \tag{3.87}$$

もBRST不変になる．(3.87)は次元が4でBRST不変なので作用(3.61)を明白にくり込み可能にするためにはつけ加える必要がある．しかし，現在の $\partial^\mu A_\mu{}^a(x)=0$ のように場の変数に関して1次で書ける**線形ゲージ条件**では，後

に説明するように高次の補正により(3.87)が無限大の係数を伴って誘起されることはなく，最初から$\gamma=0$としてもくり込み可能性を損なうことはない.

3-5 Slavnov-Taylor の恒等式

定数のパラメタλを含む(3.62)に基づき，それから導かれる Green 関数の間の関係式(Slavnov-Taylor(ST)の恒等式)を議論する．局所的な$\lambda(x)$に基づく恒等式は(3.72)の形をとるが，BRST 対称性の自発的破れの可能性といった問題以外では，(3.62)に限るのが普通である．λをxに依存しない Grassmann 数とすると作用および測度は不変となり，(3.71)と同様の考察から例えば,

$$\langle \mathrm{T}^* \bar{c}^a(x) B^b(y) \rangle = \langle \mathrm{T}^* [\bar{c}^a(x) + \lambda B^a(x)] B^b(y) \rangle \tag{3.88}$$

が得られ，λに関して 1 次の項をひろって

$$\langle \mathrm{T}^* B^a(x) B^b(y) \rangle = 0 \tag{3.89}$$

が導かれる．同様に$\langle \mathrm{T}^* \bar{c}^a(x) A_\mu{}^b(y) \rangle = \langle \mathrm{T}^* \bar{c}^a(x,\lambda) A_\mu{}^b(y,\lambda) \rangle$から

$$i \langle \mathrm{T}^* \bar{c}^a(x) (D_\mu c)^b(y) \rangle = \langle \mathrm{T}^* B^a(x) A_\mu{}^b(y) \rangle \tag{3.90}$$

が，$\langle \mathrm{T}^* \bar{c}^a(x) \phi(y) \bar{\phi}(z) \rangle = \langle \mathrm{T}^* \bar{c}^a(x,\lambda) \phi(y,\lambda) \bar{\phi}(z,\lambda) \rangle$から

$$\begin{aligned} \langle \mathrm{T}^* B^a(x) \phi(y) \bar{\phi}(z) \rangle &= -g \langle \mathrm{T}^* \bar{c}^a(x) c^b(y) T^b \phi(y) \bar{\phi}(z) \rangle \\ &\quad + g \langle \mathrm{T}^* \bar{c}^a(x) \phi(y) \bar{\phi}(z) T^b c^b(z) \rangle \end{aligned} \tag{3.91}$$

が導かれる．ただし，一部(3.82)の超場の記法を用いた．補助場$B^a(x)$は(3.52)のように(3.90)の右辺の伝搬関数しか持たないことを思い起こすと，図 3-3 に示すように(3.91)は図 2-9 の Ward-高橋の恒等式の一般化に対応する．同様に，$\langle \mathrm{T}^* \bar{c}^a(x) A_\mu{}^b(y) A_\nu{}^c(z) \rangle$の考察から

$$\begin{aligned} \langle \mathrm{T}^* B^a(x) A_\mu{}^b(y) A_\nu{}^c(z) \rangle &= i \langle \mathrm{T}^* \bar{c}^a(x) (D_\mu c)^b(y) A_\nu{}^c(z) \rangle \\ &\quad + i \langle \mathrm{T}^* \bar{c}^a(x) A_\mu{}^b(y) (D_\mu c)^c(z) \rangle \end{aligned} \tag{3.92}$$

が導かれる．この関係式も図 3-3 と類似の(実線を波線に置き換えた)関係式を表わす．[(3.92)は(3.60)からも得られる.] このように，ST 恒等式は一般に

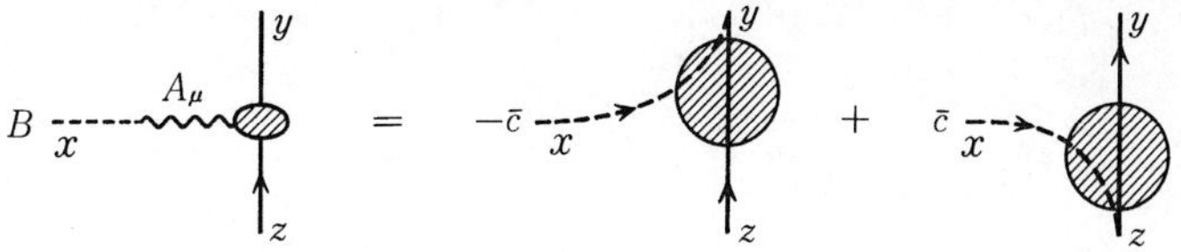

図 3-3

$\bar{c}^a$ を含む Green 関数に BRST 変換(3.62)を適用して導かれる．(3.89)は BRST 対称性の基本的な関係式であり BRST 対称性の**秩序パラメタ**(order parameter)を与える．

さて，ST 恒等式を一般的に扱うには源つきの経路積分を使うのが便利である．すなわち(3.61)の $\mathcal{L}_{\mathrm{eff}}$ に

$$\mathcal{L}_J' \equiv \bar{\eta}\psi + \bar{\psi}\eta - A_\mu{}^a J_a{}^\mu + \bar{J}^a \bar{c}^a + J^a c^a + B^a J_B{}^a$$
$$+ K_a{}^\mu i(D_\mu c)^a + K^a\left(\frac{-ig}{2}\right) f^{abc} c^b c^c - \bar{K} g c^a T^a \psi - \bar{\psi} g c^a T^a K \qquad (3.93)$$

をつけ加えたラグランジアンから出発する．ただし，(3.62)における A_μ, c, ψ および $\bar{\psi}$ の BRST 変換された成分に対する源 $K(x)$ をつけ加えた．$K_a{}^\mu$ は Grassmann 数であり，他の K は通常の数である．(3.68)で $S_J = \int d^4x (\mathcal{L}_{\mathrm{eff}} + \mathcal{L}_J')$ を使い，λ を定数とした関係式から出発すると，ST 恒等式は

$$\int d^4x \langle \bar{\eta} g c^a T^a \psi - \bar{\psi} g c^a T^a \eta - i(D_\mu c)^a J_a{}^\mu - \bar{J}^a B^a + J^a\left(\frac{ig}{2}\right) f^{abc} c^b c^c \rangle_J = 0 \qquad (3.94)$$

と与えられる．$(D_\mu c)^a(x)$ などは Schwinger の作用原理により源 $K_a{}^\mu(x)$ などに関する微分で生成されるので，(3.94)は連結した Green 関数の生成汎関数 $W(J,K) = -i \ln Z(J,K)$ (ただし，J, K は(3.93)の源全体をさす)に対しては

$$\int d^4x \left\{ -\bar{\eta}(x) \frac{\delta W}{\delta \bar{K}(x)} + \frac{\delta W}{\delta K(x)} \eta(x) - \frac{\delta W}{\delta K_a{}^\mu(x)} J_a{}^\mu(x) \right.$$
$$\left. - \bar{J}^a(x) \frac{\delta W}{\delta J_B{}^a(x)} - J^a(x) \frac{\delta W}{\delta K^a(x)} \right\} = 0 \qquad (3.95)$$

と書くことができる．W から変数 $\psi, \bar{\psi}, A_\mu, c, \bar{c}, B$ に関して 1 粒子既約な頂点関数の生成汎関数 Γ に(2.107)にならって Legendre 変換し(ただし，K に関係した複合演算子に関しては Legendre 変換しない)

$$\Gamma(A_\mu{}^a, \psi, \bar{\psi}, c^a, \bar{c}^a, B^a\,;\, K) = W(J\,;\, K)$$
$$+\int[-\bar{\eta}\psi-\bar{\psi}\eta+A_\mu{}^a J_a{}^\mu-\bar{J}^a\bar{c}^a-J^a c^a-B^a J_B{}^a]d^4x \qquad (3.96)$$

を定義すると，(3.95)は

$$\int d^4x\left\{\frac{\delta\Gamma}{\delta\psi(x)}\frac{\delta\Gamma}{\delta\bar{K}(x)}+\frac{\delta\Gamma}{\delta K(x)}\frac{\delta\Gamma}{\delta\bar{\psi}(x)}+\frac{\delta\Gamma}{\delta K_a{}^\mu(x)}\frac{\delta\Gamma}{\delta A_\mu{}^a(x)}+\frac{\delta\Gamma}{\delta c^a(x)}\frac{\delta\Gamma}{\delta K^a(x)}\right.$$
$$\left.+\frac{\delta\Gamma}{\delta\bar{c}^a(x)}B^a(x)\right\}=0 \qquad (3.97)$$

と書ける．すべての **ST 恒等式**は(3.95)あるいは(3.97)から導かれる．

3-6 くり込み変換

くり込まれた変数への変換は，(3.82)の超場の記法で，以下では(第 2 章と記法を変えて)裸の変数を添字 0 で表示して

$$\frac{1}{\sqrt{Z_2}}\psi(x,\theta)_0 \equiv \psi(x)-\theta Z_c\frac{Z_1}{Z_3}gc^a(x)T^a\psi(x)$$

$$\frac{1}{\sqrt{Z_3}}A_\mu{}^a(x,\theta)_0 \equiv A_\mu{}^a(x)+i\theta Z_c\left[\partial_\mu c^a(x)+\frac{Z_1}{Z_3}gf^{abc}A_\mu{}^b(x)c^c(x)\right]$$

$$\frac{1}{\sqrt{Z_3}Z_c}c^a(x,\theta)_0 \equiv c^a(x)-i\theta Z_c\frac{Z_1}{Z_3}\left(\frac{g}{2}\right)f^{abc}c^b(x)c^c(x) \qquad (3.98)$$

$$\sqrt{Z_3}\bar{c}^a(x,\theta)_0 \equiv \bar{c}^a(x)+\theta B^a(x)$$

$$g=\frac{Z_3{}^{3/2}}{Z_1}g_0, \qquad \xi=\frac{1}{Z_3}\xi_0, \qquad m=\frac{Z_2}{Z_m}m_0 \qquad (3.99)$$

と各変数のスケール変換で定義される．このとき(3.61)は

$$\mathcal{L}_{\text{eff}} = Z_2\bar{\psi}i\gamma^\mu\Big(\partial_\mu - ig\frac{Z_1}{Z_3}A_\mu{}^aT^a\Big)\psi - Z_m m\bar{\psi}\psi$$
$$-\frac{1}{4}Z_3\Big(\partial_\mu A_\nu{}^a - \partial_\nu A_\mu{}^a + \frac{Z_1}{Z_3}gf^{abc}A_\mu{}^bA_\nu{}^c\Big)^2$$
$$+B^a\partial^\mu A_\mu{}^a + \frac{\xi}{2}(B^a)^2 + iZ_c\partial^\mu\bar{c}^a\Big(\delta^{ac}\partial_\mu + \frac{Z_1}{Z_3}gf^{abc}A_\mu{}^b\Big)c^c \quad (3.100)$$

と書かれる．Z_1 を Yang-Mills 場の 3 点結合で定義したが，フェルミオンの $Z_{1\text{F}}$，ゴーストの $Z_{1\text{FP}}$ を別個に導入したとすると(3.100)から

$$Z_{1\text{F}} = Z_1Z_2/Z_3, \qquad Z_{1\text{FP}} = Z_1Z_c/Z_3 \quad (3.101)$$

となる．したがって(3.99)のくり込まれた結合定数 g は

$$g = \frac{Z_3{}^{3/2}}{Z_1}g_0 = \frac{Z_3{}^{1/2}Z_2}{Z_{1\text{F}}}g_0 = \frac{Z_3{}^{1/2}Z_c}{Z_{1\text{FP}}}g_0 \quad (3.102)$$

というよく知られた関係式で表示される．すなわち BRST 対称性により，1 つの結合定数で全ての場のゲージ結合が規定されることになる．

(3.100)で相殺ラグランジアン $\mathcal{L}_\text{c}$ を

$$\mathcal{L}_{\text{eff}} \equiv \bar{\psi}i\gamma^\mu(\partial_\mu - igA_\mu{}^aT^a)\psi - m\bar{\psi}\psi - \frac{1}{4}(\partial_\mu A_\nu{}^a - \partial_\nu A_\mu{}^a + gf^{abc}A_\mu{}^bA_\nu{}^c)^2$$
$$+B^a\partial^\mu A_\mu{}^a + \frac{\xi}{2}(B^a)^2 + i\partial^\mu\bar{c}^a(\delta^{ac}\partial_\mu + gf^{abc}A_\mu{}^b)c^c + \mathcal{L}_\text{c} \quad (3.103)$$

と定義すると，$\mathcal{L}_{\text{eff}}$ で最後の $\mathcal{L}_\text{c}=0$ とした部分で摂動展開が定義され，発散は相殺項 $\mathcal{L}_\text{c}$ および(裸の)Green 関数の外線の波動関数のくり込み(3.98)に全て吸収されることになる(**くり込まれた摂動展開法**)．(3.100)の特徴は，ゲージ固定項 $B\partial^\mu A_\mu + (\xi/2)(B)^2$ に対しては相殺ラグランジアンが現われないことである．これは，$B^a(x)$ は(3.100)の 3 点以上の相互作用項に含まれていないので，摂動計算の枠内ではこれらのゲージ固定項に発散が誘起されないことによる．同じ理由で(3.87)の γ 項も，$\gamma=0$ としておけば高次効果で誘起されることはない．したがって(3.100)は実質的には BRST 不変で大局的 $SU(N)$ 対称性を持つ(質量)次元 4 以下の全ての項を含んでいる理論を定義する．この意味で BRST 対称性が量子異常とか発散の除去の過程で損なわれない限り**くり込**

み可能な理論を与える．

さて，(3.98)の右辺はくり込まれた BRST 超場を定義する．くり込みにより BRST 対称性が変更されないということは，例えばくり込まれた $A_\mu{}^a(x,\theta)$ を考えると

$$A_\mu{}^a(x,\theta) = A_\mu{}^a(x)+i\theta Z_c\left[\partial_\mu c^a(x)+\frac{Z_1}{Z_3}gf^{abc}A_\mu{}^b(x)c^c(x)\right] \quad (3.104)$$

において第 1 項の(有限な)くり込まれた $A_\mu{}^a$ に BRST 変換を作用させると第 2 項の θ に比例した項が生成される．したがって，第 2 成分は摂動の各次数で有限な**複合演算子**(composite operator)を定義し，Z_c と $Z_{1\mathrm{FP}}=Z_cZ_1/Z_3$ という 2 つの定数で例えば図 3-4 の発散が相殺される必要がある((3.104)の第 2 成分を模式的に $D_\mu c$ で表示した)．図 3-4 の(a)および(b)は，(3.100)での Faddeev-Popov ゴーストの波動関数と頂点のくり込みと全く同じになり，(3.100)のくり込みがうまく行けば自動的に(3.104)の第 2 項も有限になることがわかる．ただし，図 3-4(c)のような図の場合，点線の四角で囲った部分図の発散は(3.103)の $\mathcal{L}_c$ で相殺され，(3.104)の第 2 項の複合演算子に現われるくり込み定数で相殺する必要はない．同様に，(3.98)の $\phi(x,\theta), c^a(x,\theta)$ の第 2 成分に現われる複合演算子は(3.101)の $Z_{1\mathrm{FP}}$ で発散が全て相殺される必要がある(4-2 節参照)．

一般の場の変数のくり込みは，(3.98)の超場からわかるように有限な変数あるいは(複合)演算子で表わすと，例えば，

$$A_\mu{}^a(x)_0 = \sqrt{Z_3}A_\mu{}^a(x), \qquad (D_\mu c)^a(x)_0 = \sqrt{Z_3}(D_\mu c)^a(x) \quad (3.105)$$

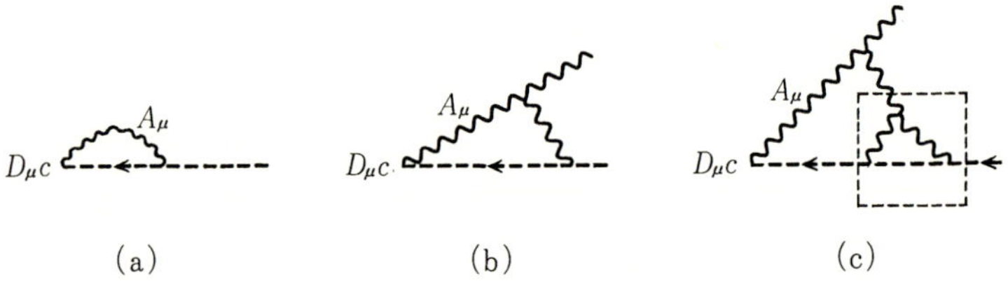

図 3-4

と BRST 超場の第1と第2成分は同じ定数 $\sqrt{Z_3}$ でスケール変換される．したがってくり込まれた有限な Green 関数の生成汎関数を定義するには，例えば，(3.93)の $\mathcal{L}_J{}'$ で $J_a{}^\mu$ と $K_a{}^\mu$ を

$$J_a{}^\mu(x)_0 = J_a{}^\mu(x)/\sqrt{Z_3}, \qquad K_a{}^\mu(x)_0 = K_a{}^\mu(x)/\sqrt{Z_3} \tag{3.106}$$

のようにくり込まれた源へ変換し $W(J\,;K)\equiv W(J_0\,;K_0)$ と定義すればよいことがわかる．(3.96)の W から Γ への Legendre 変換で導入される c 数の場は(3.98)と同様にスケール変換され，Γ はくり込まれた変数の汎関数とも見なされる．このとき，くり込まれた変数で書いた ST 恒等式(3.97)ではくり込み定数が相殺され，裸の関係式と全く同じ形を持つことになる．

具体的には(3.96)の1粒子既約な頂点関数の生成汎関数 Γ は一般に

$$\begin{aligned}\Gamma &= \int dxdyA_\mu{}^a(x)_0\Gamma_{ab}{}^\mu(x,y)_0B^b(y)_0+\int dxdyc^a(x)_0\Gamma_{a\mu}{}^b(x,y)_0K_b{}^\mu(y)_0\\ &\quad +\int dxdy\bar{c}^a(x)_0\Gamma_{ab}(x,y)_0c^b(y)_0+\int dxdyA_\mu{}^a(x)_0\Gamma_{ab}{}^{\mu\nu}(x,y)_0A_\nu{}^b(y)_0+\cdots\\ &= \int dxdyA_\mu{}^a(x)[\Gamma_{ab}{}^\mu(x,y)_0]B^b(y)+\int dxdyc^a(z)[Z_c\Gamma_{a\mu}{}^b(x,y)_0]K_b{}^\mu(y)\\ &\quad +\int dxdy\bar{c}^a(x)[Z_c\Gamma_{ab}(x,y)_0]c^b(y)+\int dxdyA_\mu{}^a(x)[Z_3\Gamma_{ab}{}^{\mu\nu}(x,y)_0]A_\nu{}^b(y)\\ &\quad +\cdots\end{aligned} \tag{3.107}$$

と展開される．この第2のくり込まれた変数の係数として定義される頂点関数，例えば $Z_3\Gamma_{ab}{}^{\mu\nu}(x,y)_0$ が摂動の各次数で有限となり，しかも(3.97)の関係を摂動(詳しくは $\hbar$ のベキで勘定される Feynman 図のループの数に関する)展開の各次数で満たすようくり込みの操作を行なう必要がある．

ST 恒等式の具体例

まず(3.97)を $B^b(y)$ と $c^c(z)$ で微分した後に全ての変数を0とおくと

$$\int dx\frac{\delta^2\Gamma}{\delta c^c(z)\delta K_a{}^\mu(x)}\frac{\delta^2\Gamma}{\delta A_\mu{}^a(x)\delta B^b(y)} = \frac{\delta^2\Gamma}{\delta\bar{c}^b(y)\delta c^c(z)} \tag{3.108}$$

が得られる．ただし，フェルミオン数とかゴースト数の保存から0となる頂点関数(例えば $\delta^2\Gamma/\delta c^a(x)\delta B^b(y)|_{c=B=0}=0$)は(3.108)に寄与しない．(3.108)はくり込んだ場で書いた(3.90)，

$$iZ_c\langle \mathrm{T}^*\bar{c}^a(x)(D_\mu c)^b(y)\rangle = \langle \mathrm{T}^* B^a(x) A_\mu{}^b(y)\rangle \tag{3.109}$$

の両辺に $\langle \mathrm{T}^* BA_\mu\rangle$ および $\langle \mathrm{T}^*\bar{c}c\rangle$ の逆を同時に掛けた関係式と一致する．現在の理論(3.100)では(3.109)の左辺を y に関して微分した式で $\bar{c}^b(y)$ に関する運動方程式を使うと（T* 積は経路積分表示では微分と交換するとしてよいので）

$$\begin{aligned} iZ_c\langle \mathrm{T}^*\bar{c}^a(x)\partial^\mu(D_\mu c)^b(y)\rangle &= -\int d\mu \bar{c}^a(x)\frac{\delta S_{\mathrm{eff}}}{\delta \bar{c}^b(y)}e^{iS_{\mathrm{eff}}} \\ &= -i\int d\mu \frac{\delta}{\delta \bar{c}^b(y)}\{\bar{c}^a(x)e^{iS_{\mathrm{eff}}}\} + i\delta^{ab}\delta^4(x-y) \\ &= i\delta^{ab}\delta^4(x-y) \end{aligned} \tag{3.110}$$

となり，(3.109)はテンソルの足の構造を考えることにより

$$i\frac{\partial_\mu{}^y}{(\partial_\nu{}^y)^2}\delta^4(x-y)\delta^{ab} = \langle \mathrm{T}^* B^a(x) A_\mu{}^b(y)\rangle \tag{3.111}$$

を与える．(3.89)を考慮すると $B^a(x)$ を含む 2 点関数は(3.111)に限られ，(3.111)の逆は

$$\frac{\delta^2\Gamma}{\delta A_\mu{}^b(y)\delta B^c(z)} = -\partial_\mu{}^y\delta^4(y-z)\delta^{bc} \tag{3.112}$$

で与えられ，$A_\mu - B$ 頂点は高次の補正を一切受けないことを示す．現在の理論(3.100)では，(3.108)の内容は(3.112)と(3.110)で尽くされる．

次に，(3.97)を $A_\nu{}^b(y)$ と $c^c(z)$ で微分した後すべての変数を 0 とおくと

$$\int dx \frac{\delta^2\Gamma}{\delta c^c(z)\delta K_a{}^\mu(x)}\frac{\delta^2\Gamma}{\delta A_\mu{}^a(x)\delta A_\nu{}^b(y)} = 0 \tag{3.113}$$

が得られる．この式はテンソルの構造から最初の因子が微分に比例するので

$$\partial_\mu{}^x\frac{\delta^2\Gamma}{\delta A_\mu{}^a(x)\delta A_\nu{}^b(y)} \equiv \partial_\mu{}^x \Pi_{ab}{}^{\mu\nu}(x-y) = 0 \tag{3.114}$$

を与える．すなわち，ゲージ場の分極テンソル $\Pi_{ab}{}^{\mu\nu}$ は横波的であり，(3.51)の $D_{\mathrm{F}}{}^{(0)ab}(x-y)_{\mu\nu}$ の ξ に比例する部分はくり込まれた ξ を使えばそれ以上の量子補正を受けず正確な $D_{\mathrm{F}}{}^{ab}(x-y)_{\mu\nu}$ も同じ形をもつ((2.157)参照)．(3.114)はまた(3.89)の分析からも結論される．

以上議論してきたBRST 対称性およびそれから導かれるST 関係式は，次元正則化などで対称性を損なわずに有限化した理論では満たされている．$1/\varepsilon=1/(2-D/2)$ のベキで表わされる発散部分および残りの有限部分もそれぞれST 関係式を満たすと考えられる．ただし，ε に関する極のみを取り去る**最小引算**を超えて有限なくり込みを行なうときには，有限部分がST 恒等式(3.97)を満たすよう計算を進める必要がある．

3-7 BRST コホモロジーとユニタリー性

LSZ 公式によりGreen 関数と S 行列の要素を結びつけるときに漸近場という概念が重要となる((2.125)参照)．まず，くり込まれたゲージ場の伝搬関数は(3.114)に注意すれば(2.157)と同様に

$$\int dx e^{ikx}\langle \mathrm{T}^* A_\mu{}^a(x) A_\nu{}^b(0)\rangle = (-i)\left[\frac{g_{\mu\nu}-k_\mu k_\nu/k^2}{(k^2+i\epsilon)(1+\Pi(k^2))}+\xi\frac{k_\mu k_\nu}{k^4}\right]\delta^{ab} \tag{3.115}$$

と書ける．赤外発散は処理されるものとし素朴な議論を続けると，$Z_3{}'=(1+\Pi(0))^{-1}$ と定義して有限なくり込み $A_\mu{}^a(x)\to\sqrt{Z_3{}'}A_\mu{}^a(x)$ を行なう．このとき質量殻の近傍 $k^2\approx 0$ で漸近場は

$$\int dx e^{ikx}\langle \mathrm{T}^* A_\mu{}^a(x)_{\mathrm{as}} A_\nu{}^b(0)_{\mathrm{as}}\rangle = (-i)\left[\frac{g_{\mu\nu}-k_\mu k_\nu/k^2}{k^2+i\epsilon}+\xi'\frac{k_\mu k_\nu}{k^4}\right]\delta^{ab} \tag{3.116}$$

で定義される．ユニタリー性の議論では $\xi'=\xi/Z_3{}'=1$ と選んでも一般性が失われないことが3-8節で示されるので，以後 $\xi'=1$ と選ぶことにする．同様に(3.109)と(3.111)からくり込まれた漸近場は

$$\begin{aligned}(-i)\int dx e^{ikx}\partial_\mu{}^x\langle \mathrm{T}^* c^a(x)_{\mathrm{as}}\bar{c}^b(0)_{\mathrm{as}}\rangle &= \int dx e^{ikx}\langle \mathrm{T}^* A_\mu{}^a(x)_{\mathrm{as}} B^b(0)_{\mathrm{as}}\rangle \\ &= \delta^{ab}k_\mu/(k^2+i\epsilon)\end{aligned} \tag{3.117}$$

で定義される．ただし，上記の $A_\mu{}^a(x)$ の有限なくり込みと同時に $c^a(x)_{\mathrm{as}}\to$

$\sqrt{Z_3'}c^a(x)_{\rm as}$，$\bar{c}^a(x)_{\rm as}\to\bar{c}^a(x)_{\rm as}/\sqrt{Z_3'}$ および $B^a(x)_{\rm as}\to B^a(x)_{\rm as}/\sqrt{Z_3'}$ というくり込みを行なった．フェルミオンの扱いは(2.125)と同じになる．

漸近場はラグランジアンに現われる場で尽くされるという**漸近的完全性**(asymptotic completeness)を仮定すると，(3.61)において相互作用が切断された領域での漸近場は BRST 超場(3.82)の記法で書くと

$$\begin{aligned}
A_\mu{}^a(x,\theta)_{\rm as} &= A_\mu{}^a(x)_{\rm as}+i\theta\partial_\mu c^a(x)_{\rm as}\\
c^a(x,\theta)_{\rm as} &= c^a(x)_{\rm as}\\
\bar{c}^a(x,\theta)_{\rm as} &= \bar{c}^a(x)_{\rm as}+\theta B^a(x)_{\rm as}\\
\psi(x,\theta)_{\rm as} &= \psi(x)_{\rm as}
\end{aligned}\tag{3.118}$$

で尽くされる*．また，$B^a(x)$ に対する運動方程式から $B^a(x)_{\rm as}=-(1/\xi')\partial^\mu A_\mu{}^a(x)_{\rm as}=-\partial^\mu A_\mu{}^a(x)_{\rm as}$ という関係がでる．(3.118)からフェルミオン $\psi(x)_{\rm as}$ は θ に比例する第 2 成分をもたず BRST 不変な場となり通常の扱いと同じになるので以下では省略する．$c^a(x,\theta)_{\rm as}$ も BRST 不変となるが，$A_\mu{}^a(x,\theta)_{\rm as}$ の第 2 成分として含まれるので $c^a(x)_{\rm as}$ を独立に考える必要はない．

ここでゲージ場の分極ベクトルを，4 元運動量を $k_\mu=(\omega,0,0,k)$，$\omega=|k|>0$，と選んだとき

$$\begin{aligned}
&\epsilon_\mu{}^{(1)}(k)=(0,1,0,0),\qquad \epsilon_\mu{}^{(2)}(k)=(0,0,1,0)\\
&\epsilon_\mu{}^{\rm L}(k)=k_\mu,\qquad \epsilon_\mu{}^{\rm S}(k)=(\omega,0,0,-k)/2\omega^2
\end{aligned}\tag{3.119}$$

のように定義すると

$$\begin{aligned}
&\epsilon_\mu{}^{(\alpha)}(k)\epsilon^{(\beta)}(k)^\mu=-\delta_{\alpha\beta},\qquad \alpha,\beta=1,2\\
&\epsilon_\mu{}^{\rm L}(k)\epsilon^{\rm S}(k)^\mu=(\omega^2+k^2)/2\omega^2=1\\
&\epsilon_\mu{}^{(\alpha)}(k)\epsilon^{\rm S}(k)^\mu=\epsilon_\mu{}^{(\alpha)}(k)\epsilon^{\rm L}(k)^\mu=0,\qquad \alpha=1,2\\
&\epsilon_\mu{}^{\rm L}(k)\epsilon^{\rm L}(k)^\mu=\epsilon_\mu{}^{\rm S}(k)\epsilon^{\rm S}(k)^\mu=0\\
&-g_{\mu\nu}=\epsilon_\mu{}^{(1)}(k)\epsilon_\nu{}^{(1)}(k)+\epsilon_\mu{}^{(2)}(k)\epsilon_\nu{}^{(2)}(k)-\epsilon_\mu{}^{\rm L}(k)\epsilon_\nu{}^{\rm S}(k)-\epsilon_\mu{}^{\rm S}(k)\epsilon_\nu{}^{\rm L}(k)
\end{aligned}\tag{3.120}$$

などの関係式が成立する．一般に質量殻上の粒子を記述する漸近場を，例えば，

---

* Yang-Mills 理論(例えば QCD)では粒子の閉じ込め(confinement)が起こると考えられており，素朴な漸近場は存在しないと考えられる．以下の議論は摂動的 QCD とか Higgs 機構を用いた Weinberg-Salam 理論に適用される．漸近場は入射場(in-field)を意味するものとする．

$$A_\mu{}^a(x)_{\rm as} = \int\frac{d^3k}{\sqrt{(2\pi)^3 2\omega}}\left[A_\mu{}^a(k)e^{-ik_\mu x^\mu}+A_\mu{}^a(k)^\dagger e^{ik_\mu x^\mu}\right] \qquad (3.121)$$

と展開すると，$\omega=k_0=|\boldsymbol{k}|$ として時間依存性 $\exp[i\omega t]$ を持つ**負の振動数部分** $A_\mu{}^a(x)_{\rm as}{}^{(-)}$ が粒子の生成演算子を与える．(3.119)の分極ベクトルを使うと，(3.121)の運動量成分は

$$\begin{aligned}A_\mu{}^a(k)^\dagger \equiv\ & \epsilon_\mu{}^{(1)}(k)A_{(1)}{}^a(k)^\dagger+\epsilon_\mu{}^{(2)}(k)A_{(2)}{}^a(k)^\dagger+i\epsilon_\mu{}^{\rm L}(k)A_{\rm L}{}^a(k)^\dagger \\ & +i\epsilon_\mu{}^{\rm S}(k)A_{\rm S}{}^a(k)^\dagger\end{aligned} \qquad (3.122)$$

のように展開できる．(3.121)と同様に $B^a(x)_{\rm as}$，$c^a(x)_{\rm as}$，$\bar{c}^a(x)_{\rm as}$ を運動量成分に展開すると，(3.116)で $\xi'=1$ としたものおよび(3.117)から(付録 B の BJL 処方を用いて)

$$\begin{aligned}[A_{(\alpha)}{}^a(k), A_{(\beta)}{}^b(k')^\dagger] &= \delta^{ab}\delta_{\alpha\beta}\delta^3(\boldsymbol{k}-\boldsymbol{k}'), \qquad \alpha,\beta=1,2 \\ [A_{\rm L}{}^a(k), A_{\rm S}{}^b(k')^\dagger] &= -\delta^{ab}\delta^3(\boldsymbol{k}-\boldsymbol{k}') \\ \{c^a(k), \bar{c}^b(k')^\dagger\} &= i\delta^{ab}\delta^3(\boldsymbol{k}-\boldsymbol{k}') \\ B^a(k)^\dagger &= A_{\rm S}{}^a(k)^\dagger\end{aligned} \qquad (3.123)$$

が結論され，これら以外の(反)交換関係は 0 となる．(3.123)から横波状態 $A_{(\alpha)}{}^a(k)^\dagger|0\rangle$，$\alpha=1,2$，は正定値の内積(あるいは**正の計量**)

$$\langle 0|A_{(\alpha)}{}^a(k)A_{(\beta)}{}^b(k')^\dagger|0\rangle = \delta^{ab}\delta_{\alpha\beta}\delta^3(\boldsymbol{k}-\boldsymbol{k}') \qquad (3.124)$$

を持つが，他の組み合わせは**不定計量**を持つことがわかる．

(3.118)に特徴的なことは(以下添字 asymptotic は省略して)

$$\begin{aligned}A_{\rm L}{}^a(x,\theta)^{(-)} &= A_{\rm L}{}^a(x)^{(-)}+i\theta c^a(x)^{(-)} \\ \bar{c}^a(x,\theta)^{(-)} &= \bar{c}^a(x)^{(-)}+\theta B^a(x)^{(-)}\end{aligned} \qquad (3.125)$$

のように，$A_{\rm L}{}^a(k)^\dagger$ を含む**縦波**の負の振動数部分 $A_{\rm L}{}^a(x)^{(-)}$ とスカラー成分の負の振動数部分 $\partial^\mu A_\mu{}^a(x)^{(-)}=-B^a(x)^{(-)}$ が $c^a(x)^{(-)}$，$\bar{c}^a(x)^{(-)}$ と共に θ に比例する第 2 成分が 0 でない**非自明な BRST 超場**をつくることである．ここで次の補助定理を証明する．

[**補助定理**]

一般に $A_{\rm L}{}^a(x,\theta)^{(-)}$ とか $\bar{c}^a(x,\theta)^{(-)}$ のように第 2 成分が 0 でない非自明な BRST 超場から作られる状態

$$A_{\rm L}{}^{a_1}(x_1,\theta_1)^{(-)}\cdots A_{\rm L}{}^{a_l}(x_l,\theta_l)^{(-)}\bar{c}^{a_{l+1}}(x_{l+1},\theta_{l+1})^{(-)}\cdots\bar{c}^{a_n}(x_n,\theta_n)^{(-)}|0\rangle$$

は(内部自由度の添字は略して) 2^n 個の線形独立な状態

$$\begin{aligned}&E_{j_1\cdots j_k}(x_1,\cdots,x_n)|0\rangle\\&F_{j_1\cdots j_k}(x_1,\cdots,x_n)|0\rangle\end{aligned}\tag{3.126}$$

で張られ((3.131)参照)，BRST 演算子 Q (3.74)に対してこれらの状態は

$$\begin{aligned}&QE_{j_1\cdots j_k}(x_1,\cdots,x_n)|0\rangle=F_{j_1\cdots j_k}(x_1,\cdots,x_n)|0\rangle\\&QF_{j_1\cdots j_k}(x_1,\cdots,x_n)|0\rangle=0\end{aligned}\tag{3.127}$$

と変換される．

［証明］

$$W^{(n,l)}(\theta_1,\cdots,\theta_n)\equiv A_{\rm L}(x_1,\theta_1)^{(-)}\cdots A_{\rm L}(x_l,\theta_l)^{(-)}\bar{c}(x_{l+1},\theta_{l+1})^{(-)}\cdots\bar{c}(x_n,\theta_n)^{(-)}$$

は BRST 変換(3.83)の下で

$$e^{\lambda Q}W^{(n,l)}(\theta_1,\cdots,\theta_n)e^{-\lambda Q}=W^{(n,l)}(\theta_1+\lambda,\cdots,\theta_n+\lambda)\tag{3.128}$$

と変換される．また $W^{(n,l)}$ は 2^n 個の Grassmann 数の基底(base)で

$$W^{(n,l)}{}_{(\theta_1,\cdots,\theta_n)}=\sum_{(j_1,\cdots,j_k)}\theta_{j_1}\cdots\theta_{j_k}D_{j_1\cdots j_k}(x_1,\cdots,x_n)\tag{3.129}$$

と一般形に展開できる．ここで新しい n 個の Grassmann 数の基底を

$$\alpha_0=\theta_1,\quad \alpha_1=\theta_2-\theta_1,\quad \cdots,\quad \alpha_{n-1}=\theta_n-\theta_{n-1}\tag{3.130}$$

で導入する．$\{\theta_j\}$ と $\{\alpha_j\}$ の間の変換(3.130)は逆が存在する．すなわち

$$\alpha_k=\sum_l c_{kl}\theta_l$$

とすると $\det c_{kl}\neq 0$．したがって(3.129)は次の一般形に書き換えられる．

$$W^{(n,l)}=\sum_{(j_1,\cdots,j_k)}\alpha_{j_1}\cdots\alpha_{j_k}[E_{j_1\cdots j_k}(x_1,\cdots,x_n)+\alpha_0F_{j_1\cdots j_k}(x_1,\cdots,x_n)]\tag{3.131}$$

ここで添字 j_1 から j_k は 0 を含まないものとする．E と F は(3.129)の D の線形結合で表わされるが，ここでは具体形は必要としない．(3.130)の $\alpha_1\sim\alpha_{n-1}$ は θ 変数の並進の下で不変なので，(3.128)は(3.131)に対しては

$$e^{\lambda Q}W^{(n,l)}e^{-\lambda Q}=\sum\alpha_{j_1}\cdots\alpha_{j_k}[E_{j_1\cdots j_k}+\lambda F_{j_1\cdots j_k}+\alpha_0F_{j_1\cdots j_k}]\tag{3.132}$$

と書かれる．すなわち

$$
\begin{aligned}
e^{\lambda Q}E_{j_1\cdots j_k}(x_1,\cdots,x_n)e^{-\lambda Q} &= E_{j_1\cdots j_k}(x_1,\cdots,x_n)+\lambda F_{j_1\cdots j_k}(x_1,\cdots,x_n) \\
e^{\lambda Q}F_{j_1\cdots j_k}(x_1,\cdots,x_n)e^{-\lambda Q} &= F_{j_1\cdots j_k}(x_1,\cdots,x_n)
\end{aligned}
\tag{3.133}
$$

が結論される．自発的対称性の破れがないとすると，$\exp[-\lambda Q]|0\rangle=|0\rangle$ なので，(3.133)から(3.127)が導かれる．

$$
\begin{aligned}
QE_{j_1\cdots j_k}(x_1,\cdots,x_n)|0\rangle &= F_{j_1\cdots j_k}(x_1,\cdots,x_n)|0\rangle \\
QF_{j_1\cdots j_k}(x_1,\cdots,x_n)|0\rangle &= 0
\end{aligned}
$$

［証明終］

上記の定理と関係したことがら 2, 3 についてコメントすると，まず，例えば座標が縮退しているとき($x_1{}^\mu = x_2{}^\mu$)

$$
\begin{aligned}
&\bar{c}^a(x_1,\theta_1)^{(-)}\bar{c}^a(x_1,\theta_2)^{(-)}|0\rangle \\
&\quad = (-\alpha_1)[B^a(x_1)^{(-)}\bar{c}^a(x_1)^{(-)}|0\rangle+\alpha_0 B^a(x_1)^{(-)}B^a(x_1)^{(-)}|0\rangle]
\end{aligned}
\tag{3.134}
$$

のように状態の数が Fermi 統計 $\bar{c}^a(x_1)^{(-)}\bar{c}^a(x_1)^{(-)}|0\rangle=0$ により減少するが，E と F の 1 対 1 対応(3.127)は保たれる．またゲージ固定が有効に行なわれていれば，(3.127)の $F|0\rangle$ 状態の線形独立性の議論から粒子数と運動量を決めた $E|0\rangle$ で張られる部分的 Fock 空間では

$$
\det[\langle 0|E_{i_1\cdots i_n}{}^\dagger QE_{j_1\cdots j_l}|0\rangle] \neq 0 \tag{3.135}
$$

が示される．例えば，$\bar{c}(k,\theta_1)^\dagger|0\rangle$ と $A_{\mathrm{L}}(k,\theta_2)^\dagger|0\rangle$ で張られる 1 粒子の空間では，$E|0\rangle$ 状態は $\bar{c}(k)^\dagger|0\rangle$ と $A_{\mathrm{L}}(k)^\dagger|0\rangle$ で与えられ

$$
\det\begin{bmatrix} 0 & \langle 0|\bar{c}(k)QA_{\mathrm{L}}(k)^\dagger|0\rangle \\ \langle 0|A_{\mathrm{L}}(k)Q\bar{c}(k)^\dagger|0\rangle & 0 \end{bmatrix} \neq 0
$$

となる．このように(3.127)の $E|0\rangle$ で張られる Fock 空間で粒子数と運動量を決めた部分空間を考えると，Q が**正則な行列**で表現され，BRST 対称性の非自明な場の理論的表現の特徴づけと見なされる．

BRST コホモロジー

次に，BRST コホモロジーを(3.118)の $A_\mu{}^a(x,\theta)_{\mathrm{as}}$，$c^a(x)_{\mathrm{as}}$，$\bar{c}^a(x,\theta)_{\mathrm{as}}$ で張られた Fock 空間で考える．$\partial^\mu A_\mu{}^a(x)_{\mathrm{as}}$ は $B^a(x)_{\mathrm{as}}$ で表わされ，$c^a(x)_{\mathrm{as}}$ は

$A_\mu{}^a(x,\theta)$ に含まれることを考慮して(運動量表示で)，**BRST** コホモロジーは

$$\mathrm{Ker}\ Q/\mathrm{Im}\ Q = \{A_\mathrm{T}{}^{a_1}(k_1)^\dagger\cdots A_\mathrm{T}{}^{a_n}(k_n)^\dagger|0\rangle\} \qquad (3.136)$$

と与えられる*．ただし，$A_\mathrm{T}{}^a(k)^\dagger$ は(3.122)の最初の2項の正定値の計量をもつ横波成分を表わす．

(3.136)で Ker Q の意味は

$$Q|n\rangle = 0 \qquad (3.137)$$

となるような BRST 不変な状態の集合を意味し，Im Q は(3.137)を満たす状態の中で，ある $|n'\rangle$ を使って

$$|n\rangle = Q|n'\rangle \qquad (3.138)$$

と書けているような状態の集合を意味する($Q^2=0$ なのでこのような状態は常に(3.137)を満たす)．Ker Q/Im Q は Ker Q から Im Q を取り去ったもの(集合の商)を意味する．まず(3.118)の超場 $A_\mu{}^a(x,\theta)$ において横波成分に対しては第2成分が0になるので，横波のみの状態は BRST 不変となる．それ以外の $A_\mu{}^a(k,\theta)^\dagger$，$\bar{c}^a(k,\theta)^\dagger$ で張られる BRST 不変な(3.137)の状態 $|n\rangle$ は(ただし，$|n\rangle$ は任意個数の横波を含んでよい)，上記の補助定理により F 成分(の Fourier 変換)で与えられるが，F 成分は(3.138)の形に E 成分で書かれるので(3.136)が結論される．

上記の BRST コホモロジーと S 行列のユニタリー性は次のように関係している．まず(3.61)の $\mathcal{L}_\mathrm{eff}$ は Hermite 的なので S 行列は通常の場の理論と同じように

$$SS^\dagger = S^\dagger S = 1 \qquad (3.139)$$

を満たす．ゲージ理論に特殊な事情は，(3.139)は一般にはゴースト場などを含むより広い(不定計量の)Fock 空間で成立していることであり，(3.136)で指定される正定値の計量のみを含む物理的状態で張られる Fock 空間で(3.139)が満たされることを示す必要がある．BRST 対称性が保たれる限り，Q はハミルトニアンと交換し $[Q,S]=0$ となるので物理的な始状態 $|\mathrm{i}\rangle\in$Ker

* フェルミオンを含めると，任意個数のフェルミオンが(3.136)の各状態につけ加わることになる．

$Q/\mathrm{Im}\,Q$ に対しては

$$QS|\mathrm{i}\rangle = SQ|\mathrm{i}\rangle = 0 \tag{3.140}$$

となる．したがって

$$S|\mathrm{i}\rangle = \sum_n |n\rangle S_{n\mathrm{i}}, \qquad \text{ただし} \sum_n Q|n\rangle S_{n\mathrm{i}} = 0 \tag{3.141}$$

の形に書くと，$|n\rangle = E_l|0\rangle$ の形の状態は $QE_l|0\rangle = F_l|0\rangle$ の線形独立性(3.135)により，(3.141)に現われることができず，(3.141)で**全て**の $|n\rangle \in \mathrm{Ker}\,Q$ となる．これらの状態のうち，$|n\rangle = Q|n'\rangle$ の形の状態は(3.139)の行列要素

$$\sum_n \langle \mathrm{f}|S^\dagger|n\rangle S_{n\mathrm{i}} = \langle \mathrm{f}|\mathrm{i}\rangle \tag{3.142}$$

には，$\langle \mathrm{f}| \in \mathrm{Ker}\,Q/\mathrm{Im}\,Q$ なら $\langle \mathrm{f}|S^\dagger Q = \langle \mathrm{f}|QS^\dagger = 0$ となり効かない．以上から，BRST 対称性がくり込みの過程で損なわれない限り，S 行列のユニタリー性(3.139)は物理的な Fock 空間(3.136)の中で保証されることになる*.

このBRST コホモロジーの考察は，(2.88)において Faddeev-Popov の行列式をゴースト場 c と $\bar{c}$ を使ってラグランジアンに $i\partial^\mu \bar{c}\partial_\mu c$ をつけ加えた形に定式化すれば，第2章の QED のユニタリー性の証明にも適用できる．

3-8 散乱振幅のゲージ条件非依存

ゲージ理論においては，S 行列はゲージ条件に依存してはならない．この事実は経路積分の枠内では(2.138)で説明したが，BRST 対称性の立場からは Schwinger の作用原理に基づき次のように示される．(3.61)の $\mathcal{L}_{\mathrm{eff}}$ に基づく理論で ξ を無限小だけ変化させると，$|\mathrm{i}\rangle$ および $\langle \mathrm{f}|$ を BRST 不変な横波状態(3.136)で張られる物理的状態として

$$\frac{\delta}{\delta\xi}\langle \mathrm{f,out}|\mathrm{i,in}\rangle = \frac{i}{2}\int d^4x \langle \mathrm{f,out}|B^a(x)^2|\mathrm{i,in}\rangle$$

* 一般論としては，任意の理論で Ker Q/Im Q が正定値の計量を持つ物理的状態のみから成るということは BRST 対称性のみからは証明できない(例えば，2次元量子重力理論).

$$= \frac{i}{2}\int d^4x \langle \mathrm{f, out}|\{Q, \bar{c}^a(x)B^a(x)\}_+|\mathrm{i, in}\rangle = 0 \quad (3.143)$$

となり，物理的散乱振幅はゲージパラメタ ξ に依存しない．したがって，BRST コホモロジーおよびユニタリー性の議論にさいして，(3.116)で $\xi'=1$ と選んだことが正当化される．ただし，漸近場を定義するときに，波動関数のくり込み定数は一般にゲージに依存するので Green 関数から S 行列に移るときには注意深い扱いが必要となる．

3-9 切断則

質量 0 の粒子を含む現在の理論(例えば QCD)ではユニタリー性の議論においても赤外発散の扱いが重要になる．本書では，赤外発散は摂動の各次数で木下-Lee-Nauenberg(KLN)の処方により，**断面積**と結びつける段階で処理できる(4-3 節参照)と仮定し，素朴な議論を続けることにする．

以下で，3-7 節の一般論と通常の Feynman 図に基づく切断則(cutting rule または Landau-Cutkosky rule)の関係を簡単に説明したい．まず S 行列から

$$\langle \mathrm{f}|S|\mathrm{i}\rangle = \delta_{\mathrm{fi}} + i(2\pi)^4\delta^4(P_{\mathrm{f}}-P_{\mathrm{i}})\langle \mathrm{f}|T|\mathrm{i}\rangle \quad (3.144)$$

と T 行列を導入すると，ユニタリー性の関係式 $S^\dagger S=1$ は

$$2\,\mathrm{Abs}\langle \mathrm{f}|T|\mathrm{i}\rangle \equiv i[\langle \mathrm{f}|T^\dagger|\mathrm{i}\rangle - \langle \mathrm{f}|T|\mathrm{i}\rangle]$$
$$= \sum_n \int \frac{d^3k_1}{(2\pi)^3 2k_{10}} \cdots \frac{d^3k_n}{(2\pi)^3 2k_{n0}} (2\pi)^4\delta^4(P_{\mathrm{i}}-P_n)\langle \mathrm{f}|T^\dagger|n\rangle\langle n|T|\mathrm{i}\rangle \quad (3.145)$$

と書くことができる．左辺は**吸収**(absorptive)**部分**と呼ばれる．このユニタリー性の関係式が物理的な横波成分のみで張られた Fock 空間で成立することが必要になる．Feynman 図で与えられた $\langle \mathrm{f}|T|\mathrm{i}\rangle$ から $2\,\mathrm{Abs}\langle \mathrm{f}|T|\mathrm{i}\rangle$ を導くには，Feynman 図を任意の縦の線で図 3-5 のように 2 つに切り(図 3-5 では 2 粒子からなる中間状態を示す)，切られた各伝搬関数を(一般の粒子に対しては)

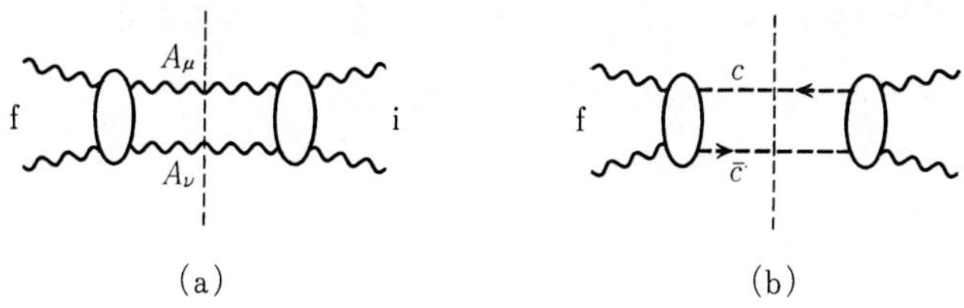

図 3-5

$$\frac{i}{k^2-m^2+i\epsilon}\frac{d^4k}{(2\pi)^4} \to \frac{d^4k}{(2\pi)^3}\delta^{(+)}(k^2-m^2) \equiv \frac{d^3k}{(2\pi)^3 2k_0} \qquad (3.146)$$

で置き換え，f 側の図の中では Feynman 則に現われる虚数符号 i を $-i$ に(特に Feynman の $i\epsilon$ を $-i\epsilon$ に)置き換えればよい(切断則)．また，外線の伝搬関数に関しては LSZ 処方(2.129)により極を取り除き，(3.119)の**物理的な**分極ベクトル $\epsilon_\mu{}^{(\alpha)}(k)$，$\alpha=1,2$，などを掛けるものとする．これらの処方は Dyson 公式(2.74)および $S^\dagger S=1$ からも予想されるものである．

ここでは例として図 3-5 を摂動のループが 1 つの最低次の場合と考えて議論する．まず 3-8 節の議論を使ってゲージパラメタを $\xi=1$ の Feynman ゲージに調整する．このとき

$$\frac{-ig_{\mu\nu}}{k^2+i\epsilon}\frac{d^4k}{(2\pi)^4} \to \frac{d^3k}{(2\pi)^3 2k_0}(-g_{\mu\nu}) \qquad (3.147)$$

に(3.120)の最後の式を使うと，対応するゴースト場の表式と組み合わせて図 3-5 の 2 つの図からの寄与は一般形として，

$$\begin{aligned}&\langle \mathrm{f}|A_\mathrm{T}A_\mathrm{T}\rangle\rho_1\langle A_\mathrm{T}A_\mathrm{T}|\mathrm{i}\rangle+\langle \mathrm{f}|A_\mathrm{T}A_\mathrm{L}\rangle\rho_2\langle A_\mathrm{T}A_\mathrm{S}|\mathrm{i}\rangle\\ &+\langle \mathrm{f}|A_\mathrm{T}A_\mathrm{S}\rangle\rho_2\langle A_\mathrm{T}A_\mathrm{L}|\mathrm{i}\rangle+\langle \mathrm{f}|A_\mathrm{L}A_\mathrm{S}\rangle\rho_3\langle A_\mathrm{S}A_\mathrm{L}|\mathrm{i}\rangle\\ &+\langle \mathrm{f}|A_\mathrm{L}A_\mathrm{L}\rangle\rho_4\langle A_\mathrm{S}A_\mathrm{S}|\mathrm{i}\rangle+\langle \mathrm{f}|A_\mathrm{S}A_\mathrm{S}\rangle\rho_5\langle A_\mathrm{L}A_\mathrm{L}|\mathrm{i}\rangle\\ &+\langle \mathrm{f}|\bar{c}c\rangle\rho_6\langle c\bar{c}|\mathrm{i}\rangle \qquad (3.148)\end{aligned}$$

の形に書ける．ただし，ρ は中間状態に現われる 2 粒子の位相空間の体積(および ± 1 の計量)を意味する．このとき(3.120)から非対角項 $\epsilon_\mu{}^\mathrm{L}$ と $\epsilon_\mu{}^\mathrm{S}$ が結ばれることがわかる．ここで ST 恒等式

$$\begin{aligned}&\langle 0|\mathrm{T}^*B^a(x)B^b(y)|\mathrm{i}\rangle = \langle 0|\mathrm{T}^*\{Q,\bar{c}^a(x)B^b(y)\}|\mathrm{i}\rangle = 0\\&\langle A_\mathrm{T}|B^a(x)|\mathrm{i}\rangle = \langle A_\mathrm{T}|\{Q,\bar{c}^a(x)\}|\mathrm{i}\rangle = 0\end{aligned} \qquad (3.149)$$

に(3.51)の $\langle \mathrm{T}^*B^a(x)A_\mu{}^b(y)\rangle = iD_\mu{}^{ab} \sim \langle \mathrm{T}^*A_\mathrm{S}{}^a(x)A_\mathrm{L}{}^b(y)\rangle$ を組み合わせると，(3.149)および $\langle \mathrm{f}|$ を含む同様な式から LSZ 公式により

$$\langle A_\mathrm{L}A_\mathrm{L}|\mathrm{i}\rangle = \langle A_\mathrm{T}A_\mathrm{L}|\mathrm{i}\rangle = \langle \mathrm{f}|A_\mathrm{L}A_\mathrm{L}\rangle = \langle \mathrm{f}|A_\mathrm{L}A_\mathrm{T}\rangle = 0 \qquad (3.150)$$

が結論される．したがって(3.148)の第1項の物理的な項以外の項は

$$\begin{aligned}&\langle \mathrm{f}|A_\mathrm{L}A_\mathrm{S}\rangle\rho_3\langle A_\mathrm{S}A_\mathrm{L}|\mathrm{i}\rangle + \langle \mathrm{f}|c\bar{c}\rangle\rho_6\langle\bar{c}c|\mathrm{i}\rangle\\&\quad = \langle \mathrm{f}|\{|A_\mathrm{L}A_\mathrm{S}\rangle\rho_3\langle A_\mathrm{S}A_\mathrm{L}|\mathrm{i}\rangle + |c\bar{c}\rangle\rho_6\langle\bar{c}c|\mathrm{i}\rangle\}\end{aligned} \qquad (3.151)$$

と与えられる．さらに(3.141)から，(3.151)の｛ ｝の中味は

$$Q|A_\mathrm{L}\bar{c}\rangle = |A_\mathrm{L}A_\mathrm{S}\rangle + |c\bar{c}\rangle \qquad (3.152)$$

に比例する必要がある．すなわち

$$\rho_3\langle A_\mathrm{S}A_\mathrm{L}|\mathrm{i}\rangle = \rho_6\langle\bar{c}c|\mathrm{i}\rangle \qquad (3.153)$$

となる．このとき，$\langle \mathrm{f}|Q|A_\mathrm{L}\bar{c}\rangle = \langle \mathrm{f}|A_\mathrm{L}A_\mathrm{S}\rangle + \langle \mathrm{f}|c\bar{c}\rangle = 0$ から(3.151)は0となり，ループが1つの Feynman 図における**ゴースト(非物理的成分)の相殺**が成立する．すなわち，図3-5の中間状態には(3.148)の第1項の物理的成分のみが寄与し，ユニタリー性の関係式(3.145)が物理的な横波成分のみで張られた Fock 空間で成立することになる．

4

強い相互作用のゲージ理論——QCD

強い相互作用のゲージ理論(quantum chromodynamics(QCD))の中心テーマはカイラル対称性，漸近自由性およびクォークの閉じ込めといえる．また強結合理論を扱う格子ゲージ理論も重要となる．これらの基本を簡単に説明する．

4-1 クォークとグルーオン

核子などの強い相互作用をする粒子(hadron)の基本的構成要素は，**クォーク**と呼ばれるスピン 1/2 のフェルミオンであり，現在 6 つのクォークが確認されている．これらは

$$d(-1/3),\quad u(2/3),\quad s(-1/3),\quad c(2/3),\quad b(-1/3),\quad t(2/3) \tag{4.1}$$

のように **d**own, **u**p, **s**trange, **c**harm, **b**ottom, **t**op と英語の頭文字で記される．$d(-1/3)$ は電荷が電子電荷を単位として $-|e|/3$ の荷電粒子であることを示す．クォークを用いると核子とか中間子は

$$p=(uud),\quad n=(ddu),\quad \Lambda=(sdu)$$
$$\pi^+=(u\bar{d})/\sqrt{2},\quad \pi^0=(u\bar{u}-d\bar{d})/2,\quad \pi^-=(\bar{u}d)/\sqrt{2} \tag{4.2}$$

$$\eta=(u\bar{u}+d\bar{d}-2s\bar{s})/\sqrt{12}, \qquad \eta'=(u\bar{u}+d\bar{d}+s\bar{s})/\sqrt{6}$$

のように模式的に書かれる．フェルミオンである陽子 p とか中性子 n は 3 個のクォークから，また π とか η などのボソンである中間子はクォーク q と反クォーク $\bar{q}$ 対から成る．

これらのクォークの間に働く力を媒介するのが群 $SU(3)$ に属する Yang-Mills 場であり，基本的ラグランジアンは

$$\mathcal{L}=\sum_j[\bar{q}_j i\gamma^\mu(\partial_\mu-igA_\mu{}^a T^a)q_j-m_j\bar{q}_j q_j]-\frac{1}{4}F_{\mu\nu}{}^a F^{a\mu\nu}+\mathcal{L}_{\mathrm{g}} \qquad (4.3)$$

と与えられる．q_j $(j=1\sim6)$ は(4.1)の 6 個のクォークを表わし，$\mathcal{L}_{\mathrm{g}}$ は(3.47)のゲージ固定項および Faddeev-Popov 項である．Hermite 行列 T^a は 3 行 3 列の $SU(3)$ の 8 個の生成演算子であり，ゲージ場 $A_\mu{}^a$ $(a=1\sim8)$ は $SU(3)$ の随伴表現に属する．各クォーク q は

$$u=\begin{pmatrix}u_1\\u_2\\u_3\end{pmatrix}, \qquad d=\begin{pmatrix}d_1\\d_2\\d_3\end{pmatrix}, \qquad \cdots \qquad (4.4)$$

といったように，$SU(3)$ の 3 次元表現($\bar{q}$ は 3^* 表現)に属する．この q の持つ新しい 3 つの内部自由度が**色(color)の自由度**と呼ばれ，その力学が**量子色力学**(QCD)と呼ばれる．q の色の内部自由度が変化するときにゲージ場 $A_\mu{}^a$ が放出あるいは吸収され，ゲージ場の交換が Coulomb 力の一般化を与える．この理由で $A_\mu{}^a$ は**グルーオン**(gluon)と呼ばれる(図 4-1 参照)．π 中間子とか核子などの観測される粒子は全て色の $SU(3)$ の 1 重項に属する．すなわち，色の自由度は外からは見えず全て無色ということになる．色の自由度を直接運ぶ q とか $A_\mu{}^a$ は外に出てこない，すなわち**クォークの閉じ込め**が起こっていることになる．図 4-1 で，q と $\bar{q}$ の間に Coulomb 力において，$e\to gT^a$，$(-e)\to$

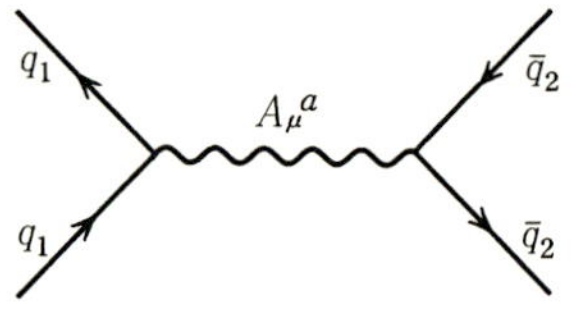

図 4-1

$(-gT^{a*})$ と置き換えた

$$V(r) = \frac{g^2}{4\pi r}\sum_a T^a(-T^a)^* = \frac{g^2}{4\pi r}\frac{1}{2}\sum_a \{[T^a+(-T^{a*})]^2-(T^a)^2-(T^{a*})^2\} \tag{4.5}$$

の力が働く．T^a の規格化 $\mathrm{Tr}\ T^aT^b=\delta^{ab}/2$ から $\sum_a(T^a)^2=\sum_a(T^{a*})^2=8/6$ であり，群 $SU(3)$ の表現論（角運動量の足し算の一般化）から $\mathbf{3}\times\mathbf{3}^*=\mathbf{1}\oplus\mathbf{8}$ の1重項と8重項に対して，それぞれ $\sum_a[T^a+(-T^{a*})]^2=0$ と3となり，1重項には引力8重項には斥力が働く．後に議論するクォークの閉じ込めはこの色の自由度に関して無色の1重項に働く引力を極限にまで推し進めたものと言える．

4-2 くり込み群と漸近自由性

QCDの摂動的な側面を理解するために，(3.47)および(3.103)の $\mathcal{L}_{\mathrm{eff}}$ に基づくループが1つのくり込みを調べる．まずゲージ場の自己エネルギーは，図3-1のFeynman則を用いて図4-2の計算により与えられる*．図4-2(b)の質量0の粒子が真空中でループを描く図(tadpole)は次元正則化では0になることが確められる．図4-2(a)と(c)を組み合わせるとゲージ不変な結果が得られ，図4-2(d)の計算は電磁場の計算(2.165)と本質的に同じになる．結果は発散部分のみを書くと($\varepsilon=2-D/2$ として)

$$\begin{aligned}&(-i)[g_{\mu\nu}p^2-p_\mu p_\nu]\frac{(g\mu^{-\varepsilon})^2}{(4\pi)^2\varepsilon}\left[-C_2(G)\left[\frac{10}{6}+\frac{1}{2}(1-\xi)\right]+\frac{4}{3}fT(R)\right]\\&-i[g_{\mu\nu}p^2-p_\mu p_\nu](Z_3-1)=0\end{aligned} \tag{4.6}$$

となる．ただし，Z_3-1 を含む(3.103)の相殺項 $\mathcal{L}_{\mathrm{c}}$ からの寄与をつけ加えた．この式から

$$Z_3 = 1+\frac{(g\mu^{-\varepsilon})^2}{(4\pi)^2\varepsilon}\left\{\left[\frac{10}{6}+\frac{1}{2}(1-\xi)\right]C_2(G)-\frac{4}{3}fT(R)\right\} \tag{4.7}$$

---

* 実際の計算は2-8節と本質的に同じであり，本節ではくり込みの議論に関係する発散部分のみを扱う．

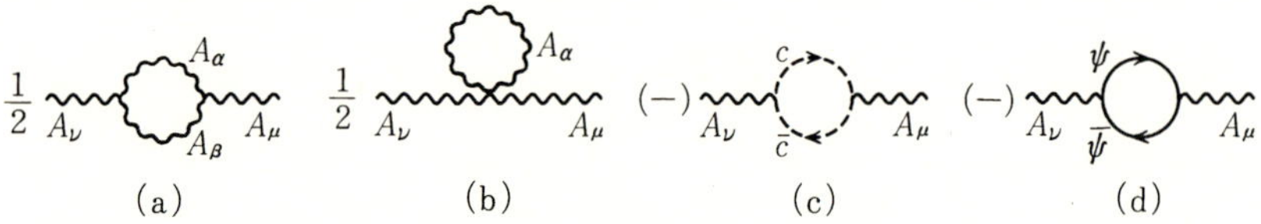

図 4-2

と求められる．$T(R)$ と $C_2(G)$ は $SU(N)$ に対しては

$$\begin{aligned} &\mathrm{Tr}\, T^a T^b = \delta^{ab} T(R), \qquad T(R) = 1/2 \\ &\delta^{ab} C_2(G) = f^{acd} f^{bcd}, \qquad C_2(G) = N \end{aligned} \tag{4.8}$$

と与えられ，f は QCD ではクォークの数を表わす．ループが 1 つの計算では，ゲージパラメタに関して $(1-\xi)^2$ の項が現われないのは(3.149)によっている．例えば，図 4-2(a)で $(1-\xi)^2$ に比例する項は(3.51)の $D_{\mathrm{F}\mu}{}^{ab}$ を思い起こすと図 4-3 で与えられ，外線のゲージ場を横波にすると(3.149)により 0 となる．

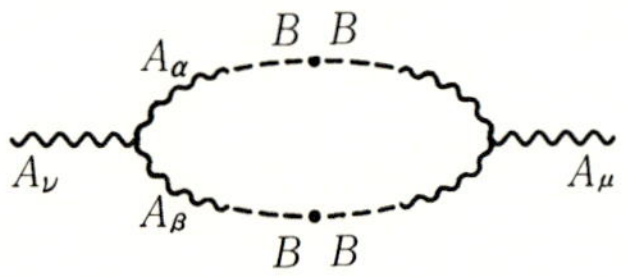

図 4-3

次にフェルミオンの波動関数と質量のくり込みは図 4-4(a)の計算から

$$\begin{aligned} &i\not{p}\frac{(g\mu^{-\varepsilon})^2}{(4\pi)^2\varepsilon}C_{\mathrm{F}}[1-(1-\xi)] - im\frac{(g\mu^{-\varepsilon})^2}{(4\pi)^2\varepsilon}C_{\mathrm{F}}[4-(1-\xi)] \\ &\qquad + i(Z_2-1)\not{p} - i(Z_m-1)m = 0 \end{aligned} \tag{4.9}$$

が得られ(最後の 2 項は相殺項 $\mathcal{L}_{\mathrm{c}}$ の寄与である)

$$\begin{aligned} Z_2 &= 1-\frac{(g\mu^{-\varepsilon})^2}{(4\pi)^2\varepsilon}C_{\mathrm{F}}[1-(1-\xi)] \\ Z_m &= 1-\frac{(g\mu^{-\varepsilon})^2}{(4\pi)^2\varepsilon}C_{\mathrm{F}}[4-(1-\xi)] \end{aligned} \tag{4.10}$$

と求められる．ただし，$SU(N)$ に対しては

$$C_{\mathrm{F}} = \sum_a T^a T^a = (N^2-1)/(2N) \tag{4.11}$$

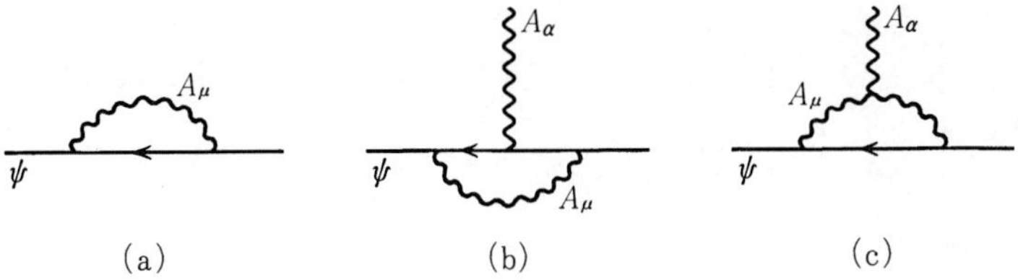

図 4-4

と定義した．Z_2, Z_m は各クォークに対して共通である．

フェルミオンの頂点のくり込みは図 4-4(b)と(c)の計算から

$$igT^a\gamma^\alpha\frac{(g\mu^{-\varepsilon})^2}{(4\pi)^2\varepsilon}\left\{\left[C_{\rm F}-\frac{1}{2}C_2(G)\right]\xi+\frac{3}{4}(1+\xi)C_2(G)\right\}+igT^a\gamma^\alpha(Z_{1\rm F}-1)=0 \tag{4.12}$$

のように，$\mathcal{L}_{\rm c}$ の寄与を含めて与えられ

$$Z_{1\rm F}=1-\frac{(g\mu^{-\varepsilon})^2}{(4\pi)^2\varepsilon}\left[\left(\frac{3+\xi}{4}\right)C_2(G)+\xi C_{\rm F}\right] \tag{4.13}$$

とくり込み定数が決まる．

同様に，Faddeev-Popov ゴーストの波動関数のくり込みは図 4-5(a)と(3.103)の相殺項 $\mathcal{L}_{\rm c}$ から

$$p^2\delta^{ab}\frac{(g\mu^{-\varepsilon})^2}{(4\pi)^2\varepsilon}\left[\frac{1}{2}+\left(\frac{1-\xi}{4}\right)\right]C_2(G)-p^2\delta^{ab}(Z_c-1)=0 \tag{4.14}$$

すなわち

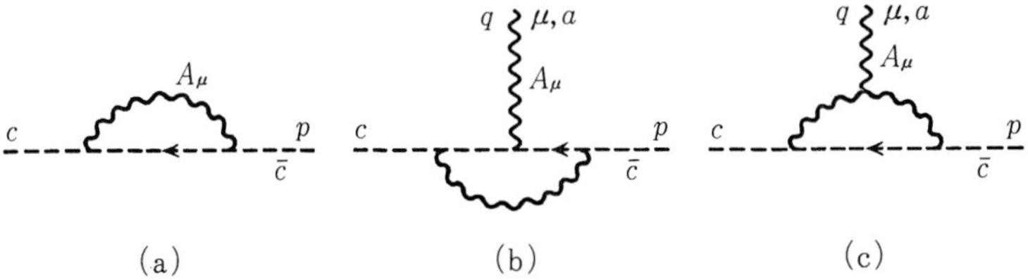

図 4-5

$$Z_c = 1 + \frac{(g\mu^{-\varepsilon})^2}{(4\pi)^2\varepsilon}\left[\frac{1}{2} + \left(\frac{1-\xi}{4}\right)\right] C_2(G) \tag{4.15}$$

となる．ゴーストの頂点部分のくり込みは，図 4-5(b)と(c)および $\mathcal{L}_c$ から

$$i(p+q)_\mu g f^{abc}\left\{\frac{(g\mu^{-\varepsilon})^2}{(4\pi)^2\varepsilon}\left[\frac{1}{8}\xi + \frac{3}{8}\xi\right] C_2(G) + (Z_{1\mathrm{FP}} - 1)\right\} = 0$$

となり

$$Z_{1\mathrm{FP}} = 1 - \frac{(g\mu^{-\varepsilon})^2}{(4\pi)^2\varepsilon}\frac{1}{2}\xi C_2(G) \tag{4.16}$$

と求められる．

(3.98)の BRST 変換に現われる複合演算子は図 3-4 以外では図 4-6(a)と(b)で与えられる．図 4-6(a)から $gc^aT^a\psi$ に対しては

$$Z_{1\mathrm{FP}}\, g\, T^a\left[1 + \frac{(g\mu^{-\varepsilon})^2}{(4\pi)^2\varepsilon} C_2(G)\frac{\xi}{2}\right] \tag{4.17}$$

図 4-6(b)から $(1/2)gf^{abc}c^bc^c$ に対しては

$$Z_{1\mathrm{FP}}\, g f^{abc}\left[1 + \frac{(g\mu^{-\varepsilon})^2}{(4\pi)^2\varepsilon} C_2(G)\frac{\xi}{2}\right] \tag{4.18}$$

と与えられ，(4.16)の $Z_{1\mathrm{FP}}$ により $O(g^4)$ の精度で発散が相殺される．

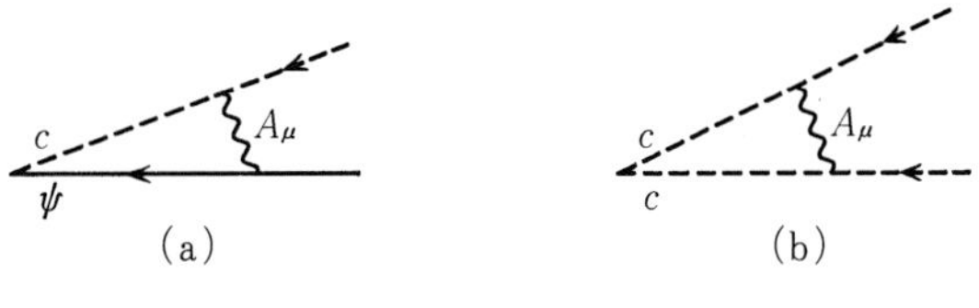

図 4-6

ゲージ場の 3 点および 4 点の頂点部分の計算は手足の数が多くやっかいである．付録 C に Feynman 図を使わない β 関数の計算法を与える．

以上によりループが 1 つのくり込み定数が(実質的に)すべて求まったことになり，(3.101)および(3.102)の関係も満たされている．

くり込み群の方程式は，(2.188)と同様にして，n_f 個のフェルミオンと n_v 個のゲージ場の頂点関数に対しては

$$\left[\mu\frac{\partial}{\partial\mu}+\beta\frac{\partial}{\partial g}-\gamma_m m\frac{\partial}{\partial m}-n_{\mathrm{f}}\gamma_{\mathrm{f}}-n_v\gamma_v+\gamma_\xi\frac{\partial}{\partial\xi}\right]\Gamma_{n_{\mathrm{f}},n_v}(p_i,m,g,\xi,\mu)=0 \tag{4.19}$$

となる．ただし，フェルミオンの質量は簡単のため1種類だけの場合を書いた．β関数は裸のパラメタを固定したときのくり込み点μに関する微分

$$\begin{aligned}\beta &= \mu\frac{d}{d\mu}g\bigg|_{g_0,m_0,\xi_0}=\mu\frac{d}{d\mu}\left(\frac{Z_3{}^{1/2}Z_c}{Z_{1\mathrm{FP}}}g_0\right)=-b_0g^3+O(g^5)\\ b_0 &= \left[\frac{11}{3}C_2(G)-\frac{4}{3}fT(R)\right]\bigg/(4\pi)^2\end{aligned} \tag{4.20}$$

で与えられ，現在の最小引算法による計算ではゲージパラメタξには依存しない．$SU(3)$のQCDでは(4.8)から

$$b_0=\left[11-\frac{2}{3}f\right]\bigg/(4\pi)^2 \tag{4.21}$$

となり，クォークの数$f<17$では$b_0>0$となる(実験的には現在知られているクォークの数は6である)．他の係数は$O(g^4)$の範囲で(微分は全て，裸のパラメタg_0, m_0, ξ_0を固定して行なうとして)

$$\begin{aligned}\gamma_v &= \frac{1}{2}\mu\frac{d}{d\mu}\ln Z_3=-\left(\frac{g^2}{16\pi^2}\right)\left[\left(\frac{13}{6}-\frac{1}{2}\xi\right)C_2(G)-\frac{4}{3}fT(R)\right]\equiv -a_0g^2\\ \gamma_m &= \mu\frac{d}{d\mu}\ln(Z_m/Z_2)=\frac{g^2}{16\pi^2}6C_{\mathrm{F}}\equiv c_0g^2\\ \gamma_{\mathrm{f}} &= \frac{1}{2}\mu\frac{d}{d\mu}\ln Z_2=\frac{g^2}{16\pi^2}2\xi C_{\mathrm{F}}\\ \gamma_\xi &= -\xi\mu\frac{d}{d\mu}\ln Z_3=-2\gamma_v\xi\end{aligned} \tag{4.22}$$

と与えられる．

(4.19)の解は(2.196)の一般化として，場の変数の質量次元$[\psi]=[M]^{3/2}$，$[A_\mu]=[M]$に注意して

$$\Gamma_{n_f, n_v}(e^t p_i, m, g, \xi, \mu) = \Gamma_{n_f, n_v}(p_i, m(t)e^{-t}, g(t), \xi(t), \mu)$$
$$\times \exp\left[(4-n_v-(3/2)n_f)t - n_v\int_0^t \gamma_v(t')dt' - n_f\int_0^t \gamma_f(t')dt'\right] \qquad (4.23)$$

と求められる．ただし，(2.193)に対応して

$$\begin{aligned} &g = g(\mu), \quad g(t) = g(\mu e^t) \\ &m = m(\mu), \quad m(t) = m(\mu e^t), \quad \tilde{m}(t) \equiv m(t)e^{-t} \\ &\xi = \xi(\mu), \quad \xi(t) = \xi(\mu e^t) \\ &\gamma_v(t) = \gamma_v(g(t), \xi(t)), \quad \gamma_f(t) = \gamma_f(g(t), \xi(t)) \end{aligned} \qquad (4.24)$$

と定義した．以下簡単のため Landau ゲージ $\xi=0$ で議論する．まず(4.20)から

$$\frac{d}{dt}g(t) = -b_0 g(t)^3 + O(g^5) \qquad (4.25)$$

あるいは，(以下ループが 1 つの近似の範囲で)

$$g(t)^2 = g^2/[1+2b_0 g^2 t] \qquad (4.26)$$

同様に $dm/dt=-\gamma_m m$ から

$$m(t) = m\exp\left[\int_0^t \gamma_m(t')dt'\right] = m[1+2b_0 g^2 t]^{-c_0/2b_0} \qquad (4.27)$$

と与えられる((2.193)の $\tilde{m}(t)$ は(4.24)に示すように $m(t)e^{-t}$ に対応する)．$\xi=0$ では $\gamma_f=0$ であり，γ_v からの(4.23)の右辺への寄与は(4.27)と類似の式($c_0 \to -n_v a_0$ としたもの)で与えられるので，(4.23)は

$$\Gamma_{n_f, n_v}(e^t p_i, m, g, \mu) = \Gamma_{n_f, n_v}(p_i, m(t)e^{-t}, g(t), \mu)$$
$$\times \exp\left[\left(4-n_v-\frac{3}{2}n_f\right)t\right](1+2b_0 g^2 t)^{n_v a_0/(2b_0)} \qquad (4.28)$$

と書ける．ただし，a_0, c_0 は(4.22)で定義した．

さて，(4.23)は恒等式として成立するものであるが，左辺の 4 元運動量のスケール変換に対応する右辺の指数関数から，ψ と A_μ のスケール次元が正準次元からずれて(ただし，$\xi=0$ では $\gamma_f=0$ である)

$$\begin{aligned} \psi:&\quad \frac{3}{2}+\gamma_{\mathrm{f}}(t) \\ A_\mu:&\quad 1+\gamma_v(t) \end{aligned} \tag{4.29}$$

と与えられることを示し，$\gamma_{\mathrm{f}}, \gamma_v$ は**異常次元**と呼ばれている．(4.23)の右辺で t を大きくすると有効質量が非常に小さくなる．もし $m=0$ としても質量特異点が生じない場合(これは全ての p_i を Euclid 的 $p_i{}^2<0$ ととると Feynman 図の分析から示される)には，(4.28)から次のことがわかる：4 元運動量の大きい($t\to$大)ときの Green 関数の振舞いは，異常次元により修正されたスケール則と $m=0$ の理論で $g(t)$ を有効結合定数としたもので記述される．

特に QCD の場合には，(4.26)から $t\to$大 で $g(t)\to 0$ に近づき摂動計算が正当化される．Euclid 的な p_i で $t\to$大 とすることは不確定性原理により時空間の短距離の振舞いを見ていることになる．したがって QCD の短距離の振舞いは，結合定数の小さいほとんど自由なクォークにより記述され，またスケール則も異常次元により少し変更された振舞いをする．この性質は(4.20)で $b_0>0$ (あるいは $\beta<0$)となることに基づいており**漸近自由性**(asymptotic freedom)と呼ばれる．実験的には電子と核子の非弾性散乱における **Bjorken スケーリング則**および Feynman の**部分子**(parton)の考えを正しく記述するものである．この漸近自由性は質量を持たない Yang-Mills 場理論の大きな特徴であり，また QCD の正しさを強く示唆するものである．

場の理論としては，(4.20)で $b_0>0$ (あるいは $\beta<0$)の理論は(4.26)からもわかるように，$\beta>0$ の QED(2.201)とは対照的に，$t\to$大 で Landau 特異点を持たない．この意味で高エネルギーでも矛盾のない紫外安定な理論を与える．他方，$t\to$負 とすると $g(t)$ は大きくなり(**赤外不安定な理論**)，この性質はクォークの閉じ込めに関連していると考えられている．(4.28)の右辺で摂動計算をするとき，$p_i\sim\mu$ と選ぶと摂動論に特有な

$$\sim [g(t)^2/(4\pi)^2]\ln(p_i{}^2/\mu^2) \tag{4.30}$$

の形のベキ展開で対数項が小さくなり，摂動の収束性がよくなる．この場合に

はμを固定して考えると，(4.28)の左辺で運動量$Q_i \equiv \exp[t] p_i$を変化させたときに，p_iは固定されているので，右辺の摂動展開でtしたがって$g(t)$もそれにつれて変化させることになる．このように，運動量の大きさに従って変化する結合定数は**走る結合定数**(running coupling constant)と呼ばれている．

4-3 摂動的QCD

QCDの短距離における摂動計算の典型的な応用は電子と核子の深非弾性散乱と呼ばれるものであるが，道具立てが複雑となるので，本書では**電子-陽電子消滅過程**へのQCD補正を簡単に説明したい(図4-7参照)．この過程の散乱振幅はFeynman則から

$$T_{\mathrm{if}} = (ie)^2 \bar{v}(\bar{k})\gamma^\nu u(k)(-i)\frac{g_{\mu\nu}}{q^2}\langle 0|j^\mu(0)|n\rangle(2\pi)^4\delta(q-p_n) \tag{4.31}$$

と与えられる．クォーク(4.1)に対する電磁カレントは

$$j^\mu(x) = \sum_j Q_j \bar{q}_j(x)\gamma^\mu q_j(x) \tag{4.32}$$

と定義され，$Q_u=2/3$，$Q_d=-1/3$などである．(4.31)で$|T|^2$を考え，始状態のスピンに関しては平均をとり全ての可能な終状態を足し上げると(電子の質量=0として)

$$\frac{1}{4}\sum|T|^2 = \left(\frac{-5}{6}\right)\left(\frac{1}{q^2}\right)\sum_n\langle 0|j^\mu(0)|n\rangle\langle n|j_\mu(0)|0\rangle(2\pi)^4\delta(q-p_n) \tag{4.33}$$

となる．ただし，$(2\pi)^4\delta(0)$は規格化に含めた．他方

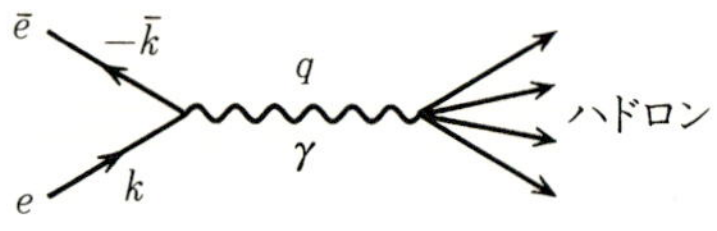

図 4-7

$$f_q(q^2) \equiv \int d^4x e^{iqx}\langle 0|\mathrm{T}^* j_\mu(x) j^\mu(0)|0\rangle$$

$$= \sum_n \left(\frac{i}{q^0-p_n{}^0+i\epsilon}-\frac{i}{q^0+p_n{}^0-i\epsilon}\right)(2\pi)^3\delta(\boldsymbol{q}-\boldsymbol{p}_n)\langle 0|j^\mu(0)|n\rangle\langle n|j_\mu(0)|0\rangle \tag{4.34}$$

を考えると，$q^0>0$ の領域で δ を正の無限小量として次の関係が成立する．

$$f_q((q_0+i\delta)^2-\boldsymbol{q}^2)-f_q((q_0-i\delta)^2-\boldsymbol{q}^2) = \sum_n (2\pi)^4\delta(q-p_n)\langle 0|j^\mu(0)|n\rangle\langle n|j_\mu(0)|0\rangle \tag{4.35}$$

(4.33)と(4.35)を組み合わせると，$q^0>0$ の領域で

$$\frac{\sigma(e\bar{e}\to \text{hadrons})}{\sigma(e\bar{e}\to \mu\bar{\mu})} = \frac{f_q(q^2+i\delta)-f_q(q^2-i\delta)}{f_\mu(q^2+i\delta)-f_\mu(q^2-i\delta)} \tag{4.36}$$

が得られる．ただし，共通な係数を相殺し表式を簡単化するため μ 粒子の対創生断面積で規格化した．すなわち，(4.36)の分母の $f_\mu(q^2)$ は(4.34)で

$$j_\alpha(x) = \bar{\mu}(x)\gamma_\alpha\mu(x) \tag{4.37}$$

と μ 粒子の電磁カレントを使って定義される．(4.36)を計算するには(4.34)がわかればよく，図4-8のような Feynman 図を計算すればよいことになる．図4-8(a)は(4.36)の分母に寄与し，図4-8(b)～(e)は分子に寄与する．(2.174)で電子の質量=0とした式から

$$\frac{f_\mu(q^2)}{3q^2} = (-i)\left(\frac{1}{12\pi^2}\right)\ln\left(\frac{-q^2}{\mu^2}\right) \tag{4.38}$$

となり，他方，図4-8(b)～(e)の計算は，(2.203)の電磁場の場合に比して QCD では $\sum_a T^aT^a=C_\mathrm{F}$ (4.11)の因子が余分に現われることを考慮すれば

$$\frac{f_q(q^2)}{3q^2} = (-i)\frac{N_c\sum Q_q{}^2}{12\pi^2}\left[\ln\left(\frac{-q^2}{\mu^2}\right)+\left(\frac{g^2}{4\pi}\right)\frac{3C_\mathrm{F}}{4\pi}\ln\left(\frac{-q^2}{\mu^2}\right)\right] \tag{4.39}$$

と求められる．ただし，$N_c=3$ はクォークが持つ $SU(3)$ の色の自由度に起因し，μ 粒子およびクォークの質量は全て無視した．これらの表式を(4.36)に使うと

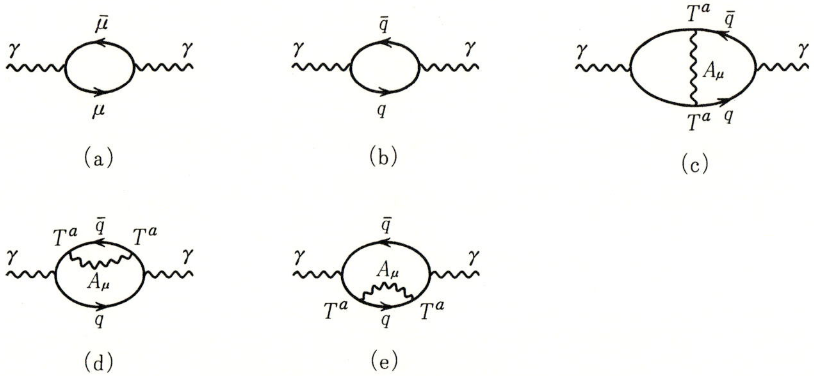

図 4-8

$$\frac{\sigma(e\bar{e}\to \text{hadrons})}{\sigma(e\bar{e}\to \mu\bar{\mu})} = 3\Bigl(\sum_q {Q_q}^2\Bigr)\Bigl[1+\Bigl(\frac{g^2}{4\pi}\Bigr)\frac{3C_{\rm F}}{4\pi}\Bigr] \qquad (4.40)$$

と与えられる．ただし，$\ln(-q^2)$ を $q^2<0$ で実に定義すると，$q^2>0$ で $\ln(-q^2-i\delta)-\ln(-q^2+i\delta)=-2\pi i$ となることを使った．

次にくり込み群による(4.40)の“改良”を考える．図 4-8 に示す保存する電磁カレント(4.32)の 2 点関数は(2.148)で $\Pi_2=0$ とした形に書ける．(2.148)で $\Pi(q^2)$ が e^2 に比例すること，および $Z_3e^2={e_r}^2$ が有限であり(2.172)の右辺が有限となることから，Z を QED での $-Z_3/{e_r}^2$ を QCD へ一般化したものとして適当に選ぶと

$$R_{\mu\nu}(q) \equiv \int dx e^{iqx}\langle 0|\mathrm{T}^* j_\mu(x) j_\nu(0)|0\rangle - iZ(g_0,\mu,\varepsilon)(q^2 g_{\mu\nu}-q_\mu q_\nu) \qquad (4.41)$$

は有限にできることがわかる．保存するカレント j_μ が異常次元を持たないことと次式で定義される $\Pi(q^2/\mu^2, g(\mu^2))$ が無次元量であることを考慮すると，くり込み群の方程式(4.28)は，$m=0$ として $e^t p_i=q$ および $2t=\ln(|q^2|/\mu^2)$ と選ぶことにより

$$\begin{aligned} R_{\mu\nu}(q) &= (-i)(q^2 g_{\mu\nu}-q_\mu q_\nu)\Pi(q^2/\mu^2, g(\mu^2)) \\ &= (-i)(q^2 g_{\mu\nu}-q_\mu q_\nu)\Pi(q^2/|q^2|, g(|q^2|)) \qquad (4.42) \end{aligned}$$

を与える*．結局(4.40)は(4.42)から(4.35)の操作により

$$\frac{\sigma(e\bar{e}\to \mathrm{hadrons})}{\sigma(e\bar{e}\to \mu\bar{\mu})} = 3\left(\sum_q {Q_q}^2\right)\left[1+\frac{3C_\mathrm{F}}{4\pi}\alpha_s(q^2)\right] \tag{4.43}$$

と与えられ(ただし，(4.43)では $q^2>0$ とする)，$\alpha_s(q^2)$ は(4.21)，(4.26)から

$$\alpha_s(q^2) \equiv \frac{g^2}{4\pi}\left[1+b_0g^2\ln\left(\frac{q^2}{\mu^2}\right)\right]^{-1} \equiv \left[\left(\frac{\beta_0}{4\pi}\right)\ln\left(\frac{q^2}{\Lambda^2}\right)\right]^{-1} \tag{4.44}$$

と定義される．ここに $\beta_0\equiv 11-(2/3)f$ であり，

$$\Lambda^2 = \mu^2\exp\{-(4\pi)^2/[\beta_0 g(\mu)^2]\} \tag{4.45}$$

で定義される量は**Λ-パラメタ**と呼ばれ，実験的には $\alpha_s(q^2)$ の測定値から決められる．(4.45)でくり込み点を指定する任意に選べるパラメタ μ を動かしても，物理量 Λ^2 が変わらないことは(4.20)から示される．次元のない実験で決めるべき(4.44)のくり込まれた結合定数 α_s が次元のある量 Λ の決定に転化することは，**次元の転化**(dimensional transmutation)と呼ばれている．

(4.43)の予言は，電子-陽電子消滅の断面積が $q^2\to$大 に従って上から自由なクォーク(部分子)で与えられる第1項の値に近づくことである．

最後に摂動的QCDで基本的な赤外発散の扱いについてコメントしたい．例えば，図4-8(d)に**切断則**を適用すると図4-7の最終状態に図4-9のように $q\bar{q}$ および $q\bar{q}$＋グルーオン g の状態が現われることを示す．グルーオン g の4元運動量 k が0に近づくと $q\bar{q}$ と $q\bar{q}g$ 状態の量子数が全て同じになり，区別できなくなり縮退する．このようなときには図4-9の個々の図は一般に赤外発散を引き起こす．しかし全体としては(4.43)のように赤外発散は現われない．このような摂動論における赤外発散の相殺に関しては，**木下-Lee-Nauenbergの定理**と呼ばれるものが基本的である．この定理は，S 行列の要素の**2乗**は縮退した全ての始状態および終状態に関して和をとれば結合定数の各次数で有限となることを主張する．すなわち，$\langle \mathrm{f}|S|\mathrm{i}\rangle$ を摂動級数で表示するとき，

* (4.41)の最後の引き算的くり込み項は t を実数にとると(4.35)の操作には効かないので，くり込み群の考察の段階での引き算的なくり込みに伴う複雑化は無視した．

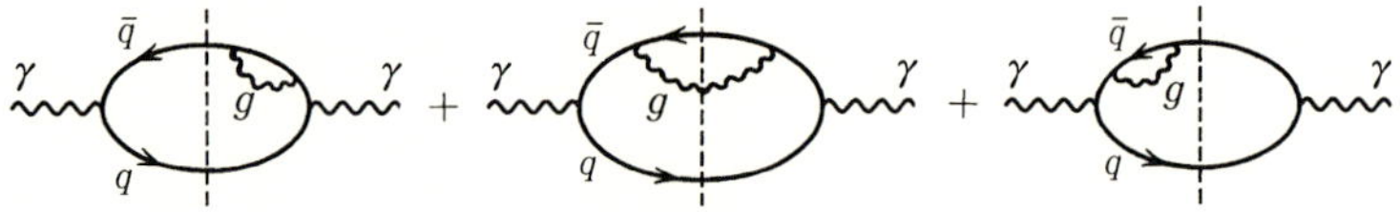

図 4-9

$$\sum_{\mathrm{i,f}\in D(\varepsilon)} |\langle \mathrm{f}|S|\mathrm{i}\rangle|^2 = \sum_{\mathrm{i,f}\in D(\varepsilon)} \langle \mathrm{i}|S^\dagger|\mathrm{f}\rangle\langle \mathrm{f}|S|\mathrm{i}\rangle \tag{4.46}$$

は赤外発散を含まない．ただし，$D(\varepsilon)$ はあるエネルギーの分解能 ε の間に含まれる全ての縮退した状態を表わす．(4.46)は S 行列のユニタリー性 $S^\dagger S=1$ から予想される最も一般的な漸近状態(および有限な確率)の定義を与えるものと理解され，もし(4.46)が発散すれば，漸近状態の定義は難しくなる．

4-4 カイラル対称性の自発的破れ

対称性という観点からは，(4.3)のラグランジアンはゲージ対称性に加えてクォークの質量が小さいときには重要な(近似的)対称性を持つ．実際問題としては，最初の3つのクォークの質量

$$m_u \simeq 5\,\mathrm{MeV}, \quad m_d \simeq 10\,\mathrm{MeV}, \quad m_s \simeq 150\,\mathrm{MeV} \tag{4.47}$$

は小さく，$m_c=1.5\,\mathrm{GeV}$ と，4番目以降のクォークの質量は強い相互作用の質量のスケール($\sim 1\,\mathrm{GeV}$)に比して無視できなくなる．したがって最初の3つのクォークのみに着目して，3つのクォークを1つのベクトル ψ で表示して

$$\psi \equiv \begin{pmatrix} u \\ d \\ s \end{pmatrix}, \quad M = \begin{pmatrix} m_u & & 0 \\ & m_d & \\ 0 & & m_s \end{pmatrix}$$
$$\mathcal{L} = \bar{\psi} i\gamma^\mu(\partial_\mu - iA_\mu{}^a T^a)\psi - \bar{\psi}M\psi - \frac{1}{4g^2}F_{\mu\nu}{}^a F^{a\mu\nu} + \mathcal{L}_{\mathrm{g}} \tag{4.48}$$

という結合定数 g を $gA_\mu{}^a \to A_\mu{}^a$ とゲージ場に含ませた記法を用いる．$M=0$ のときには，(4.48)は α^a, β^a $(a=1\sim 8)$ を定数として

$$\psi(x) \to \exp\left[i\frac{1}{2}\lambda^a\alpha^a\right]\psi(x)$$
$$\psi(x) \to \exp\left[i\frac{1}{2}\lambda^a\beta^a\gamma_5\right]\psi(x) \tag{4.49}$$

という3つのクォークを互いに移り変える変換に対して形を変えない．ただし，γ_5 は(2.3)で与えられる．λ^a ($a=1\sim8$)は(3.4)にあらわれる Pauli 行列 τ^a を $SU(3)$ へ一般化した3行3列の Gell-Mann 行列であり

$$\lambda^a = \begin{pmatrix} & \tau^a & & 0 \\ & & & 0 \\ 0 & & 0 & 0 \end{pmatrix} \quad (a=1\sim3), \qquad \lambda^4 = \begin{pmatrix} 0 & 0 & 1 \\ 0 & 0 & 0 \\ 1 & 0 & 0 \end{pmatrix}, \qquad \lambda^5 = \begin{pmatrix} 0 & 0 & -i \\ 0 & 0 & 0 \\ i & 0 & 0 \end{pmatrix}$$

$$\lambda^6 = \begin{pmatrix} 0 & 0 & 0 \\ 0 & 0 & 1 \\ 0 & 1 & 0 \end{pmatrix}, \qquad \lambda^7 = \begin{pmatrix} 0 & 0 & 0 \\ 0 & 0 & -i \\ 0 & i & 0 \end{pmatrix}, \qquad \lambda^8 = \frac{1}{\sqrt{3}}\begin{pmatrix} 1 & & 0 \\ & 1 & \\ 0 & & -2 \end{pmatrix} \tag{4.50}$$

で与えられる．(4.50)の生成演算子は $t_\pm{}^a \equiv (1/2)(1\pm\gamma_5)\lambda^a$ とすると，2つの独立な $SU(3)$ の代数

$$[t_\pm{}^a, t_\pm{}^b] = 2if^{abc}t_\pm{}^c, \qquad [t_+{}^a, t_-{}^b] = 0 \tag{4.51}$$

を満たすので，カイラル $SU(3)\times SU(3)$ 対称性と呼ばれる．ここで導入された $SU(3)$ は(4.3)の色のゲージ自由度と区別するため**香り**(flavor)**の自由度**と呼ばれる．香りとはクォークの名前の自由度である．

さて，(4.49)の最初の対称性は3つのクォーク(u, d, s)の同等性を示し，例えば，陽子 p と中性子 n が同じ核子の異なる内部状態と見なされる(アイソスピンの考え)ことからも自然界でよく実現されている．他方(4.49)の第2のカイラル対称性は素朴には p や n とほぼ縮退した(γ_5 変換で結ばれる)パリティの異なる粒子の存在を予想させるが，そのような粒子は見つかっていない．また π 中間子($m_\pi=140$ MeV)は ~1 GeV の質量をもつ核子などに比して非常に軽い．これらの事実と，核子の質量 M_N，中性子の β 崩壊の軸性定数 g_A，π 中間子の崩壊定数 f_π および核子と π 中間子の湯川結合定数 $g_{\pi\mathrm{NN}}$ の間に成立する **Goldberger-Treiman の関係式**

$$2M_N g_A = f_\pi g_{\pi NN} \tag{4.52}$$

の自然な説明として導入されたのが，南部による**カイラル $SU(3)$ 対称性の自発的破れ**の考えである．

まず，(4.49)の γ_5 変換に対する WT 恒等式を導くために，(4.48)において $\beta^a(x)$ を無限小量として

$$\psi'(x) = \exp[i\gamma_5 t^a \beta^a(x)]\psi(x), \qquad t^a \equiv \frac{1}{2}\lambda^a \tag{4.53}$$

という変数変換を考える．このとき，

$$\begin{aligned}\mathcal{L}(\bar\psi', \psi') &= \mathcal{L}(\bar\psi, \psi) - \partial_\mu \beta^a(x)\bar\psi t^a \gamma^\mu \gamma_5 \psi + i\beta^a(x)\bar\psi\{t^a, M\}\gamma_5\psi \\ \bar\psi'(y)t^b\gamma_5\psi'(y) &= \bar\psi(y)\gamma^b\gamma_5\psi(y) + i\beta^b(y)\bar\psi(y)\{t^a, t^b\}\psi(y)\end{aligned} \tag{4.54}$$

に注意して，WT の恒等式((2.141)参照)

$$\int d\mu' \bar\psi'(y)t^b\gamma_5\psi'(y)e^{iS(\bar\psi',\psi')} = \int d\mu \bar\psi(y)t^b\gamma_5\psi(y)e^{iS(\bar\psi,\psi)} \tag{4.55}$$

は，$d\mu = d\mu'$ と仮定(これは正当化される)すると，$\beta^a(x)$ の 1 次の項の係数から

$$\begin{aligned}&\partial_\mu^x \langle 0|\mathrm{T}^* \bar\psi(x)t^a\gamma^\mu\gamma_5\psi(x)\bar\psi(y)t^b\gamma_5\psi(y)|0\rangle \\ &\quad = -\langle 0|\bar\psi(x)\psi(x)|0\rangle \frac{1}{3}\delta^{ab}\delta(x-y) - d^{abc}\langle 0|\bar\psi(x)t^c\psi(x)|0\rangle\delta(x-y) \\ &\qquad -\langle 0|\mathrm{T}^*\bar\psi(x)\{t^a, M\}\gamma_5\psi(x)\bar\psi(y)t^b\gamma_5\psi(y)|0\rangle\end{aligned} \tag{4.56}$$

と与えられる．ただし，$\{t^a, t^b\} = d^{abc}t^c + (1/3)\delta^{ab}1$ と定義した．ここで(4.48)の質量は無視できる($M=0$)とし，**自発的対称性の破れ**

$$\langle 0|\bar\psi(x)\psi(x)|0\rangle \neq 0, \qquad \langle 0|\bar\psi(x)t^a\psi(x)|0\rangle = 0 \tag{4.57}$$

を仮定すると，(4.56)の Fourier 変換は

$$\begin{aligned}&iq_\mu \int dx e^{iqx}\langle 0|\mathrm{T}^*\bar\psi(x)t^a\gamma^\mu\gamma_5\psi(x)\bar\psi(0)t^b\gamma_5\psi(0)|0\rangle \\ &\quad = (1/3)\delta^{ab}\langle 0|\bar\psi(0)\psi(0)|0\rangle \neq 0\end{aligned} \tag{4.58}$$

となる．((4.57)を力学的に示すことは現在も研究されている重要な問題である)．$q_\mu \to 0$ の極限でも(4.58)が成立するためには，左辺が q^μ/q^2 の形の q^2 に関する極を持つ必要がある(**南部-Goldstone の定理**)．すなわち模式的に

$$\bar{\psi} t^a \gamma^\mu \gamma_5 \psi(q) = i f_\pi q^\mu / q^2 + \text{non-pole parts}$$

と(4.58)の左辺で書くことができる．この $1/q^2$ の極に対応する質量0の擬スカラー場を理想化された π とか η 中間子と同一視するのが南部の考えである．しかし，この考えを $\bar{\psi}\gamma^\mu\gamma_5\psi$ という $t^a \to 1$ とした $U(1)$ 型のカレントに適用すると，(4.2)の η' と同じ量子数を持つ質量0の中間子が予想されるが，そのような軽い粒子は知られていない．これが **$U(1)$ 問題**と呼ばれるものである．

4-5 θ真空

インスタントンの存在と関係して上記の $U(1)$ 問題が解決される可能性がある．同時に Yang-Mills 理論の真空がより豊かな構造を持つことが結論される．この問題を議論するために，(3.14)のように Euclid 化した理論を考える．特に

$$\gamma^4 \equiv i\gamma^0, \qquad \{\gamma^\mu, \gamma^\nu\} = 2g^{\mu\nu}, \qquad g^{\mu\nu} = (-1, -1, -1, -1)$$

と定義する．このとき(4.48)のラグランジアンはそのままの形で $\mathscr{L} = \mathscr{L}_{\mathrm{E}}$ と記法を変えて Euclid 理論にも使えることになる．経路積分は

$$Z = \int \mathscr{D}\bar{\psi}\mathscr{D}\psi[\mathscr{D}A_\mu]\exp\left[\int \mathscr{L}_{\mathrm{E}} d^4x\right] \tag{4.59}$$

と定義される．全ての Green 関数は計算した後で Minkowski 計量へもどすことにする．ゲージ固定の詳細は重要でないので，(4.59)では $\mathscr{L}_{\mathrm{E}}$ を(4.48)から $\mathscr{L}_{\mathrm{g}}$ を取り去ったものとし代りに $[\mathscr{D}A_\mu]$ と書いた．

場の理論の**半古典的(WKB)取り扱い**を定義するために，$A_\mu \equiv A_\mu{}^a T^a$ として

$$A_\mu(x) = A_\mu(x)_{\mathrm{cl}} + a_\mu(x) \tag{4.60}$$

のように A_μ を古典解 $A_\mu(x)_{\mathrm{cl}}$(インスタントン)とそのまわりのゆらぎ a_μ に分け，(4.59)の経路積分を $\mathscr{D}a_\mu$ および古典解 $A_\mu(x)_{\mathrm{cl}}$ を記述する変形のパラメタにわたる積分に書き換える．このとき，変形のパラメタにわたる積分が $\mathscr{D}a_\mu$ の積分で重複して行なわれないよう注意する必要がある．半古典近似を定義する $A_\mu(x)_{\mathrm{cl}}$ は作用を有限にするため(3.18)のように

$$A_\mu(x)_{\rm cl} \xrightarrow[|x|\to\infty]{} ig(x)\partial_\mu g(x)^\dagger \tag{4.61}$$

が要求され，したがって巻きつき数 ν (3.26)

$$\nu = \frac{1}{32\pi^2}\int {\rm Tr}\,\epsilon^{\mu\nu\alpha\beta}F_{\mu\nu}F_{\alpha\beta}d^4x \tag{4.62}$$

が定義される．(4.60)の $a_\mu(x)$ は位相的には自明($\nu=0$)なものに限定して考える．このとき(4.60)～(4.62)によりゲージ場の配位空間は，(4.61)の g で区別される単連結でない配位空間にわたる経路積分と同等になり(図 4-10)，巻きつき数は整数の加減と同じ結合則に従う．このことを数学的記法では

$$\pi_1(\mathscr{A}/\mathscr{G}) = \pi_3(SU(2)) = \boldsymbol{Z} \tag{4.63}$$

と書く．すなわちゲージ場の集まり $\mathscr{A}$ を(4.61)で指定されるようなゲージ g で分類したときの巻きつき数 $\pi_1(\mathscr{A}/\mathscr{G})$ は(3.19)′で説明したように 3 次元超球面から $SU(2)$ の空間への射影 $\pi_3(SU(2))$ で指定され，それが整数の加減 $\boldsymbol{Z}$ と同等になる．このような単連結でない配位空間における経路積分は一般論から

$$Z_\theta = \sum_\nu \int d\mu_{(\nu)} \exp[i\nu\theta + S_{\rm E}] \tag{4.64}$$

と与えられる．ここで θ は実のパラメタである．一般的には，基本群と呼ばれる π_1 は非 Abel 的な群となりうるがそのユニタリーな 1 次元表現で与えられる位相が配位空間の各連結な成分に対する経路積分につけ加わり，現在の例では(4.63)の $\boldsymbol{Z}$ に対応して $\exp[i\nu\theta]$ が現われる．(4.64)を導く基本的な考えは，各 ν に限定したときに経路積分が正しく規格化されていること，$d\mu_{(\nu_1)}$ と $d\mu_{(\nu_2)}$ を境界で合成した経路積分が $d\mu_{(\nu_1+\nu_2)}$ と高々位相の違いで等しくなること，および図 4-10 の模式図で $T=+\infty$ の端点を“穴”のまわりに 1 回転させ

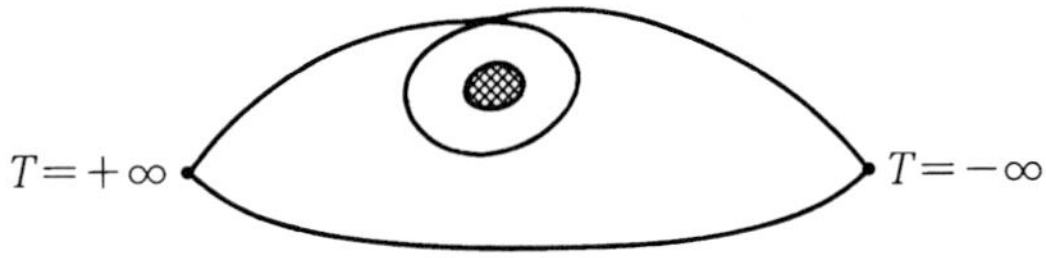

図 4-10

たとき(これは $a_\mu(x)$ に $\nu=1$ を与えることと同等)にも(4.64)が全体としての位相 $\exp[-i\theta]$ しか変わらず，量子論的には同等に留まるという要請である．

(4.64)を正準理論の描像とつなげるには，$A_0(x)=0$ ゲージを採り，また(4.61)の $g(x)$ を“滑らかに”変形して

$$g(x) \xrightarrow[|\boldsymbol{x}|\to\infty]{} 1 \tag{4.65}$$

と**空間**の無限遠点では1になるように選ぶ．したがって(4.62)の位相的な情報 ν は(3.21)の表式で $x_4=\pm\infty$ での超平面にのみ現われる．このとき(4.64)は

$$\begin{aligned}Z_\theta &= \sum_\nu \int d\mu_{(\nu)} \Psi_0{}^\dagger(\boldsymbol{A}_{n+\nu}+\boldsymbol{a}(+\infty))e^{i(n+\nu)\theta}e^{S_{\mathrm{E}}}e^{-in\theta}\Psi_0(\boldsymbol{A}_n+\boldsymbol{a}(-\infty))\\ &= \frac{1}{N}\int d\mu \sum_{n'} \Psi_0{}^\dagger(\boldsymbol{A}_{n'}+\boldsymbol{a}(+\infty))e^{in'\theta}e^{S_{\mathrm{E}}}\sum_n e^{-in\theta}\Psi_0(\boldsymbol{A}_n+\boldsymbol{a}(-\infty))\\ &= \int d\mu \Psi_\theta{}^\dagger(\boldsymbol{a}(+\infty))e^{S_{\mathrm{E}}}\Psi_\theta(\boldsymbol{a}(-\infty))\end{aligned} \tag{4.66}$$

と書き換えられる．ただし，(4.66)の最初の表式で $\nu+n-n=\nu$ だけが重要で n は任意であることを使い，また $\boldsymbol{A}_n$ を巻きつき数 $\nu=n$ の古典場 A_μ の空間成分として

$$\Psi_\theta(\boldsymbol{a}(-\infty)) \equiv \frac{1}{\sqrt{N}}\sum_n e^{-in\theta}\Psi_0(\boldsymbol{A}_n(\boldsymbol{x},-\infty)+\boldsymbol{a}(\boldsymbol{x},-\infty)) \tag{4.67}$$

と定義した(実際の計算は(4.66)の第2の表式にもどって $t=\pm\infty$ の境界条件を満たすように行なう)．(4.67)の状態ベクトルに(4.65)を満たす時間に依存しない $\nu=1$ のゲージ変換(ただし，λ は定数とする)

$$g(\boldsymbol{x}) = \frac{|\boldsymbol{x}|^2-\lambda^2}{|\boldsymbol{x}|^2+\lambda^2}+\frac{i\boldsymbol{\tau}(-2\lambda\boldsymbol{x})}{|\boldsymbol{x}|^2+\lambda^2} \tag{4.68}$$

を行なうと

$$\Psi_\theta(\boldsymbol{a}^g) = e^{i\theta}\Psi_\theta(\boldsymbol{a}) \tag{4.69}$$

となる*．正準的描像では(4.67)，(4.69)から Yang-Mills 理論の真空は周期的

* (4.69)は，(4.67)の Ψ_θ は(4.68)の変換の下でも物理的状態としては不変であることを示している．なお，(4.68)のゲージ変換そのものは，時間発展を含むトンネル効果とは無関係である．

ポテンシャル中の量子力学と類似の構造を持つ．Bloch 波(4.67)に対応する基底エネルギー(密度)は固体物理における Brillouin 層と同じく

$$E_\theta = E_0 - K\exp[-8\pi^2/g^2]\cos\theta \tag{4.70}$$

の形に書けることが予想されるが，実際このことは確かめられている．(4.70)の $\exp[-8\pi^2/g^2]$ の因子は"隣の井戸へのトンネル効果"(3.32)の結果であり，定数 K は一般に摂動論で計算される．(4.64)の Z_θ および(4.67)の Ψ_θ は **θ 真空**(θ-vacuum)と呼ばれている．

$U(1)$ 問題と θ 真空の関連は次のように理解される．まず，$U(1)$ カレントに対応する WT 恒等式を書くために

$$\begin{aligned}&\psi'(x) = \exp[i\alpha(x)\gamma_5]\psi(x), \quad \bar\psi'(x) = \bar\psi(x)\exp[i\alpha(x)\gamma_5]\\ &\bar\psi'\gamma_5\psi' = \bar\psi\gamma_5\psi + 2i\alpha(x)\bar\psi\psi\end{aligned} \tag{4.71}$$

という変数変換を考えると(4.56)の代りに($M=0$ として)

$$\begin{aligned}&\partial_\mu{}^x\langle \mathrm{T}^*\bar\psi(x)\gamma^\mu\gamma_5\psi(x)\bar\psi(y)\gamma_5\psi(y)\rangle - 2N_\mathrm{f}\langle \mathrm{T}^*\partial_\mu K^\mu(x)\bar\psi(y)\gamma_5\psi(y)\rangle\\ &\quad = -2\langle\bar\psi(x)\psi(x)\rangle\delta(x-y)\end{aligned} \tag{4.72}$$

が得られる．左辺第 2 項(**異常項**)は(4.71)の変換の下で経路積分の測度が(N_f をフェルミオンの数として)

$$d\mu' = d\mu\exp\left[-2iN_\mathrm{f}\int\alpha(x)\frac{1}{16\pi^2}\mathrm{Tr}\,\tilde F_{\mu\nu}F^{\mu\nu}dx\right] \tag{4.73}$$

と変換されること(7-2 節参照)および(3.27)から

$$\partial_\mu K^\mu(x) \equiv \frac{1}{8\pi^2}\partial_\mu\,\mathrm{Tr}\,\epsilon^{\mu\nu\alpha\beta}\left(A_\nu\partial_\alpha A_\beta - \frac{2i}{3}A_\nu A_\alpha A_\beta\right) = \frac{1}{16\pi^2}\mathrm{Tr}\,\tilde F_{\mu\nu}F^{\mu\nu} \tag{4.74}$$

と書けることを使った*．(4.72)の左辺第 2 項は $U(1)$ 対称性の量子的破れを表わし，しかも(3.27)からわかるように，(4.72)を x に関して Fourier 変換した式で $q_\mu\to 0$ とした極限でも一般には 0 にならない．したがって，南部-Goldstone の定理は成立しなくなる．あるいは，$\tilde j_5{}^\mu(x) = \bar\psi\gamma^\mu\gamma_5\psi - 2N_\mathrm{f}K^\mu$ と定義すると，形式的に南部-Goldstone 定理は成立するが，$q_\mu\to 0$ の極限でもゲー

* $K^\mu(x)$ の時間成分 $K^0(x)$ を 3 次元空間の量と見なしたときには，**Chern-Simons 項**と呼ばれている．

ジ変換(4.68)の下で$\tilde{j}_5{}^{\mu}$は不変ではなく物理的な(ゲージ不変な)質量0の粒子の存在は結論できない．以上が，(4.2)のη'が異常に重い起源と考えられる．しかし実際にη'の質量を計算するのはQCDの難しい問題として残されている．

θ真空と関係したもう1つの話題としては，パリティPおよび荷電共役変換Cを組み合わせた**CP 対称性**がある．(4.62)を定義する$\tilde{F}F$は電磁気学での$\boldsymbol{E}\cdot\boldsymbol{B}$に対応し$P$および$CP$対称性を破る．すなわち$\theta$真空の式(4.64)は$CP$を破る有効相互作用をラグランジアンにつけ加えることになる．(4.73)で$\alpha(x)$を定数とする極限を考えると$\theta=0$に調整できるがこのときには(4.48)の質量項に$M\exp[i\theta\gamma_5/(2N_{\mathrm{f}})]$の形の位相が現われ，やはり$CP$不変性を破る．$CP$の破れは例えば**中性子の電気的2重極能率**を与える．すなわち$\boldsymbol{S}$をスピンとして電場$\boldsymbol{E}$と

$$H_{\mathrm{int}} = -e\mu\boldsymbol{S}\cdot\boldsymbol{E} \tag{4.75}$$

の形の相互作用をすることになる．実験的にはμは$|\mu|\leq 10^{-25}$ cmであることが知られている．他方θ項は$m_q\sim 10$ MeVとし，M_{N}は核子質量として

$$\mu \sim \theta m_q/M_{\mathrm{N}}{}^2 \sim \theta\times 10^{-16}\ \mathrm{cm} \tag{4.76}$$

の程度の値を与えると予想され，$|\theta|\leq 10^{-9}$という制約を与える．(4.76)はθを質量項の位相に移して計算される．このようにθを小さくする機構を見つけることが**強い CP の破れの問題**と言われ，未解決の問題である(第5章参照)．

4-6 クォークの閉じ込めと格子ゲージ理論

半端な電荷を持つクォーク(4.1)は観測されておらず，クォークは恒久的にハドロン内に閉じ込められているという描像が正しいと思われる．この閉じ込めをQCDで証明するのは場の理論的にむずかしい問題であるが，いくつかの興味ある考えが過去に提案されている．

まず，QCDでは質量を持たないYang-Mills場(グルーオン)が互いに相互作用するため(図3-1のFeynman則参照)赤外発散の扱いがQEDに比してずっと複雑になる．さらに，漸近自由性により，赤外領域では結合定数が強くな

る．これらの特性から，非摂動的な扱いをすれば，クォークとかグルーオンは散乱振幅の漸近状態には現われることができず，クォークが閉じ込められるという予想がある(**赤外閉じ込め**の考え)．

もう少し具体的な描像としては，(4.5)の Coulomb 力の一般化において，超伝導体中では Meissner 効果で磁束が絞られるのと双対的な性質として，QCD の真空が電気力線を絞る性質があるとする考えである(図 4-11 参照)．すなわち，図 4-11(a)の Coulomb 力に比して，図 4-11(b)のように色の力線が線的な領域に限定されるとすると $q\bar{q}$ 間に貯えられるエネルギーが距離に比例し，$q\bar{q}$ 間に**線形ポテンシャル**

$$V(R) = \alpha R \qquad (\alpha>0) \tag{4.77}$$

が働くことになる．このため q と $\bar{q}$ は遠く離れることができず，ある程度"ひも"が延びたときには中間に q と $\bar{q}$ の対創生をして 2 本に切れた方がエネルギー的に有利になる．図 4-11(b)から図 4-11(c)への過程は 1 つの励起された中間子が 2 つの中間子に崩壊する過程を示す．

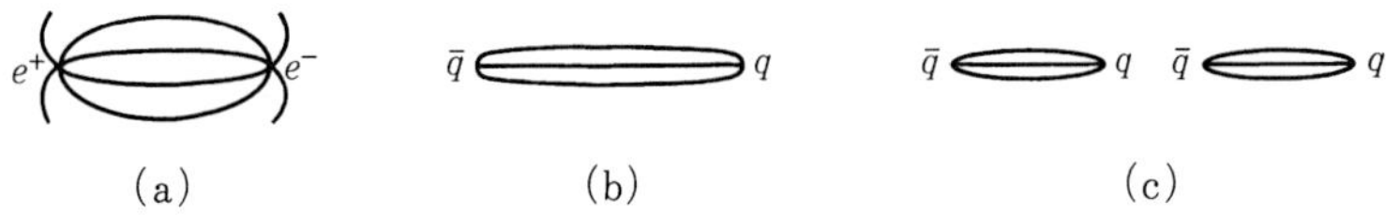

図 4-11

上記の線形ポテンシャル(4.77)を説明する**強結合 QCD** の正則化が K. G. Wilson により提案され，**格子ゲージ理論**(lattice gauge theory)と呼ばれている．まず(4.77)のポテンシャルという概念をゲージ不変に定義することを考える．これは Euclid 化した理論で図 4-12 で示されるような時間軸を含む平面内で，次式の左辺で定義される量が $T\to$大 で(道 $C=C_1-C_2$ として)

$$\left\langle P\exp\left[i\oint_C A_\mu{}^a(x)T^a dx^\mu\right]\right\rangle \sim e^{-V(R)T} = \exp[-\alpha RT] \tag{4.78}$$

と指数の肩が RT に比例する「面積則」を満たすこととして定式化される．まず(4.78)の左辺から説明すると，図 4-12 で示されるような時空間の軌跡を

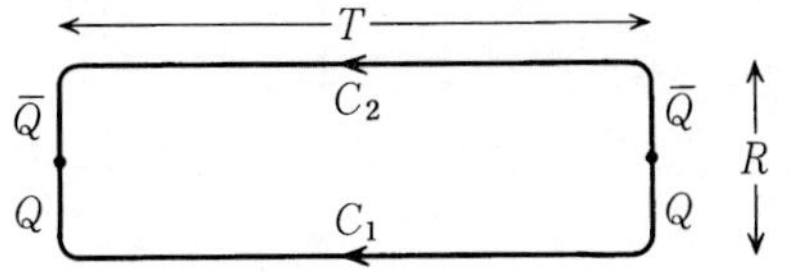

図 4-12

描く十分重い(したがって静的な記述が可能な)クォーク Q と反クォーク $\bar{Q}$ を考える．ある時刻 x_4, y_4 から無限小の時間後への時間発展の式は経路積分(1.22)から次のように与えられる．

$$\langle Q(x^\mu+dx^\mu,j)\bar{Q}(y^\nu+dy^\nu,l)|Q(x^\mu,i)\bar{Q}(y^\nu,k)\rangle$$
$$= \langle Q\bar{Q}|Q\bar{Q}\rangle^{(0)}\langle\!\langle(\exp[iA_\mu(x)dx^\mu])_{ji}(\exp[-iA_\nu(y)^*dy^\nu])_{lk}\rangle\!\rangle \qquad (4.79)$$

ただし，i,j,k,l は Q と $\bar{Q}$ の色の自由度を示す指標である．右辺第1因子は $g=0$ としたゲージ場と相互作用しない自由な $Q\bar{Q}$ の時間発展を表わし，以下では振幅の規格化因子に含めることにする．右辺の《…》は QCD の経路積分の中で平均化することを示す．具体的には

$$\langle\!\langle\cdots\rangle\!\rangle \approx \langle(1+iA_\mu(x)dx^\mu)_{ji}(1-iA_\nu(y)^*dy^\nu)_{lk}\rangle$$
$$\approx \exp[-\langle \mathrm{T}^*A_\mu{}^a(x)A_\nu{}^b(y)\rangle T^a(-T^b)^*dx^\mu dy^\nu]_{ji,kl} \qquad (4.80)$$

のように無限小の dx^μ, dy^ν に対しては Euclid 化されたゲージ場の伝搬関数 $\langle \mathrm{T}^*A_\mu{}^a(x)A_\nu{}^b(y)\rangle$ を使って計算できる．$(dx^\mu)^2$ とか $(dy^\nu)^2$ の項はクォークの自己エネルギーにくり込まれるので無視する．静的な力と輻射場が明確に区別される Coulomb ゲージ(3.43)で計算すると，結合定数の最低次では QCD のポテンシャルは QED と同じ構造を持ち((2.68)参照)

$$dx_4dy_4\langle \mathrm{T}^*A_4{}^a(x)A_4{}^b(y)\rangle = dx_4dy_4\int\frac{d^4q}{(2\pi)^4}e^{-iq(x-y)}g^2\frac{\delta^{ab}}{(\boldsymbol{q})^2}$$
$$= dx_4\left(\frac{g^2}{4\pi}\right)\frac{1}{|\boldsymbol{x}-\boldsymbol{y}|}\delta^{ab} \qquad (4.81)$$

と dy_4 に関して積分した後に与えられる．こうして(4.80)の指数の肩が(4.5)のポテンシャルを用いて($dx_4=dT$ として)

$$\exp[-V(R)dT]_{ij,lk} \tag{4.82}$$

と表示できる．摂動的に高次の効果を取り入れると $V(R)$ が補正を受け，非摂動論的に計算すれば(4.77)の $V(R)$ が得られることが期待される．他方，(4.79)の振幅を図 4-12 の全時間に関して掛け合わせると

$$\left\langle\!\left\langle P\exp\left[i\int_{C_1}A_\mu(x)dx^\mu\right]_{ji}P\exp\left[-i\int_{C_2}A_\nu^*(y)dy^\nu\right]_{lk}\right\rangle\!\right\rangle$$
$$\to\left\langle\!\left\langle P\exp\left[i\oint_C A_\mu(x)dx^\mu\right]\right\rangle\!\right\rangle \tag{4.83}$$

と書くことができる．ただし，最初と最後の $Q\bar{Q}$ 状態を色の自由度に関して 1 重項($Q\bar{Q}=\sum_i Q_i\bar{Q}_i/\sqrt{3}$)とするため $i=k$，$j=l$ として足し合わせ 3 で割った．また図 4-12 で Q と $\bar{Q}$ の軌跡 C_1 と C_2 を組み合わせて，閉じた C に関する積分に書いた．P は(4.79)の形の項を方向つきの道にそって掛け合わせることを示し，$(T^b)^\dagger=T^b$ から $(T^{b*})_{lk}=(T^b)_{kl}$ となることも使った．(4.83)はゲージ不変な源に対する経路積分なので，経路積分を任意の共変ゲージに変換することが許されることになる．(4.82)を dT に関して積分したものと(4.83)を比較することにより，(4.78)の第 1 の関係式が妥当なものであることが理解できる．

さて，格子ゲージ理論では **Euclid 化**された 4 次元時空間を正方格子に切り，各格子点をつなぐ線(link)にゲージ場(接続)を肩に乗せたもの

$$U_\mu(\boldsymbol{n})\equiv\exp[iaA_\mu{}^bT^b] \tag{4.84}$$

を対応させる．U_μ は(4.79)の位相因子の格子化版である．格子間隔を a とし，$\hat{\mu}$ を単位ベクトルとして

$$U_{-\mu}(\boldsymbol{n}+a\hat{\mu})\equiv U_\mu(\boldsymbol{n})^{-1} \tag{4.85}$$

と定義する．ゲージ変換は(3.6)を格子化したものの下で

$$U_\mu(\boldsymbol{n})\to U(\omega(\boldsymbol{n}))U_\mu(\boldsymbol{n})U(\omega(\boldsymbol{n}+a\hat{\mu}))^\dagger \tag{4.86}$$

と変換則を定める．図 4-13 に $\hat{\mu}$-$\hat{\nu}$ 面で切った最小四角形(**plaquette**)を示す．

格子ゲージ理論の作用は，Tr をゲージ自由度の添字についての跡として

$$S=\frac{1}{2}\sum_{P_{\mu\nu}}\frac{1}{g^2}\{\mathrm{Tr}[U_\mu(\boldsymbol{n})U_\nu(\boldsymbol{n}+a\hat{\mu})U_{-\mu}(\boldsymbol{n}+a\hat{\mu}+a\hat{\nu})U_{-\nu}(\boldsymbol{n}+a\hat{\nu})]$$
$$+\mathrm{h.c.}-2\} \tag{4.87}$$

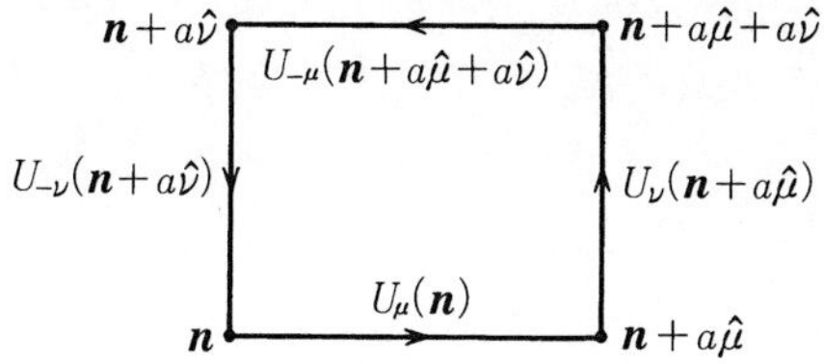

図 4-13

と定義される．すなわち図 4-13 のような各最小四角形の回りに(4.84)の 4 つの U を掛け合わせたものを対応させ，すべての最小四角形($P_{\mu\nu}$)に関して足し上げるものとする．(4.87)は明らかにゲージ変換(4.86)の下で不変である．さらに a が小さいときは，

$$
\begin{aligned}
U_{\nu}(\boldsymbol{n}+a\hat{\mu}) &= e^{iaA_{\nu}(\boldsymbol{n}+a\hat{\mu})} \approx \exp[iaA_{\nu}(\boldsymbol{n})+ia^2\partial_{\mu}A_{\nu}(\boldsymbol{n})] \\
U_{-\mu}(\boldsymbol{n}+a\hat{\mu}+a\hat{\nu}) &\equiv U_{\mu}(\boldsymbol{n}+a\hat{\nu})^{-1} \approx \exp[-iaA_{\mu}(\boldsymbol{n})-ia^2\partial_{\nu}A_{\mu}(\boldsymbol{n})] \\
U_{-\nu}(\boldsymbol{n}+a\hat{\nu}) &= U_{\nu}(\boldsymbol{n})^{-1} = \exp[-iaA_{\nu}(\boldsymbol{n})]
\end{aligned}
\tag{4.88}
$$

に注意すると，$a\to 0$ で(4.87)の跡の項は

$$
\begin{aligned}
&\mathrm{Tr}\left[e^{iaA_{\mu}(\boldsymbol{n})}e^{iaA_{\nu}(\boldsymbol{n})+ia^2\partial_{\mu}A_{\nu}(\boldsymbol{n})}e^{-iaA_{\mu}(\boldsymbol{n})-ia^2\partial_{\nu}A_{\mu}(\boldsymbol{n})}e^{-iaA_{\nu}(\boldsymbol{n})}\right] \\
&\quad\approx \mathrm{Tr}\exp\{ia^2[\partial_{\mu}A_{\nu}-\partial_{\nu}A_{\mu}+i[A_{\mu},A_{\nu}]]\}
\end{aligned}
\tag{4.89}
$$

と計算され，**古典的連続極限** $a\to 0$ で

$$
S = -\frac{1}{2g^2}\sum_{P_{\mu\nu}}a^4\,\mathrm{Tr}(F_{\mu\nu})^2 \approx -\frac{1}{2g^2}\int\mathrm{Tr}\,F_{\mu\nu}F^{\mu\nu}d^4x \tag{4.90}
$$

と Yang-Mills 場の作用が再現される．すなわち(4.87)は Yang-Mills 場の格子による正則化を与える．ただし，(4.89)で

$$
\exp[iaA_{\mu}(\boldsymbol{n})]\exp[iaA_{\nu}(\boldsymbol{n})] \approx \exp\left\{ia(A_{\mu}+A_{\nu})-\frac{a^2}{2}[A_{\mu},A_{\nu}]\right\} \tag{4.91}
$$

を使った．また(4.89)で $O(a^3)$ とかそれより高次の項は $\mathrm{Tr}\,T^a=0$ に注意すれば(4.90)には寄与しない．(4.89)の A_{μ} は第 3 章での $-A_{\mu}$ に対応する．

格子ゲージ理論の量子化は

$$
\int\Pi dU_{\mu}\exp[S] \tag{4.92}
$$

と定義される．ここで積分は全てのリンク変数 U_μ にわたるものとし，各積分要素は(ゲージ)不変 Haar 測度

$$\int dU = 1$$
$$\int dUf(U_0U) = \int d(U_0U)f(U_0U) = \int dUf(U) \tag{4.93}$$

で定義する．$UU^\dagger=1$ なので(4.93)の体積は有限(**compact QCD**)となり1に規格化される*．$f(U)$ は U の任意の関数とし，$U_0 \in SU(3)$ は任意の要素である．(4.93)から

$$\int dUU_{ij} = 0$$
$$\int dUU_{ij}(U^\dagger)_{kl} = \frac{1}{3}\delta_{jk}\delta_{il} \tag{4.94}$$

が結論される．第1の関係式は，U_{ij} の i と j に関してそれぞれ **3** と **3*** という表現に従って，左および右からの独立な(4.93)の U_0 変換で変換されることから不変量が存在せず，第2式は i と l に関して左からの同一の U_0 変換の下で **3** と **3*** の変換を受けることから不変な成分を含み，$i=l$ として i に関する和を取ることにより1/3の係数が決まる．

(4.78)の **Wilson 演算子**の格子化版は

$$\langle P_C UU\cdots U\rangle = \int \Pi dU_\mu (P_C UU\cdots U)\exp[S] \tag{4.95}$$

と図4-14のような(外枠の)道 C にそって U を掛け合わせたもので定義される．(4.87)で $\beta=1/g^2$ と定義して $g\to\infty$ という**強結合極限**を考える．(4.94)に注意して(4.95)で $\exp[S]$ を β に関してベキ展開すると，図4-14に示すように作用からの寄与である RT/a^2 個の最小四角形が C で囲まれた平面をぎっしり敷きつめた項が $\beta\to 0$ で主要な寄与を与える．したがって(4.95)は強結合極

---

* この理由で格子ゲージ理論の経路積分はゲージ固定しなくても定式化できる．

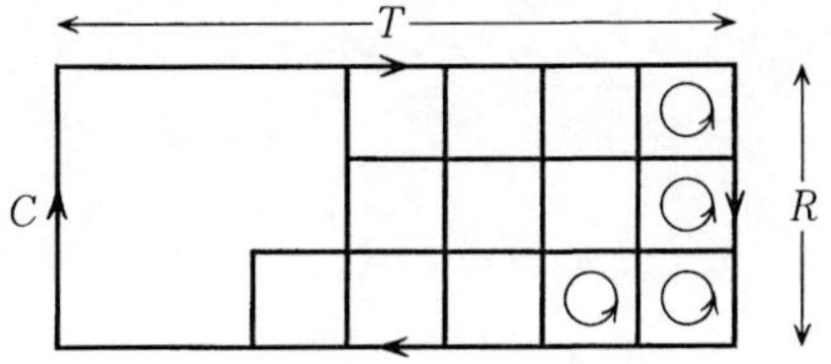

図 4-14

限では

$$\langle P_C UU \cdots U \rangle \approx (1/2g^2)^{(RT/a^2)} = \exp[-RT(1/a^2)\ln(2g^2)] \qquad (4.96)$$

と評価され，面積則を満たす閉じ込めポテンシャル(4.77)を与える．ここで各リンク上の U が独立に“回転”できることが基本的である．有限な g で適切に定義された連続極限において(4.96)の性質が保たれることが示されればクォークの閉じ込めに必要な力が QCD で生成される証左になる．

フェルミオン(クォーク)は各格子点で定義され，各クォークに対して差分を使った次の作用により記述される．

$$\begin{aligned}\frac{S_F}{a^4} \equiv \sum_x \Big\{ &\sum_\mu \left(\frac{i}{2a}\right)[\bar{\psi}(x)\gamma^\mu U_\mu(x)\psi(x+a^\mu) - \bar{\psi}(x+a^\mu)\gamma^\mu U_\mu(x)^\dagger \psi(x)] \\ &- m_0\bar{\psi}(x)\psi(x) + \sum_\mu \left(\frac{r}{2a}\right)[\bar{\psi}(x)U_\mu(x)\psi(x+a^\mu) + \bar{\psi}(x+a^\mu)U_\mu(x)^\dagger\psi(x) \\ &- 2\bar{\psi}(x)\psi(x)]\Big\} \end{aligned} \qquad (4.97)$$

ただし，x に関する和は各格子点にわたるものとし，$a^\mu \equiv a\hat{\mu}$ とし $\mu=1$ から 4 まで和をとる．(4.97)は(4.86)のゲージ変換と同時に

$$\psi(x) \to U(\omega(x))\psi(x), \qquad \bar{\psi}(x) \to \bar{\psi}(x)U(\omega(x))^\dagger \qquad (4.98)$$

の変換を行なえば局所ゲージ不変になる．

$$\begin{aligned} U_\mu(x) &= \exp[iaA_\mu{}^a(x)T^a] \approx 1 + iaA_\mu(x) + \frac{1}{2}(iaA_\mu(x))^2 \\ \psi(x+a^\mu) &\approx \psi(x) + a\partial_\mu\psi(x) + \frac{1}{2}a^2\partial_\mu{}^2\psi \end{aligned} \qquad (4.99)$$

に注意すると，(4.97)は素朴な連続極限 $a\to 0$ では

$$S_{\mathrm{F}} \approx \int d^4x \left\{ \frac{i}{2} [\bar{\psi}\gamma^\mu D_\mu \psi - D_\mu \bar{\psi}\gamma^\mu \psi] - m_0 \bar{\psi}\psi + \left(\frac{ar}{4}\right) [\bar{\psi} D_\mu D^\mu \psi + \bar{\psi}\overleftarrow{D}_\mu \overleftarrow{D}^\mu \psi] \right\} \tag{4.100}$$

を与える．ただし，(4.100)の最後の項では(4.99)の展開で a^2 の項まで考慮した．この r に比例する項は $a \to 0$ で 0 となり一見意味のない項のように思われる．

Wilson 項と呼ばれる r に比例する項の物理的意味を理解するために，(4.97)で $U_\mu = 1$，$r = 0$ と置いた理論を考察する．p_μ を微分で表示された運動量演算子とすると

$$\exp[iap_\mu]\psi(x) = \psi(x + a^\mu) \tag{4.101}$$

に注意して，$\psi(x) \sim \exp[-ik_\mu x^\mu]$，$\bar{\psi}(x) \sim \exp[ik_\mu x^\mu]$ とすると，ラグランジアン(4.97)に現われる ψ の 2 頂点関数は運動量表示で

$$\sum_\mu \frac{i}{2a} [\gamma^\mu e^{-iak_\mu} - e^{iak_\mu}\gamma^\mu] - m_0 \tag{4.102}$$

となり，その逆としての伝搬関数は

$$\left[\sum_\mu \frac{1}{a} \gamma^\mu \sin ak_\mu - m_0 \right]^{-1} \tag{4.103}$$

と与えられる．物性論で知られているように，格子上の理論では，運動量は**基本的 Brillouin 層**で定義され

$$-\frac{\pi}{2a} \leqslant k_\mu < \frac{3\pi}{2a} \qquad (\mu = 1, 2, 3, 4) \tag{4.104}$$

と選ぶことができる．(4.103)で各 k_μ を $k_\mu \simeq 0$ の近くに保って $a \to 0$ とすると

$$[\gamma^\mu k_\mu - m_0]^{-1} \tag{4.105}$$

となり通常のフェルミオンの伝搬関数を与える．ところがこれ以外にも，例えば，$k_1 = \pi/a + k_1'$ として $a \to 0$ とすると

$$\left[\sum_{\mu=2}^{4} \gamma^\mu k_\mu - \gamma^1 k_1' - m_0 \right]^{-1} \tag{4.106}$$

となり，(4.105)で k_1 の符号を変えたものを与え，物理的には質量 m_0 のフェ

ルミオンを与える．このように4元運動量の各方向に$a\to 0$の極限で2個ずつ独立なフェルミオンを表わす点が現われ，全体として$2^4=16$個のフェルミオンが現われる．これを**種の倍増**(species doubling)と呼ぶ．他方$r\neq 0$として(4.97)のWilson項を考慮すると，(4.103)は

$$\left[\sum_\mu \frac{1}{a}\gamma^\mu \sin ak_\mu - m_0 - \sum_\mu \frac{r}{a}(1-\cos ak_\mu)\right]^{-1} \tag{4.107}$$

となり，$k_\mu\approx 0$以外の余分なフェルミオンは取り除かれる．

種の倍増を対称性という観点から考察したい．まず

$$T_\mu \equiv \gamma^\mu\gamma_5 \exp[i\pi(x^\mu/a)] \tag{4.108}$$

と定義すると，$T_\mu T_\nu + T_\nu T_\mu = 2\delta_{\mu\nu}$となり，

$$1,\ T_1T_2,\ T_1T_3,\ T_1T_4,\ T_2T_3,\ T_2T_4,\ T_3T_4,\ T_1T_2T_3T_4 \tag{4.109}$$

$$T_1,\ T_2,\ T_3,\ T_4,\ T_1T_2T_3,\ T_2T_3T_4,\ T_3T_4T_1,\ T_4T_1T_2 \tag{4.110}$$

という合計16個の独立な演算子が定義される．この内の1個をTとするとき

$$\psi(x) \to T\psi(x), \qquad \bar{\psi}(x) \to \bar{\psi}(x)T^{-1} \tag{4.111}$$

という変換に関して，(4.97)で$r=0$とした作用は不変となることが確かめられる．(4.108)はμ方向の運動量をπ/aだけつけ加えることを考慮すると，(4.109)と(4.110)で$T=1$以外の15個のTは(4.111)のもとで$k_\mu\approx 0$から出発して(4.104)の領域内の他の15個のフェルミオンの極を作り出すことがわかる．重要な点は(4.109)のTはγ_5と交換し，(4.110)のTはγ_5と反交換しその符号を変えることである．したがって，(4.97)で$r=0$とした理論で例えば(4.72)を計算すると，種の倍増による8個ずつのフェルミオンでγ_5の符号が逆転し量子異常項は互いに相殺し合い0となる($r\neq 0$としてカイラル(γ_5)対称性を陽に破ると異常項は正しく出ることが示される)．さらに，$\psi_L=[(1-\gamma_5)/2]\psi(x)$の形の左巻きのWeyl型のフェルミオンを定義しようとすると，結果として8個のψ_Lと8個の右巻きの$\psi_R=[(1+\gamma_5)/2]\psi(x)$が同時に現われることになり，弱い相互作用の理論の格子正則化は困難な問題として残されている．

5
弱電磁相互作用の統一理論

弱電磁相互作用の統一理論は，ゲージ理論と対称性の自発的破れの組み合わせに基づく質量を持つくり込み可能なゲージ場理論(Higgs 機構)として特徴づけられる．物理的側面としては，弱い相互作用の結合定数が電子の電荷とほぼ同じであることと W および Z ボソンの存在およびクォーク・レプトン対応が基本的である．

5-1 自発的対称性の破れ

場の理論を記述する基本的なラグランジアンはある対称性を持つが，その解として得られる真空状態が対称性を明白な形で示さない場合がある．このような現象を自発的対称性の破れと呼ぶ．相対論的不変な場の理論では，連続的対称性が自発的に破れた場合には常に縮退した真空と質量 0 の南部-Goldstone 粒子と呼ばれる粒子が現われる．ここでは，Weinberg-Salam 理論への応用を念頭においた自発的対称性の破れの具体例を議論したい．

スピン 0 の電荷が +1 と 0 の 2 つの複素スカラー場からなる場

$$\phi(x) = \begin{pmatrix} i\phi^+ \\ \phi^0 \end{pmatrix} \equiv \frac{1}{\sqrt{2}}\begin{pmatrix} \varphi_2 + i\varphi_1 \\ \varphi - i\varphi_3 \end{pmatrix} \tag{5.1}$$

を記述するラグランジアン

$$\mathcal{L} = (\partial_\mu \phi)^\dagger(\partial^\mu \phi) - \lambda\left[\phi^\dagger\phi - \frac{\mu^2}{2\lambda}\right]^2 \qquad (\mu^2 > 0) \tag{5.2}$$

を考える．ϕ に関して 4 次以下の項に限定したのはくり込み可能性を保つためである．この $\mathcal{L}$ は ω^a, ω を定数として次の $SU(2)\times U(1)$ 変換の下で不変である．

$$\begin{aligned} \phi'(x) &= \exp[i\omega^a \tau^a/2]\phi(x) \equiv \exp[i\omega^a T^a]\phi(x) \\ \phi'(x) &= \exp[i\omega Y/2]\phi(x) \end{aligned} \tag{5.3}$$

ただし，τ^a は $SU(2)$ 群を生成する Pauli 行列であり，Y は $U(1)$ 群を生成する定数である．電荷は中野-西島-Gell-Mann 型の関係式を満たすよう

$$Q_{\text{em}} = T_3 + \frac{Y}{2} = \frac{1}{2}\begin{pmatrix} 1 & 0 \\ 0 & -1 \end{pmatrix} + \frac{1}{2}Y \tag{5.4}$$

で定義する．このとき(5.1)から $Y=1$ と決められる．以下では Y の代りに Q_{em} を使う．(5.3)の最初の変換に対応する Ward-高橋の恒等式は，ω^a を時空間に依存する無限小の $\omega^a(x)$ に置き換え，そのときに成立する関係式

$$\int \mathcal{D}\phi' \phi'(y) \exp\left[i\int \mathcal{L}(\phi')d^4x\right] = \int \mathcal{D}\phi \phi(y) \exp\left[i\int \mathcal{L}(\phi)d^4x\right] \tag{5.5}$$

から出発する*．このときのラグランジアンの変化

$$\begin{aligned} \mathcal{L}(\phi') &= \mathcal{L}(\phi) - \partial^\mu \omega^a(x) j_\mu{}^a(x) \\ j_\mu{}^a(x) &\equiv -i[\partial_\mu \phi^\dagger T^a \phi - \phi^\dagger T^a \partial_\mu \phi] \end{aligned} \tag{5.6}$$

から Noether カレント $j_\mu{}^a(x)$ が定義され((2.144)参照)

$$\int d^4x \langle \mathrm{T}^*[-i\partial^\mu \omega^a(x) j_\mu{}^a(x)\phi(y) + i\omega^a(y) T^a \phi(y)\rangle] = 0$$

が導かれる．$\omega^a(x)$ が任意の局所的関数であることから

---

* スカラー場の経路積分に関しては付録 A-1 参照.

$$\partial_x{}^\mu \langle \mathrm{T}^* j_\mu{}^a(x)\phi(y)\rangle = -\langle T^a\phi(y)\rangle\delta^4(x-y) \tag{5.7}$$

が成立する．同様にして，(5.4)の Q_{em} に対して $\phi'(x)=\exp[i\omega(x)Q_{\mathrm{em}}]\phi(x)$ から

$$\begin{aligned}\partial_x{}^\mu \langle \mathrm{T}^* j_\mu{}^{\mathrm{em}}(x)\phi(y)\rangle &= -\langle Q_{\mathrm{em}}\phi(y)\rangle\delta^4(x-y)\\ j_\mu{}^{\mathrm{em}}(x) &\equiv (-i)[\partial_\mu\phi^\dagger Q_{\mathrm{em}}\phi-\phi^\dagger Q_{\mathrm{em}}\partial_\mu\phi]\end{aligned} \tag{5.8}$$

が導かれる．(5.7)と(5.8)を導くとき $\mathcal{D}\phi=\mathcal{D}\phi'$ (すなわち現在の Bose 場理論には量子異常が存在しないこと(第7章参照))を使った．

他方(5.5)で ω^a と ω を最初から時空間に依存しない定数とすると，素朴には(5.7)と(5.8)の代りに

$$\langle T^a\phi(x)\rangle = \langle Q_{\mathrm{em}}\phi(x)\rangle = 0 \tag{5.9}$$

が結論される．自発的対称性の破れとは(5.9)の中の少なくとも1つが成立しない場合として定義される．運動量表示で言えば，カレント j_μ が運び込む運動量 $p_\mu \neq 0$ の**常に成立する**局所的対称性(5.7), (5.8)と $p_\mu=0$ での大局的対称性(5.9)の(破れの)間に不整合性が生じることになる．具体的には(5.2)のポテンシャル項 $V(\phi)=\lambda(\phi^\dagger\phi-\mu^2/2\lambda)^2$ が図5-1の形を持つことに注意すると，$\phi=0$ ではなく $\phi^\dagger\phi=\mu^2/2\lambda$ の点が**安定点**(**真空**)を定義することがわかり

$$\langle 0|\phi(x)|0\rangle = \frac{1}{\sqrt{2}}\begin{pmatrix}0\\ \langle 0|\varphi(x)|0\rangle\end{pmatrix} = \frac{1}{\sqrt{2}}\begin{pmatrix}0\\ v\end{pmatrix} \tag{5.10}$$

と選ぶことができる．ただし，$V(\phi)$ の形からわかるように上記の真空 $|0\rangle$ と，ω^a, ω を定数として

$$\langle\omega|\phi(x)|\omega\rangle = \exp[i\omega^aT^a+i\omega Y/2]\frac{1}{\sqrt{2}}\begin{pmatrix}0\\ v\end{pmatrix} \tag{5.11}$$

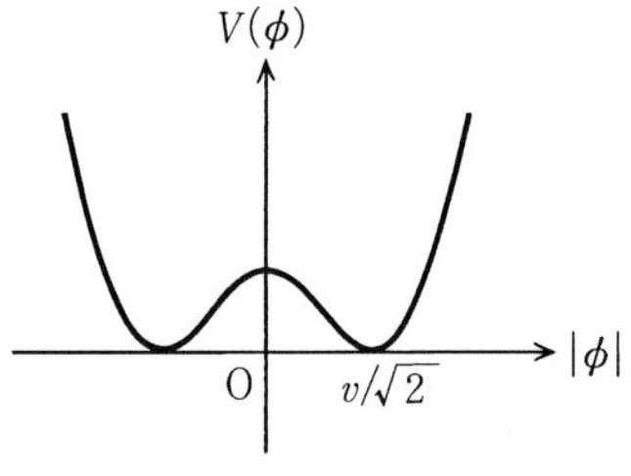

図5-1

を与える $|\omega\rangle$ はエネルギー的には縮退している．なお，

$$v^2 \equiv \mu^2/\lambda > 0 \tag{5.12}$$

と仮定したが，$\mu^2>0$ は(5.2)で言えば $\phi^\dagger\phi$ の係数の質量の2乗が負になっていることになる．(超伝導の Landau-Ginzburg 模型で言えば転移点以下の温度に対応する．)

(5.10)が成立すれば，電磁対称性に関係した(5.8)の右辺は0になるが(5.7)の右辺は

$$\partial_x{}^\mu\langle \mathrm{T}^* j_\mu{}^a(x)\phi(y)\rangle = -\frac{1}{\sqrt{2}}T^a\begin{pmatrix}0\\ v\end{pmatrix}\delta^4(x-y) \tag{5.13}$$

を与え，T^a，$a=1\sim3$，に対して0にならない．真空の並進不変性を考慮して運動量表示へ移ると

$$-ip^\mu\int d^4x e^{ip(x-y)}\langle \mathrm{T}^* j_\mu{}^a(x)\phi(y)\rangle = -\frac{1}{\sqrt{2}}T^a\begin{pmatrix}0\\ v\end{pmatrix} \tag{5.14}$$

が得られる．この関係式が $p^\mu\to0$ でも成立するためには左辺の相関関数が p_μ/p^2 に比例し，$T^a\langle\phi\rangle\neq0$ に対応する $j_\mu{}^a$ に質量0の粒子の微分が含まれていることが結論される(**南部-Goldstone の定理**)．事実，現在の模型では

$$\phi(x)\to\frac{1}{\sqrt{2}}\begin{pmatrix}0\\ v\end{pmatrix}+\phi(x)\equiv\frac{1}{\sqrt{2}}\begin{pmatrix}\varphi_2+i\varphi_1\\ v+\varphi-i\varphi_3\end{pmatrix} \tag{5.15}$$

のように(5.1)を**再定義**して，新しい ϕ に関しては $\langle\phi\rangle=0$ として(5.2)に代入すると

$$\mathcal{L} = \frac{1}{2}[(\partial_\mu\varphi)^2+(\partial_\mu\boldsymbol{\varphi})^2]-\lambda v^2\varphi^2-\lambda v\varphi(\varphi^2+\boldsymbol{\varphi}^2)-\frac{\lambda}{4}(\varphi^2+\boldsymbol{\varphi}^2)^2 \tag{5.16}$$

を与え，$\boldsymbol{\varphi}\equiv(\varphi_1,\varphi_2,\varphi_3)$ に質量項がなく質量0の粒子を表わす．また(5.6)のカレント $j_\mu{}^a$ は

$$j_\mu{}^a(x) = -\frac{v}{2}\partial_\mu\varphi_a(x)-i[\partial_\mu\phi^\dagger T^a\phi-\phi^\dagger T^a\partial_\mu\phi] \tag{5.17}$$

となり，質量0の粒子の微分が右辺に現われ，確かに南部-Goldstone の定理は成立している．南部-Goldstone の定理の証明には，異常項を含まない正確

な局所的 Ward-高橋の恒等式(5.7)が必須であることがわかる.

付録 B の BJL 処方を(5.13)に適用して正準形式に移ると

$$\begin{aligned} &\partial^\mu j_\mu{}^a(x) = 0 \\ &\langle 0|[j_0{}^a(x), \phi^b(y)]|0\rangle \delta(x^0-y^0) = i\frac{1}{2}v\delta^{ab}\delta^4(x-y) \end{aligned} \tag{5.18}$$

が導かれる.この第2式から形式的にではあるが真空 $|0\rangle$ が対称性を破ること

$$Q^a|0\rangle \neq 0, \qquad Q^a \equiv \int d^3x j_0{}^a(x), \qquad a = 1\sim 3 \tag{5.19}$$

が結論され,他方(5.8)の $j_{\rm em}{}^\mu$ から定義される通常の電荷 $Q_{\rm em}$ は $Q_{\rm em}|0\rangle=0$ を満たす.

なお,図 5-1 の考察は古典的描像に基づいている.量子効果を正しく取り入れたくり込まれた理論に図 5-1 の考えを一般化するには,連結した Green 関数の生成汎関数

$$\exp[iW(J)] = \int \mathcal{D}\phi \exp\left[i\int \mathcal{L}(\phi)d^4x + i\int \varphi_\alpha(x)J^\alpha(x)d^4x\right] \tag{5.20}$$

を $\varphi_\alpha(x)\equiv(\varphi, \boldsymbol{\varphi})$ という記法を用いて定義し,

$$\Gamma(\varphi) = W(J) - \int \varphi_\alpha(x)J^\alpha(x)d^4x \tag{5.21}$$

と Legendre 変換して1粒子既約な頂点関数の生成汎関数へ移る.(5.21)はくり込まれた $\varphi_\alpha(x)_r$ および $J_r{}^\alpha$ に対しても成立すること((2.159)参照)を思い起こすと,(5.10)は

$$\begin{aligned} &\left.\frac{\partial W}{\partial J_r{}^0}\right|_{J_r=0} = \langle 0|\hat{\varphi}(x)_r|0\rangle \equiv \varphi_r = v_r \neq 0 \\ &\left.\frac{\partial \Gamma(\varphi_r)}{\partial \varphi_r}\right|_{J_r=0} = 0 \end{aligned} \tag{5.22}$$

で指定される.$J_r{}^0$ を外部磁場,$\hat{\varphi}(x)_r$ を磁化とすると,$J_r{}^0 \neq 0$ なら $\langle\hat{\varphi}_r\rangle_J \neq 0$ であるが,(5.22)は $J_r \to 0$ でも $\langle\hat{\varphi}_r\rangle \neq 0$ を示し,自発磁化との類似が成立する.$\hat{\varphi}(x)_r$ の真空期待値である**定数** φ_r で書かれた $\Gamma(\varphi_r)$ の停留点として v_r が定義

され，そこでの曲率

$$-\delta^2\Gamma(\varphi_r)/\delta\varphi_r{}^2|_{\varphi_r=v_r} \equiv m_\varphi{}^2 \tag{5.23}$$

がくり込まれた $\varphi(x)_r$ の質量を与える．$m_\varphi{}^2>0$ および $\Gamma(v_r)>\Gamma(0)$ が真空の安定性の必要条件となる．$-\Gamma(\varphi_r)$ はポテンシャル $V(\varphi)$ の一般化を与え，**有効ポテンシャル**と呼ばれている．

対称性という観点からは，(5.1)で $\phi^\dagger\phi=\varphi^2+\varphi_1{}^2+\varphi_2{}^2+\varphi_3{}^2$ となることからわかるように，(5.2)の $\mathcal{L}$ は4次元の回転に対応する $SO(4)$ の**内部**対称性を持つ．局所的には $SO(4)=SU(2)\times SU(2)$ であり，この対称性は2行2列の行列

$$\boldsymbol{\Phi} = \frac{1}{\sqrt{2}}\begin{pmatrix} \varphi+i\varphi_3 & \varphi_2+i\varphi_1 \\ -\varphi_2+i\varphi_1 & \varphi-i\varphi_3 \end{pmatrix} = \frac{1}{\sqrt{2}}(\varphi+i\boldsymbol{\varphi\tau}) \tag{5.24}$$

を定義すると明確に現われる．(5.24)は左からの $SU(2)_\mathrm{L}$ および右からの $SU(2)_\mathrm{R}$ 行列の掛け算で

$$\exp[i\omega_\mathrm{L}{}^a T_\mathrm{L}{}^a]\boldsymbol{\Phi}(x)\exp[i\omega_\mathrm{R}{}^a T_\mathrm{R}{}^a] = \boldsymbol{\Phi}'(x) \equiv \frac{1}{\sqrt{2}}(\varphi'(x)+i\boldsymbol{\varphi}'\boldsymbol{\tau}) \tag{5.25}$$

となり，$\boldsymbol{\Phi}'^\dagger\boldsymbol{\Phi}'=\boldsymbol{\Phi}^\dagger\boldsymbol{\Phi}$ が確かめられる．このとき(5.2)は

$$\mathcal{L} = \frac{1}{2}\mathrm{Tr}\{(\partial_\mu\boldsymbol{\Phi})^\dagger(\partial^\mu\boldsymbol{\Phi})-\lambda(\boldsymbol{\Phi}^\dagger\boldsymbol{\Phi}-\mu^2/2\lambda)^2\} \tag{5.26}$$

のように Tr を2行2列の行列の跡として書かれ，(5.10)は

$$\langle\boldsymbol{\Phi}(x)\rangle = \frac{1}{\sqrt{2}}\begin{pmatrix} v & 0 \\ 0 & v \end{pmatrix} \tag{5.27}$$

となる．(5.27)は $SU(2)_\mathrm{L}$ および $SU(2)_\mathrm{R}$ のそれぞれの掛け算で形を変えるが，対角的部分群 $SU(2)$(すなわち(5.25)で $\omega_\mathrm{L}{}^a=-\omega_\mathrm{R}{}^a$ としたもの)の下では不変である．この部分群 $SU(2)$ は Weinberg-Salam 理論では後に説明する ρ パラメタというものと関係している．また(5.3)で T^a は $T_\mathrm{L}{}^a$，$Y/2$ は $T_\mathrm{R}{}^3$ に対応しており，(5.1)の ϕ は(5.24)を使うと

$$\phi(x) = \boldsymbol{\Phi}(x)\begin{pmatrix} 0 \\ 1 \end{pmatrix} \tag{5.28}$$

と表わされ，この ϕ と同じ $SU(2)_\mathrm{L}$ 変換性を持つ場として

$$\tilde{\phi}(x) = \boldsymbol{\Phi}(x)\begin{pmatrix}1\\0\end{pmatrix} = \frac{1}{\sqrt{2}}\begin{pmatrix}\varphi+i\varphi_3\\-\varphi_2+i\varphi_1\end{pmatrix} \tag{5.29}$$

も定義できる．この $\tilde{\phi}$ は後にクォークの質量を作るときに使われる．

5-2 質量を持つゲージ場の理論——Higgs 機構

自発的対称性の破れとゲージ理論が組み合わさったときに何が起こるかをみるために，(5.2)にゲージ場を導入して対称性を局所ゲージ対称性に一般化する．すなわち

$$\begin{aligned}\mathcal{L} &= (D^\mu\phi)^\dagger(D_\mu\phi)-\lambda\left(\phi^\dagger\phi-\frac{\mu^2}{2\lambda}\right)^2\\&\quad-\frac{1}{4}(\partial_\mu W_\nu{}^a-\partial_\nu W_\mu{}^a+gf^{abc}W_\mu{}^bW_\nu{}^c)^2-\frac{1}{4}(\partial_\mu B_\nu-\partial_\nu B_\mu)^2\end{aligned} \tag{5.30}$$

$$D_\mu \equiv \partial_\mu-igW_\mu{}^aT^a-ig'B_\mu Y/2 \tag{5.31}$$

を考える．ただし，$W_\mu{}^a, B_\mu$ はそれぞれ $SU(2)$ と $U(1)$ に属するゲージ場であり，T^a は $T^a=(1/2)\tau^a$ で定義され ϕ に関しては(5.4)から $Y=1$ となる．自発的対称性の破れ(5.15)の後では

$$\phi(x) = \frac{1}{\sqrt{2}}\exp[i\chi^a(x)T^a]\begin{pmatrix}0\\v+\varphi(x)\end{pmatrix} \equiv U(x)\frac{1}{\sqrt{2}}\begin{pmatrix}0\\v+\varphi(x)\end{pmatrix} \tag{5.32}$$

とパラメタ表示できる．一般の $\phi(x)$ は

$$\frac{1}{\sqrt{2}}\begin{pmatrix}0\\v+\varphi(x)\end{pmatrix} \tag{5.33}$$

から出発して，それを不変としない3つの生成演算子 T^a で回転することにより到達できるからである．(5.30)は $SU(2)\times U(1)$ ゲージ変換

$$\begin{aligned}\phi'(x) &= \exp[i\omega^a(x)T^a+i\omega(x)Y/2]\phi(x)\\D_\mu{}' &= \partial_\mu-igW_\mu{}'^aT^a-ig'B_\mu{}'Y/2 \equiv e^{i\omega^aT^a+i\omega Y/2}D_\mu e^{-i\omega^aT^a-i\omega Y/2}\end{aligned} \tag{5.34}$$

の下で不変なので，ω^a を適当に選んで(5.32)の $U(x)$ を取り除くことができる．これはまた(5.15)の記法で

$$\varphi_1(x) = \varphi_2(x) = \varphi_3(x) = 0 \tag{5.35}$$

という**ユニタリーゲージ**(***U* ゲージ**)条件を課すこととも同等である.

このUゲージでは(5.30)の$\mathcal{L}$は

$$\begin{aligned}\mathcal{L} = &\frac{1}{2}(\partial_\mu\varphi)^2-\frac{1}{2}m_\varphi{}^2\varphi^2-\lambda v\varphi^3-\frac{\lambda}{4}\varphi^4+W_\mu{}^+W^{-\mu}\left(M_W+\frac{g}{2}\varphi\right)^2\\ &-\frac{1}{2}|\partial_\mu W_\nu{}^+-\partial_\nu W_\mu{}^+|^2+\frac{1}{2}(Z_\mu)^2\left(M_Z+\frac{G}{2}\varphi\right)^2-\frac{1}{4}(\partial_\mu Z_\nu-\partial_\nu Z_\mu)^2\\ &-\frac{1}{4}(\partial_\mu A_\nu-\partial_\nu A_\mu)^2+\frac{ig}{2}(W^{+\mu}W^{-\nu}-W^{-\mu}W^{+\nu})[\partial_\mu(Z_\nu\cos\theta_W\\ &+A_\nu\sin\theta_W)-\partial_\nu(Z_\mu\cos\theta_W+A_\mu\sin\theta_W)]\\ &+\frac{ig}{2}(\partial^\mu W^{+\nu}-\partial^\nu W^{+\mu})[W_\mu{}^-(Z_\nu\cos\theta_W+A_\nu\sin\theta_W)\\ &-W_\nu{}^-(Z_\mu\cos\theta_W+A_\mu\sin\theta_W)]+\mathrm{h.c.}\\ &+\frac{g^2}{4}(W_\mu{}^+W_\nu{}^--W_\nu{}^+W_\mu{}^-)^2\\ &-\frac{g^2}{2}|W_\mu{}^+(Z_\nu\cos\theta_W+A_\nu\sin\theta_W)-W_\nu{}^+(Z_\mu\cos\theta_W+A_\mu\sin\theta_W)|^2\end{aligned} \tag{5.36}$$

と書くことができる. ただし,

$$\begin{aligned} &W_\mu{}^\pm = \frac{1}{\sqrt{2}}(W_\mu{}^1\mp iW_\mu{}^2), && M_W = \frac{g}{2}v\\ &Z_\mu = (gW_\mu{}^3-g'B_\mu)/G, && M_Z = \frac{G}{2}v\\ &A_\mu = (g'W_\mu{}^3+gB_\mu)/G, && e = \frac{gg'}{G} \equiv g\sin\theta_W\\ &m_\varphi{}^2 = 2\lambda v^2, && G = \sqrt{g^2+(g')^2}\end{aligned} \tag{5.37}$$

と定義した. (5.4)の$Q_{\rm em}$により生成されるゲージ変換で(5.33)が不変であることから, $W_\mu{}^3$とB_μの重ね合わせで定義される電磁場A_μの質量は正確に0に留まることが確められる.

(5.36)で$W_\mu{}^\pm$およびZ_μの自由場の伝搬関数は付録(B.8)から

$$\int dx e^{ik(x-y)} \langle \mathrm{T}^* W_\mu^-(x) W_\nu^+(y) \rangle = (-i) \frac{g_{\mu\nu} - k_\mu k_\nu / M_W{}^2}{k^2 - M_W{}^2 + i\epsilon}$$
$$\int dx e^{ik(x-y)} \langle \mathrm{T}^* Z_\mu(x) Z_\nu(y) \rangle = (-i) \frac{g_{\mu\nu} - k_\mu k_\nu / M_Z{}^2}{k^2 - M_Z{}^2 + i\epsilon} \tag{5.38}$$

と与えられ，質量を持つベクトル粒子を表わす．事実，(5.38)の分子は，例えば $k^2 \approx M_W{}^2$ で W の静止系 $\boldsymbol{k}=0$ に移って考えると，(μ,ν) が空間成分 (l,m) の場合のみが0にならず

$$-g_{\mu\nu} + k_\mu k_\nu / M_W{}^2 = g_{lm} = \sum_{l=1}^{3} \varepsilon_\mu{}^{(l)}(k) \varepsilon_\nu{}^{(l)}(k) \tag{5.39}$$

のように空間の l 成分だけが1の4元ベクトル $\varepsilon_\mu{}^{(l)}(k)$ を使って表示される．すなわち，3つの物理的な偏極状態を運んでいることがわかる．このように自発的に破れた対称性を持つスカラー場にゲージ場が結合したときには，質量0の南部-Goldstone 場((5.16)の $\varphi_a(x)$)は本来横波のみの物理的自由度を持っていたゲージ場の縦波成分に吸収され，ゲージ場は質量を持つベクトル場に変わる．この現象は一般に，**Higgs 機構**と呼ばれている．[超伝導における Meissner 効果も，電磁場が超伝導体中では質量を持ち静磁場が湯川型の減衰をすると考えるとこの一例と見なされる.]

なお，自発的対称性の破れがないとき($v=0$)には，(5.32)の極表示は $\varphi=0$ で特異性を持ち場の理論で許される正準変換を定義しない．したがって，上記の Higgs 機構も起こらない．また，南部-Goldstone の定理で要請される質量0の粒子が(5.36)に現われないのは，(5.35)のゲージ条件が大局的 $SU(2)\times U(1)$ のうち(5.4)で与えられる Q_{em} 以外の対称性を陽に損しているからである．

5-3 Higgs 機構の量子論——R_ξ ゲージ

(5.36)のラグランジアンは $[\varphi]=[A_\mu]=[W_\mu]=[Z_\mu]=[M]$ に注意すると質量次元が4以下の項のみを含んでおり，2-6 節の議論に従えばくり込み可能な理論になると考えられる．しかし，(5.38)の伝搬関数は Euclid 化した k_μ を大き

くしたとき通常の理論から予想される$\sim 1/k^2$の振舞いをせず素朴な発散の次数の勘定は適用できない．このことは質量を持つ Yang-Mills 場に一般的な困難として知られていた．現在の Higgs 機構に基づく理論(5.30)では，(5.34)のゲージ対称性の存在により，質量を持つベクトル場はくり込み可能性とユニタリー性の両方を満たすことが G. 't Hooft により最初に示された．

本書では R_ξ ゲージと呼ばれる一般的なゲージ条件を使い，BRST 対称性と組み合わせてこの問題を議論したい．議論を簡単にするために，(5.31)で $g'=0$ とし，(5.15)を使って具体的な成分で書いたラグランジアン(ただし，$M=gv/2$)，

$$
\begin{aligned}
\mathscr{L} = \frac{1}{2}\Big\{&(\partial_\mu\varphi)^2+(\partial_\mu\varphi_a)^2+M^2(W_\mu{}^a)^2+2M\varphi_a\partial^\mu W_\mu{}^a \\
&-gW_\mu{}^a(\varphi\partial^\mu\varphi_a-\varphi_a\partial^\mu\varphi)+gf^{abc}\partial^\mu\varphi_a W_\mu{}^b\varphi_c+gM(W_\mu{}^a)^2\varphi \\
&+\frac{1}{4}g^2(W_\mu{}^a)^2[\varphi^2+(\varphi_a)^2]\Big\}-\frac{1}{2}m_\varphi{}^2\varphi^2-\lambda v\varphi[\varphi^2+(\varphi_a)^2] \\
&-\frac{\lambda}{4}[\varphi^2+(\varphi_a)^2]^2-\frac{1}{4}(\partial_\mu W_\nu{}^a-\partial_\nu W_\mu{}^a+gf^{abc}W_\mu{}^b W_\nu{}^c)^2
\end{aligned}
\tag{5.40}
$$

を考察する．R_ξ ゲージと呼ばれるゲージ条件は

$$
\begin{aligned}
\mathscr{L}_{\rm g} = {}&[\partial^\mu W_\mu{}^a+(M/\xi)\varphi_a]B^a(x)+\frac{1}{2\xi}(B^a(x))^2+i\{\partial^\mu\bar{c}^a(\partial_\mu c^a+gf^{abc}W_\mu{}^b c^c) \\
&-(M/\xi)\bar{c}^a[(M+(g/2)\varphi)\delta^{ac}+(g/2)f^{abc}\varphi_b]c^c\}
\end{aligned}
\tag{5.40$'$}
$$

というゲージ固定項と Faddeev-Popov ゴースト項を $\mathscr{L}$ につけ加えて定義される．(5.40)$'$ はゲージ条件 $\partial^\mu W_\mu{}^a+(M/\xi)\varphi_a\approx 0$ の一般化を与える．摂動論の伝搬関数は $\mathscr{L}+\mathscr{L}_{\rm g}$ の 2 次の項に源をつけ加えた

$$
\begin{aligned}
\mathscr{L}_2 \equiv {}&\frac{1}{2}\{(\partial_\mu\varphi)^2+(\partial_\mu\varphi_a)^2+M^2(W_\mu{}^a)^2+2M\varphi_a\partial^\mu W_\mu{}^a-m_\varphi{}^2\varphi^2\} \\
&-\frac{1}{4}(\partial_\mu W_\nu{}^a-\partial_\nu W_\mu{}^a)^2+i[\partial^\mu\bar{c}^a\partial_\mu c^a-(M^2/\xi)\bar{c}^a c^a]+[\partial^\mu W_\mu{}^a+(M/\xi)\varphi_a]B^a \\
&+\frac{1}{2\xi}(B^a)^2-W_\mu{}^a J_a{}^\mu+\varphi_a J^a+\varphi J+B^a J_B{}^a+\bar{c}^a J_{\bar{c}}{}^a+J_c{}^a c^a
\end{aligned}
\tag{5.41}
$$

において場の変数に関する運動方程式を(3.52)の形に解くことにより求められ

る．具体的には

$$\int dx e^{ik(x-y)}\langle \mathrm{T}^* W_\mu{}^a(x) W_\nu{}^b(y)\rangle$$

$$= \delta^{ab}(-i)\frac{g_{\mu\nu}-(\xi-1)k_\mu k_\nu/(\xi k^2-M^2)}{k^2-M^2+i\epsilon}$$

$$= \delta^{ab}\left\{(-i)\frac{g_{\mu\nu}-k_\mu k_\nu/M^2}{k^2-M^2+i\epsilon}-i\frac{k_\mu k_\nu}{M^2}\frac{1}{k^2-M^2/\xi+i\epsilon}\right\}$$

$$\int dx e^{ik(x-y)}\langle \mathrm{T}^*\varphi_a(x)\varphi_b(y)\rangle = \delta^{ab}\frac{i}{k^2-M^2/\xi+i\epsilon}$$

$$\int dx e^{ik(x-y)}\langle \mathrm{T}^* c^a(x)\bar{c}^b(y)\rangle = \delta^{ab}\frac{1}{k^2-M^2/\xi+i\epsilon} \qquad (5.42)$$

$$\int dx e^{ik(x-y)}\langle \mathrm{T}^* B^a(x) W_\mu{}^b(y)\rangle = \delta^{ab}\frac{k_\mu}{k^2-M^2/\xi+i\epsilon}$$

$$\int dx e^{ik(x-y)}\langle \mathrm{T}^* B^a(x)\varphi^b(y)\rangle = \delta^{ab}\frac{-iM}{k^2-M^2/\xi+i\epsilon}$$

$$\int dx e^{ik(x-y)}\langle \mathrm{T}^*\varphi(x)\varphi(y)\rangle = \frac{i}{k^2-m_\varphi{}^2+i\epsilon}$$

と与えられる．(5.38)と比べると $k^2=M^2$ の物理的な極以外に M^2/ξ の非物理的な極が導入されたことになる．(5.42)で $\xi\to 0$ とすると $M^2/\xi\to\infty$ となり余分な極は S 行列に寄与せず，(5.38)の U ゲージが再現される．他方 $0<\xi<\infty$ では(5.42)に現われる伝搬関数は全て通常の次元解析から予想される振舞いを $k\to\infty$ で示す．すなわち補助的な $\langle \mathrm{T}^* BA_\mu\rangle$ を除いて全て $\sim 1/k^2$ となる．したがって(5.40)と(5.40)′で定義される理論はくり込み可能となる．以下で示すようにBRST 対称性が保たれる限り S 行列はパラメタ ξ に依存しない．こうしてくり込み可能でユニタリー性を満たす質量を持つベクトル場の理論が得られたことになる．

くり込みとBRST 対称性を議論するために，(3.98)の一般化として**くり込まれたBRST 超場及びパラメタ**を

$$\frac{W_\mu{}^a(x,\theta)_0}{\sqrt{Z_3}} = W_\mu{}^a(x)+i\theta Z_c\left[\partial_\mu c^a(x)+\frac{Z_1}{Z_3}gf^{abc}W_\mu{}^b(x)c^c(x)\right]$$

$$\frac{c^a(x,\theta)_0}{\sqrt{Z_3}Z_c} = c^a(x)-i\theta\left(\frac{Z_1Z_c}{Z_3}\right)\left[\frac{g}{2}f^{abc}c^b(x)c^c(x)\right]$$

$$\frac{\varphi^a(x,\theta)_0}{\sqrt{Z_\phi}} = \varphi^a(x)+i\theta\left(\frac{Z_1Z_c}{Z_3}\right)\left\{\left[Z_v\left(\frac{gv}{2}\right)+\frac{g}{2}\varphi\right]\delta^{ac}+\frac{g}{2}f^{abc}\varphi^b\right\}c^c(x)$$

$$\frac{\varphi(x,\theta)_0}{\sqrt{Z_\phi}} = \varphi(x)+Z_v v-i\theta\left(\frac{Z_1Z_c}{Z_3}\right)\frac{g}{2}\varphi^a(x)c^a(x) \tag{5.43}$$

$$\sqrt{Z_3}\bar{c}^a(x,\theta)_0 = \bar{c}^a(x)+\theta B^a(x)$$

$$g_0 = [Z_1/(Z_3)^{3/2}]g, \quad v_0 = \sqrt{Z_\phi}Z_v v$$

で定義する．BRST 変換は $\theta\to\theta+\lambda$ で与えられ，第 1 成分が第 2 成分に比例した変換を受ける．(5.43)は **BRST 対称性と矛盾しない最も一般的なスケール変換**を与える．(5.43)で注目すべき点は，真空期待値 v_0 に対して (φ,φ_a) の波動関数のくり込み定数 $\sqrt{Z_\phi}$ 以外に Z_v という掛け算的なくり込み定数が導入されていることである．このとき(5.40)は

$$\begin{aligned}\mathcal{L} = \frac{Z_\phi}{2}\Big\{&(\partial_\mu\varphi)^2+(\partial_\mu\varphi_a)^2+\left(\frac{Z_1Z_v}{Z_3}\right)^2M^2(W_\mu{}^a)^2+\frac{Z_1Z_v}{Z_3}2M\varphi_a\partial^\mu W_\mu{}^a\\ &-\frac{Z_1}{Z_3}gW_\mu{}^a(\varphi\partial^\mu\varphi_a-\partial^\mu\varphi\varphi_a)+\frac{Z_1}{Z_3}gf^{abc}\partial^\mu\varphi_a W_\mu{}^b\varphi_c\\ &+\left(\frac{Z_1}{Z_3}\right)^2Z_vgM(W_\mu{}^a)^2\varphi+\left(\frac{Z_1}{Z_3}\right)^2\frac{1}{4}g^2(W_\mu{}^a)^2[\varphi^2+(\varphi_b)^2]\Big\}\\ &-\frac{1}{2}Z_\lambda Z_v m_\varphi{}^2\varphi^2-Z_\lambda Z_v\lambda v\varphi[\varphi^2+(\varphi_a)^2]-\frac{Z_\lambda\lambda}{4}[\varphi^2+(\varphi_a)^2]^2\\ &-\frac{Z_3}{4}\left[\partial_\mu W_\nu{}^a-\partial_\nu W_\mu{}^a+\frac{Z_1}{Z_3}gf^{abc}W_\mu{}^bW_\nu{}^c\right]^2-\frac{\delta v^2}{2}[\varphi^2+(\varphi_a)^2+2Z_v v\varphi]\end{aligned} \tag{5.44}$$

と書き換えられる．ただし，

$$\lambda_0 = (Z_\lambda/Z_\phi{}^2)\lambda, \qquad M\equiv gv/2$$

と定義し，最後の項の δv^2 は(5.30)の μ^2 のくり込みに対応する**引き算的なくり込み定数**であり，くり込まれた v が有効ポテンシャル(5.22)の最低点となる

よう選ばれる.

(5.40)′ の $\mathcal{L}_{\mathrm{g}}$ はくり込まれた量で

$$\mathcal{L}_{\mathrm{g}} = \left[\partial^\mu W_\mu{}^a + \frac{M}{\xi}\varphi_a\right]B^a + \frac{1}{2\xi}(B^a)^2 + i\left\{Z_c\partial^\mu \bar{c}^a\left[\partial_\mu c^a + \frac{Z_1}{Z_3}gf^{abc}W_\mu{}^b c^c\right]\right.$$
$$\left. -\frac{M}{\xi}\frac{Z_1 Z_c}{Z_3}\bar{c}^a\left[\left(Z_v M + \frac{g}{2}\varphi\right)\delta^{ac} + \frac{g}{2}f^{abc}\varphi_b\right]c^c\right\} \qquad (5.45)$$

と書かれる. (5.45)は(5.43)のくり込まれた超場を使って((3.86)参照)

$$\mathcal{L}_{\mathrm{g}} = \int d\theta\left[\bar{c}^a(x,\theta)\partial^\mu W_\mu{}^a(x,\theta) + \frac{M}{\xi_1}\bar{c}^a(x,\theta)\varphi_a(x,\theta) + \frac{1}{2\xi_2}\bar{c}^a(x,\theta)B^a(x)\right]$$
$$= \left\{Q, \bar{c}^a(x)\partial^\mu W_\mu{}^a(x) + \frac{M}{\xi_1}\bar{c}^a(x)\varphi_a(x) + \frac{1}{2\xi_2}\bar{c}^a(x)B^a(x)\right\}_+ \qquad (5.46)$$

と書いた式で $\xi_1=\xi_2=\xi$ と置いたものである. 裸のパラメタ ξ_{10}, ξ_{20} から出発すると

$$\xi_{10} = \frac{Z_1 Z_v}{(Z_3)^2}Z_\phi \xi_1, \qquad \xi_{20} = \frac{\xi_2}{Z_3} \qquad (5.47)$$

と定義され, したがってくり込み群を考えるときには ξ を ξ_1 と ξ_2 のどちらに従って動かすかの不定性が生じるが, 物理的に意味のある量は ξ に依存しないので困難とはならない.

摂動計算は(3.103)と同様の**くり込まれた摂動計算**を行なうとして, そのための伝搬関数は(5.42)で M, ξ, m_φ をくり込まれた量に読みかえるとそのままの形で使うことができる. 量子論は(5.44)と(5.45)に(5.41)の源をつけ加えて

$$Z(J) = \int \mathcal{D}W_\mu \mathcal{D}\varphi_a \mathcal{D}\varphi \mathcal{D}\bar{c}\mathcal{D}c \exp\left[i\int(\mathcal{L}+\mathcal{L}_{\mathrm{g}}+\mathcal{L}_J)d^4x\right] \qquad (5.48)$$

で定義される. 経路積分の測度はBRST不変であることが確かめられ, ゲージ場のみの結合およびゲージ場とゴーストの結合は図3-1と同じFeynman則で与えられる. (5.48)におけるその他のFeynman則は図5-2で与えられる.

以下では, ループが1つのFeynman図のくり込みの概要を $\xi=1$ の **'t Hooft-Feynman** ゲージで次元正則化を使って説明する. まず(5.45)の最

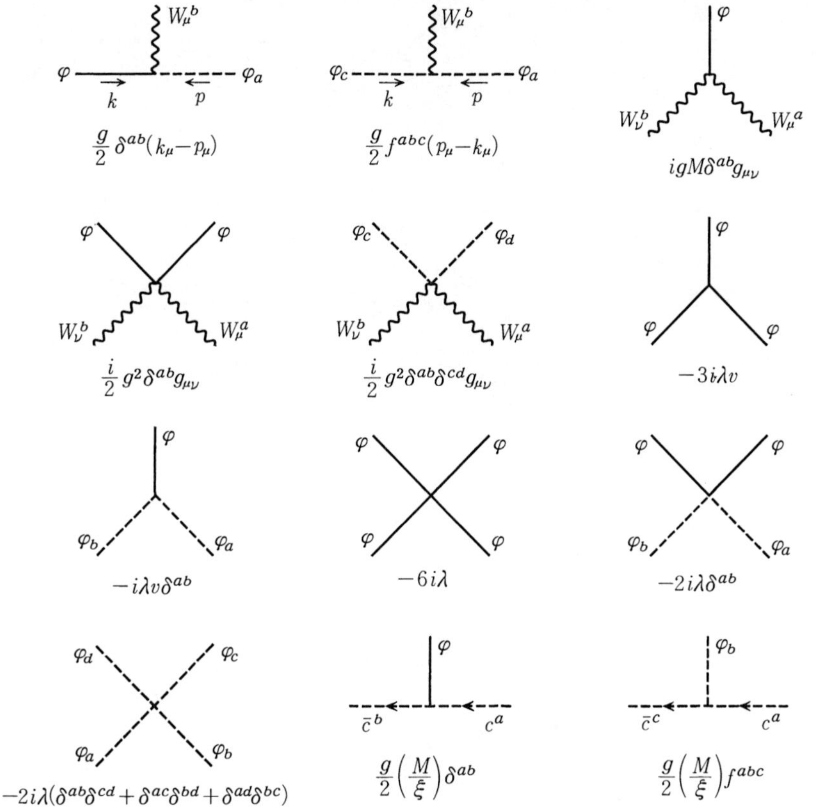

図 5-2

初の 3 項がくり込みを受けないことは(3.100)の議論と同様にして結論される．$W_\mu{}^a$ の波動関数のくり込みについては，図 5-3 の最初の 4 つの Feynman 図が

$$\frac{(g\mu^{-\varepsilon})^2}{6}\delta^{ab}\frac{i}{(4\pi)^2}\frac{1}{\varepsilon}(p_\mu p_\nu-p^2g_{\mu\nu})$$

を与え，(4.7)の Z_3 で $\xi=1$ としたものと組み合わせると現在の理論での Z_3 は

$$Z_3 = 1+\frac{(g\mu^{-\varepsilon})^2}{(4\pi)^2}\frac{1}{\varepsilon}\left[\frac{10}{6}C_2(G)-\frac{b}{6}\right] \tag{5.49}$$

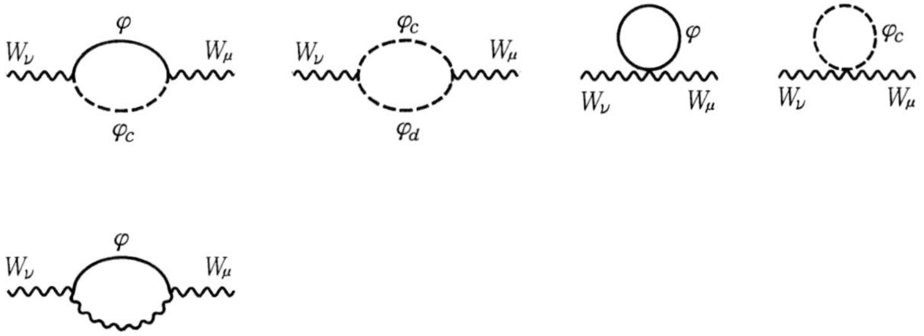

図 5-3

となる．ただし，b は Higgs 場の 2 重項の数であり現在の例では $b=1$ であり，$C_2(G)=2$ である．図 5-3 の最後の図は W_μ の質量のくり込みにのみ寄与する．

スカラー場の波動関数のくり込み定数は図 5-4(a)から

$$Z_\phi = 1+\frac{3}{2}(g\mu^{-\varepsilon})^2\frac{1}{(4\pi)^2}\frac{1}{\varepsilon} \tag{5.50}$$

と与えられる．ゴースト場の質量のくり込みは図 5-4(b)から

$$\frac{Z_1 Z_c Z_v}{Z_3} = 1+\frac{1}{4}(g\mu^{-\varepsilon})^2\frac{1}{(4\pi)^2}\frac{1}{\varepsilon}[1-C_2(G)] \tag{5.51}$$

と与えられ，Z_c は(4.15)で $\xi=1$ としたもので与えられるので

$$\frac{Z_1 Z_v}{Z_3} = 1-\frac{5}{4}(g\mu^{-\varepsilon})^2\frac{1}{(4\pi)^2}\frac{1}{\varepsilon} \tag{5.52}$$

となる．ゴースト場のゲージ結合のくり込みは(4.16)で $\xi=1$ として

$$Z_{1\mathrm{FP}} = \frac{Z_1 Z_c}{Z_3} = 1-\frac{C_2(G)}{2}(g\mu^{-\varepsilon})^2\frac{1}{(4\pi)^2}\frac{1}{\varepsilon} \tag{5.53}$$

なので，上記の Z_c と組み合わせると

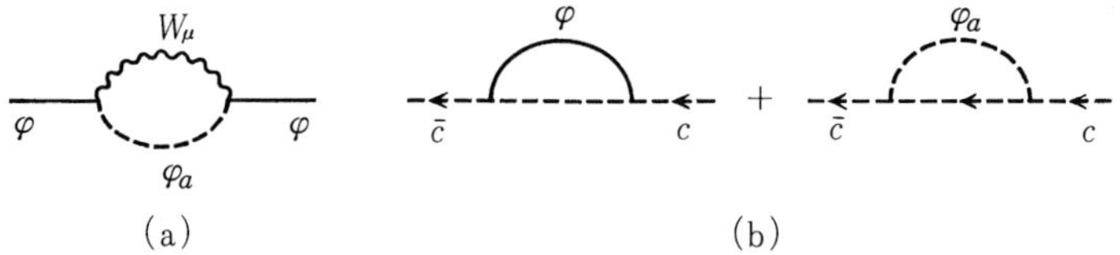

図 5-4

$$\frac{Z_1}{Z_3} = 1 - C_2(G)(g\mu^{-\varepsilon})^2 \frac{1}{(4\pi)^2}\frac{1}{\varepsilon} \tag{5.54}$$

したがって，Z_v は(5.52)と(5.54)から

$$Z_v = 1 + \frac{3}{4}(g\mu^{-\varepsilon})^2 \frac{1}{(4\pi)^2}\frac{1}{\varepsilon} \tag{5.55}$$

と求められる．この Z_v は(5.44)の $M\varphi_a\partial^\mu W_\mu{}^a$ などの項も有限にすることが確められる．

φ の 4 点関数のくり込み定数は(詳細は省略して)

$$\lambda Z_\lambda = \lambda + \left[\frac{45}{48}g^2(g\mu^{-\varepsilon})^2 + 12\lambda^2\mu^{-2\varepsilon}\right]\frac{1}{(4\pi)^2}\frac{1}{\varepsilon} \tag{5.56}$$

と与えられ，(5.50)の Z_ϕ と組み合わせると

$$\lambda_0 = \frac{\lambda Z_\lambda}{Z_\phi{}^2} = \lambda + \left[12\lambda^2 + \frac{15}{16}g^4 - \frac{3}{2}\lambda g^2\right]\frac{\mu^{-2\varepsilon}}{(4\pi)^2\varepsilon}$$

となり，結合定数 λ に対するくり込み群の β 関数は

$$\mu\frac{d}{d\mu}\lambda = \frac{1}{(4\pi)^2}\left[24\lambda^2 + \frac{15}{8}g^4 - 3\lambda g^2\right] > 0 \tag{5.57}$$

と与えられる．この結果は後に(5.128)で使う．

最後におたまじゃくしの相殺項は図 5-5 の計算から

$$\delta v^2 = \frac{1}{(4\pi)^2}\frac{1}{\varepsilon}\left[3\lambda(M^2 + m_\varphi{}^2) + \frac{9}{4}g^2M^2\right] + \text{有限部分} \tag{5.58}$$

と求まり，この δv^2 を(5.44)の最後の項に使うとループが 1 つの効果を取り入れた南部-Goldstone 場 φ_a の質量項が 0 に保たれることも確められる．

BRST 超場(5.43)が全て有限になることは(4.17)と同様な計算により確められるが，特に $\varphi_a(x,\theta)$ が有限になることは図 5-6 の計算に，(5.51)および

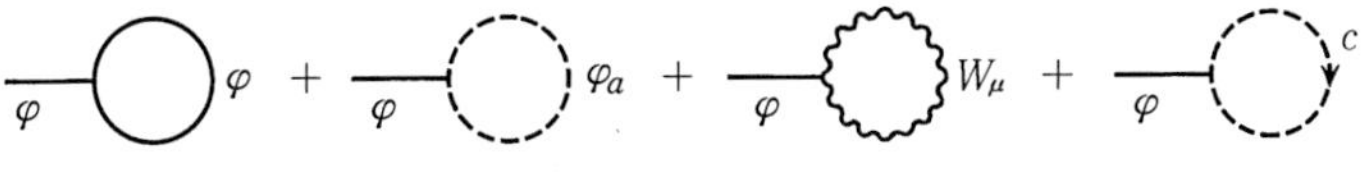

図 5-5

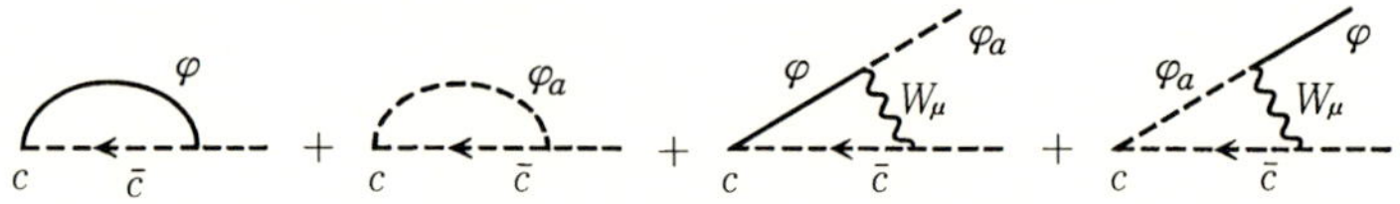

図 5-6

(5.53)のくり込み定数を使って示される.

以上から(5.43)～(5.45)の処方がループが1つのレベルで有限な理論を与えることが確められ，したがって BRST 対称性も保たれる．(5.43)のくり込まれた超場で 3-7 節にならって漸近場を考えると(質量殻上への有限なくり込みの議論は省略して)

$$
\begin{aligned}
W_\mu{}^a(x,\theta)_{\mathrm{as}} &= W_\mu{}^a(x)_{\mathrm{as}}+i\theta\partial_\mu c^a(x)_{\mathrm{as}} \\
\varphi^a(x,\theta)_{\mathrm{as}} &= \varphi^a(x)_{\mathrm{as}}+i\theta M c^a(x)_{\mathrm{as}} \\
\bar{c}^a(x,\theta)_{\mathrm{as}} &= \bar{c}^a(x)_{\mathrm{as}}+\theta B^a(x)_{\mathrm{as}} \\
\varphi(x,\theta)_{\mathrm{as}} &= \varphi(x)_{\mathrm{as}}
\end{aligned}
\tag{5.59}
$$

となり，

$$
U_\mu{}^a(x,\theta)_{\mathrm{as}} \equiv W_\mu{}^a(x,\theta)_{\mathrm{as}}-\frac{1}{M}\partial_\mu\varphi^a(x,\theta)_{\mathrm{as}} = U_\mu{}^a(x)_{\mathrm{as}} \tag{5.60}
$$

と定義すると，$\varphi(x)_{\mathrm{as}}$ と $U_\mu{}^a(x)_{\mathrm{as}}$ が BRST 不変な物理的な場となる．θ に比例する第2成分を含む非物理的自由度 $\varphi^a(x,\theta)_{\mathrm{as}}$ と $\bar{c}^a(x,\theta)_{\mathrm{as}}$ は第3章の定理(3.127)により BRST コホモロジーを考えると除去される．また(5.46)を考慮して，$\varphi(x)_{\mathrm{as}}$ と $U_\mu(x)_{\mathrm{as}}$ で張られた物理的状態で指定される S 行列要素に Schwinger の作用原理を適用すると一般の R_ξ ゲージでは

$$
\begin{aligned}
\frac{\delta}{\delta\xi}\langle\mathrm{phys}|\mathrm{phys}\rangle &= \frac{-1}{\xi^2}\int d^4x\,\langle\mathrm{phys}|\left\{Q, M\bar{c}^a(x)\varphi^a(x)+\frac{1}{2}\bar{c}^a(x)B^a(x)\right\}|\mathrm{phys}\rangle \\
&= 0
\end{aligned}
\tag{5.61}
$$

が示される．すなわち，S 行列が ξ に依存しないことが示され，$\xi\to 0$ とすると非物理的粒子は全て無限大の質量を持ち S 行列に寄与しない．このようにして BRST コホモロジーとは別の観点からも S 行列のユニタリー性が結論される.

5-4 Weinberg-Salam 理論

弱い相互作用を媒介する非常に重いベクトル粒子($W_\mu{}^{\pm}$)を(5.30)の $SU(2)\times U(1)$ 群に基づくくり込み可能な Higgs 機構で記述し，同時に中性ベクトル粒子 Z_μ の存在を予言した弱電磁相互作用の統一理論は S. L. Glashow により初期の試みが行なわれ，S. Weinberg と A. Salam によりくり込み可能な理論として完成された．本書ではこの理論を Weinberg-Salam 理論あるいは GWS 理論と呼ぶことにする．この理論では基本的な物質場はフェルミオンである(強い相互作用をしない)レプトンと第4章で説明したクォークで与えられ，6個のレプトンとクォークを対称な形で

$$\begin{pmatrix} \nu_e \\ e \end{pmatrix}_{\mathrm{L}}, \quad \begin{pmatrix} \nu_\mu \\ \mu \end{pmatrix}_{\mathrm{L}}, \quad \begin{pmatrix} \nu_\tau \\ \tau \end{pmatrix}_{\mathrm{L}}, \quad e_{\mathrm{R}}, \quad \mu_{\mathrm{R}}, \quad \tau_{\mathrm{R}}$$
$$\begin{pmatrix} u \\ d \end{pmatrix}_{\mathrm{L}}, \quad \begin{pmatrix} c \\ s \end{pmatrix}_{\mathrm{L}}, \quad \begin{pmatrix} t \\ b \end{pmatrix}_{\mathrm{L}}, \quad u_{\mathrm{R}}, \quad d_{\mathrm{R}}, \quad c_{\mathrm{R}}, \quad s_{\mathrm{R}}, \quad t_{\mathrm{R}}, \quad b_{\mathrm{R}} \tag{5.62}$$

と定義する．レプトンとしては電荷が -1 の電子 e，μ 粒子 μ と τ 粒子 τ および それらに付随した中性のニュートリノ ν_e, ν_μ, ν_τ が知られている．クォークとしては電荷が 2/3 の u, c, t と $-1/3$ の d, s, b が導入される．

弱い相互作用はパリティ(左右のつり合い)を破る(T. D. Lee, C. N. Yang)という基本的事実を反映して，L で示す左手系の $SU(2)$ に関する 2 重項，例えば

$$\begin{pmatrix} \nu_\mu \\ \mu \end{pmatrix}_{\mathrm{L}} \equiv \frac{1}{2}(1-\gamma_5)\begin{pmatrix} \nu_\mu \\ \mu \end{pmatrix} \tag{5.63}$$

と R で示す右手系の $SU(2)$ に関する 1 重項

$$\mu_{\mathrm{R}} \equiv \frac{1}{2}(1+\gamma_5)\mu \tag{5.64}$$

で分類される．L および R 状態は Dirac 方程式で γ_5 (ただし $\gamma_5{}^2=1$)の固有値がそれぞれ -1 と $+1$ の状態を表わし，静止質量が無視できる極限では L お

よびRは左および右巻きの偏極状態に対応する．ニュートリノに関してはν_Rを導入しない．ゲージ群$U(1)$を生成するYの固有値は(5.4)の関係式

$$Q_{\rm em}=T_3+\frac{Y}{2}=\frac{1}{2}\begin{pmatrix}1&0\\0&-1\end{pmatrix}+\frac{Y}{2} \tag{5.4}$$

を満たすようレプトンに関しては

$$\begin{pmatrix}\nu_\mu\\ \mu\end{pmatrix}_{\rm L},\qquad Y=-1;\qquad \mu_{\rm R},\qquad Y=-2 \tag{5.65}$$

クォークに関しては

$$\begin{pmatrix}u\\ d\end{pmatrix}_{\rm L},\qquad Y=\frac{1}{3};\qquad \begin{matrix}u_{\rm R}, & Y=4/3\\ d_{\rm R}, & Y=-2/3\end{matrix} \tag{5.66}$$

のように定義される．また(5.31)の共変微分を(5.4),(5.37)を使って(ただし$e>0$とする),

$$\begin{aligned}D_\mu=\partial_\mu-ig(W_\mu{}^+S_++W_\mu{}^-S_-)\left(\frac{1-\gamma_5}{2}\right)\\ -iG\left[S_3\left(\frac{1-\gamma_5}{2}\right)-Q_{\rm em}\sin^2\theta_W\right]Z_\mu-ieQ_{\rm em}A_\mu\end{aligned} \tag{5.67}$$

と書くと物理的内容が明確になる．ここで$S_\pm$などは

$$\begin{gathered}S_+=\frac{1}{\sqrt{2}}\begin{pmatrix}0&1\\0&0\end{pmatrix},\qquad S_-=\frac{1}{\sqrt{2}}\begin{pmatrix}0&0\\1&0\end{pmatrix},\qquad S_3=\frac{1}{2}\begin{pmatrix}1&0\\0&-1\end{pmatrix}\\ [S_+,S_-]=S_3,\qquad [S_3,S_\pm]=\pm S_3,\qquad [Y,S_\pm]=[Y,S_3]=0\end{gathered} \tag{5.68}$$

の関係式を満たす．

GWS理論の基本的なラグランジアンはμとν_μ粒子のセクターに対してフェルミオンとHiggs場の湯川結合を含めて書くと次式で与えられる．

$$\mathcal{L}=\bar{\psi}_{\rm L}i\gamma^\alpha D_\alpha\psi_{\rm L}+\bar{\mu}_{\rm R}i\gamma^\alpha D_\alpha\mu_{\rm R}-\frac{\sqrt{2}\,m_\mu}{v}[(\bar{\psi}_{\rm L}\phi)\mu_{\rm R}+{\rm h.c.}]+\mathcal{L}_{\rm Higgs} \tag{5.69}$$

ただし，$SU(2)$の1重項$\mu_{\rm R}$にはW_μは結合せず，また

$$\psi_{\mathrm{L}}(x) \equiv \frac{1}{2}(1-\gamma_5)\begin{pmatrix} \nu_\mu(x) \\ \mu(x) \end{pmatrix}$$

と定義し，(5.15)の ϕ および(5.30)の $\mathcal{L}_{\mathrm{Higgs}}$ を使った．(5.69)はゲージ変換(5.34)と同時に次の変換

$$\begin{aligned} \psi_{\mathrm{L}}'(x) &= \exp[i\omega^a(x)T^a + i\omega(x)Y/2]\psi_{\mathrm{L}}(x) \\ \mu_{\mathrm{R}}'(x) &= \exp[i\omega(x)Y/2]\mu_{\mathrm{R}}(x) \end{aligned} \tag{5.70}$$

を行なうと不変であることが確められる．(5.69)は具体的には

$$\begin{aligned} \mathcal{L} = \mathcal{L}_{\mathrm{Higgs}} &+ \bar{\mu}(i\gamma^\alpha\partial_\alpha - m_\mu)\mu + \bar{\nu}_\mu i\gamma^\alpha\partial_\alpha\left(\frac{1-\gamma_5}{2}\right)\nu_\mu \\ &- eA_\alpha\bar{\mu}\gamma^\alpha\mu + \frac{g}{2\sqrt{2}}W_\alpha{}^+\bar{\nu}_\mu\gamma^\alpha(1-\gamma_5)\mu + \frac{g}{2\sqrt{2}}W_\alpha{}^-\bar{\mu}\gamma^\alpha(1-\gamma_5)\nu_\mu \\ &- \frac{G}{4}Z_\alpha[\bar{\nu}_\mu\gamma^\alpha(1-\gamma_5)\nu_\mu - \bar{\mu}\gamma^\alpha(1-\gamma_5)\mu + 4\sin^2\theta_W\bar{\mu}\gamma^\alpha\mu] \\ &- \frac{m_\mu}{v}\varphi\bar{\mu}\mu + i\frac{m_\mu}{v}\varphi_3\bar{\mu}\gamma_5\mu - i\frac{\sqrt{2}\,m_\mu}{v}[\bar{\nu}_{\mathrm{L}}\mu_{\mathrm{R}}\phi^+ - \bar{\mu}_{\mathrm{R}}\nu_{\mathrm{L}}\phi^-] \end{aligned} \tag{5.71}$$

のように(5.15)と $i\phi^+ = (\varphi_2 + i\varphi_1)/\sqrt{2}$ を使って書かれる．後に定義される R_ξ ゲージ(5.92)と組み合わせると発散の次数の勘定から(5.71)は(次元 4 以下の相互作用しか含まず)くり込み可能となることがわかる．

電子 e のセクターに対しても(5.71)と全く同じ式が成立するので，図 5-7 のような散乱過程が起こる．ただし，(5.35)の U ゲージで考えることにする．図 5-7(a)は μ 粒子の崩壊 $\mu \to \nu_\mu + e + \bar{\nu}_e$ を記述し，確率振幅は(5.38)の伝搬関数を使って

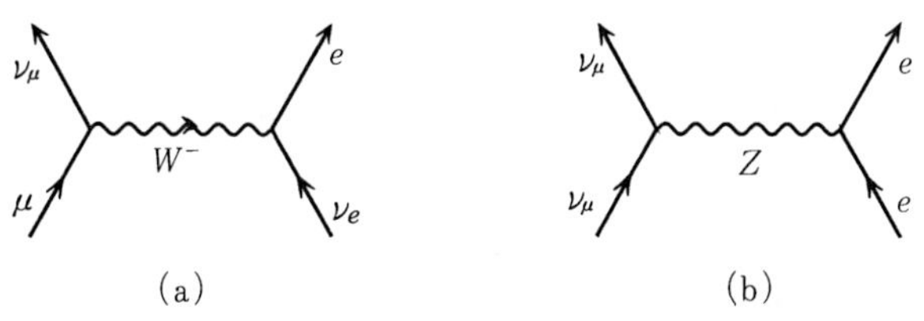

図 5-7

$$H = \left(\frac{ig}{2\sqrt{2}}\right)^2 \bar{e}\gamma^\alpha(1-\gamma_5)\nu_e(-i)\frac{g_{\alpha\beta}-k_\alpha k_\beta/M_W{}^2}{k^2-M_W{}^2+i\epsilon}\bar{\nu}_\mu\gamma^\beta(1-\gamma_5)\mu$$

$$\approx (-i)\left(\frac{g^2}{8M_W{}^2}\right)\bar{e}\gamma^\alpha(1-\gamma_5)\nu_e\bar{\nu}_\mu\gamma_\alpha(1-\gamma_5)\mu \tag{5.72}$$

と与えられる．伝搬関数の $k_\alpha k_\beta$ 項は Dirac 方程式を使って μ および e の質量 m_μ, m_e に置き換え $m_e m_\mu/M_W{}^2 \ll 1$ なので無視し，分母でも $k^2 \sim m_\mu{}^2 \ll M_W{}^2$ を使った．(5.72)を Fermi 相互作用の有効ハミルトニアンと比較して，(5.37)の $e = g\sin\theta_W$ を考慮すると Fermi 定数 G_F は次式で与えられる．

$$\frac{G_F}{\sqrt{2}} = \frac{g^2}{8M_W{}^2} = \frac{1}{2v^2} = \frac{e^2}{8M_W{}^2\sin^2\theta_W} \tag{5.73}$$

すなわち

$$M_W = \frac{37.5}{\sin\theta_W}\,\mathrm{GeV/c^2}, \qquad v = 247\,\mathrm{GeV/c^2} \tag{5.74}$$

と W ボソンの質量が **Weinberg 角** θ_W の関数として与えられる．図 5-7(b)は $e+\bar{e}\to\nu_\mu+\bar{\nu}_\mu$ などの過程を記述し，(5.72)と同様に(5.71)と(5.38)から

$$\begin{aligned} H &= i\frac{G^2}{16}\bar{\nu}_\mu\gamma^2(1-\gamma_5)\nu_\mu\frac{1}{k^2-M_Z{}^2+i\epsilon}[-\bar{e}\gamma_\alpha(1-\gamma_5)e+4\sin^2\theta_W\bar{e}\gamma_\alpha e] \\ &\simeq i\frac{G_F}{2\sqrt{2}}\bar{\nu}_\mu\gamma^\alpha(1-\gamma_5)\nu_\mu[\bar{e}\gamma_\alpha(1-\gamma_5)e-4\sin^2\theta_W\bar{e}\gamma_\alpha e] \end{aligned} \tag{5.75}$$

と与えられる．(5.75)の最後の近似的な表式は $|k^2| \ll M_Z{}^2$ の $\nu_\mu+e\to\nu_\mu+e$ などの散乱振幅に適用される．

実験的には，W および Z の生成実験などから

$$\begin{aligned} M_W &= 80.5\,\mathrm{GeV/c^2} \\ M_Z &= 91.177\,\mathrm{GeV/c^2} \\ \Gamma_Z &= 2.496\,\mathrm{GeV/c^2} \\ \sin^2\theta_W &= 0.2321 \end{aligned} \tag{5.76}$$

と決められている．$e = g\sin\theta_W$ から電磁相互作用と弱い相互作用の結合定数はほぼ同じであることがわかる．Γ_Z は Z ボソンの崩壊の幅と呼ばれ，寿命を τ_Z とすると $\Gamma_Z = 1/\tau_Z$ の関係がある．e^+e^- 消滅過程での Γ_Z の精密測定から

軽いニュートリノの種類の数が(5.62)のように3以下と決められた．現在知られている全ての実験事実はGWS理論と矛盾しないが，Higgs 場 φ の質量 $m_\varphi = \sqrt{2\lambda v^2}$ は任意のパラメタとして残されている．

ニュートリノの質量もGWS理論の枠内では(定性的にも)決まらない量である．(5.62)のように右手系 ν_R が存在しないとするとニュートリノの質量は正確に0になる．ν_R を導入して(5.69)に ν_R の運動エネルギー項と(5.29)の $\tilde{\phi}$ を使った

$$\mathcal{L}_{\text{mass}} = -\frac{\sqrt{2}\,m}{v}[(\bar{\phi}_L\tilde{\phi})\nu_{\mu_R} + \text{h.c.}] \tag{5.77}$$

をつけ加えることも可能であり，この場合にはDirac型のニュートリノが得られる．ν_R が存在するとしても $SU(2)\times U(1)$ のゲージ変換を全く受けないので，ゲージ原理およびくり込み可能性と矛盾せずに**Majorana 型の質量**

$$\mathcal{L}_{\text{Majorana}} = -\frac{1}{2}M[\bar{\nu}_{\mu_R}(\nu_{\mu_R})^c + \text{h.c.}] \tag{5.77$'$}$$

を(5.77)にさらにつけ加えることが可能である．ただし，Dirac理論での荷電共役行列 $C = i\gamma^2\gamma^0$ を使って $(\nu_{\mu_R})^c = C(\bar{\nu}_{\mu_R})^{\mathrm{T}}$ と定義される．この場合ニュートリノはMajorana型の2成分からなり，その質量固有値は $\sim M$ と $\sim m^2/M$ で与えられる．M を大きく選ぶと，m を電子質量の大きさとして同様な考察から，例えば，電子に付随した(通常の) ν_e に対して $m_\nu \sim m^2/M < 10\ \text{eV}/\text{c}^2$ という小さなMajorana型の質量を作り出すことが可能である(**シーソー機構**)．いずれにしても，m_ν が存在しその性質(Dirac型かMajorana型か)が決まれば，GWS理論を越えた理論への手がかりが得られることになる．

クォークの混合角

全てのクォークは裸の質量を持ち，弱い相互作用をするときの固有状態と質量の固有状態は一般に異なる．このことは実験的に確立された弱い相互作用における**クォークの混合角**(quark mixing angles)の存在と関係している．この問題を議論するために，(5.62)の6個のクォークに対する最も一般的な $SU(2)\times U(1)$ ゲージ対称性と矛盾しない質量項を考える．まず(5.62)において6

個のクォークを含む場 ψ を

$$\psi_{\mathrm{L,R}} \equiv \frac{1}{2}(1 \mp \gamma_5)\begin{pmatrix} U \\ D \end{pmatrix}, \qquad U \equiv \begin{pmatrix} u \\ c \\ t \end{pmatrix}, \qquad D \equiv \begin{pmatrix} d \\ s \\ b \end{pmatrix} \tag{5.78}$$

という 3 個のクォークを含む場 U, D を使って定義する．このとき(5.69)および(5.77)に対応して

$$\begin{aligned}\mathscr{L} = &\bar{\psi}_{\mathrm{L}} i\gamma^{\mu}[\partial_\mu - ig(W_\mu{}^{+}S_{+} + W_\mu{}^{-}S_{-} + W_\mu{}^{3}S_3) - ig'B_\mu Y_{\mathrm{L}}/2]\psi_{\mathrm{L}} \\ &+ \bar{\psi}_{\mathrm{R}} i\gamma^{\mu}(\partial_\mu - ig'B_\mu Y_{\mathrm{R}}/2)\psi_{\mathrm{R}} \\ &- \frac{\sqrt{2}}{v}[\bar{\psi}_{\mathrm{L}}\phi M_D D_{\mathrm{R}} + \bar{\psi}_{\mathrm{L}}\tilde{\phi} M_U U_{\mathrm{R}} + \mathrm{h.c.}] + \mathscr{L}_{\mathrm{Higgs}}\end{aligned} \tag{5.79}$$

は $SU(2)\times U(1)$ ゲージ不変となる．ただし，**6 行 6 列**の行列を

$$\begin{aligned}&S_{+} = \frac{1}{\sqrt{2}}\begin{pmatrix} 0 & 1 \\ 0 & 0 \end{pmatrix}, \qquad S_{-} = \frac{1}{\sqrt{2}}\begin{pmatrix} 0 & 0 \\ 1 & 0 \end{pmatrix}, \qquad S_3 = \frac{1}{2}\begin{pmatrix} 1 & 0 \\ 0 & -1 \end{pmatrix} \\ &\frac{1}{2}Y_{\mathrm{L}} = \begin{pmatrix} 1/6 & 0 \\ 0 & 1/6 \end{pmatrix}, \qquad \frac{1}{2}Y_{\mathrm{R}} = \begin{pmatrix} 2/3 & 0 \\ 0 & -1/3 \end{pmatrix}\end{aligned} \tag{5.80}$$

と定義し，(5.80)の行列要素は全て 3 行 3 列の単位行列に 1 とか 1/6 とかが掛かっているものとする．また M_U とか M_D は 3 行 3 列の任意の定数の行列である．Higgs 場 $\phi(x)$ も $\phi(x)^{\mathrm{T}} \equiv (i\phi^{+}, i\phi^{+}, i\phi^{+}, \phi^0, \phi^0, \phi^0)$ という記法を使った．(5.35)の U ゲージでは(5.79)の質量項は

$$\mathscr{L}_{\mathrm{mass}} = -\left(1+\frac{\varphi}{v}\right)[\bar{D}_{\mathrm{L}} M_D D_{\mathrm{R}} + \bar{U}_{\mathrm{L}} M_U U_{\mathrm{R}} + \mathrm{h.c.}] \tag{5.81}$$

のように(5.78)の U と D を使って書かれる．一般の $\det M \neq 0$ の行列は，ユニタリーな V と対角的な Λ に

$$M_D = V_D{}^{(1)\dagger}\Lambda_D V_D{}^{(2)}, \qquad M_U = V_U{}^{(1)\dagger}\Lambda_U V_U{}^{(2)} \tag{5.82}$$

のように分解でき，対角行列はクォークの質量を与える．

$$\Lambda_D = \begin{pmatrix} m_d & & 0 \\ & m_s & \\ 0 & & m_b \end{pmatrix}, \qquad \Lambda_U = \begin{pmatrix} m_u & & 0 \\ & m_c & \\ 0 & & m_t \end{pmatrix} \tag{5.83}$$

U ゲージで定義された理論で

$$V_D{}^{(2)}D_{\mathrm{R}} \to D_{\mathrm{R}}, \qquad V_D{}^{(1)}D_{\mathrm{L}} \to D_{\mathrm{L}}$$
$$V_U{}^{(2)}U_{\mathrm{R}} \to U_{\mathrm{R}}, \qquad V_U{}^{(1)}U_{\mathrm{L}} \to U_{\mathrm{L}} \tag{5.84}$$

とクォークの変数を再定義すると，(5.81)は

$$\mathcal{L}_{\mathrm{mass}} = -\left(1+\frac{\varphi}{v}\right)[\bar{D}_{\mathrm{L}}\Lambda_D D_{\mathrm{R}}+\bar{U}_{\mathrm{L}}\Lambda_U U_{\mathrm{R}}+\mathrm{h.c.}] \tag{5.85}$$

となり，(5.79)の最初の2項は $V \equiv V_U{}^{(1)}V_D{}^{(1)\dagger}$ として

$$S_+ \equiv \frac{1}{\sqrt{2}}\begin{pmatrix} 0 & V \\ 0 & 0 \end{pmatrix}, \qquad S_- \equiv \frac{1}{\sqrt{2}}\begin{pmatrix} 0 & 0 \\ V^\dagger & 0 \end{pmatrix} \tag{5.86}$$

を使うとそのままの形で成立する．V は3行3列のユニタリー行列であり9個の実パラメタを含む．V から全体としての位相と階数(現在の場合2)の2倍のパラメタを左および右からの対角的要素の掛け算で質量項(5.85)の対角化を損なわずに取り去ることができることが確かめられるので，結果として V は $9-2\times2-1=4$ 個の実パラメタを含むことになる．3×3 の実回転行列は3個のパラメタで記述できるので，V は回転行列に比して1個位相の自由度を余分に含み一般に実行列とはならない．

CP 変換と呼ばれる荷電共役とパリティを組み合わせた変換の下では，(5.79)において(T は転置，$C=i\gamma^2\gamma^0$ として)

$$\psi(\boldsymbol{x},t) \to \gamma^0 C\bar{\psi}(-\boldsymbol{x},t)^{\mathrm{T}}, \qquad S_\pm \to (S_\pm)^{\mathrm{T}}, \qquad S_3 \to S_3{}^{\mathrm{T}} = S_3$$
$$W_\mu{}^\pm(\boldsymbol{x},t) \to -W^{\mp\mu}(-\boldsymbol{x},t), \qquad W_\mu^3(\boldsymbol{x},t) \to -W^{3\mu}(-\boldsymbol{x},t) \tag{5.87}$$

と変換されることが示されるが，(5.86)の $S_\pm$ は V が実でない場合は $(S_\pm)^{\mathrm{T}} \neq S_\mp$ となり **CP 不変性**を破ることになる．このとき質量項(5.85)は CP 不変である．

簡単化された例として仮想的な4個のクォークの世界では(5.86)の V は2行2列となり，Pauli 行列を使って

$$V = \exp[-i\varphi_1]\exp[i\varphi_2\tau_3]\begin{pmatrix} \cos\theta_c & \sin\theta_c \\ -\sin\theta_c & \cos\theta_c \end{pmatrix}\exp[i\varphi_3\tau_3] \tag{5.88}$$

の形に書けるが，$\varphi_1, \varphi_2, \varphi_3$ は2成分のクォーク場 U と D の再定義，すなわち

$\exp[i\varphi_3\tau_3]D_\mathrm{L}\to D_\mathrm{L}$，$\exp[-i\varphi_1-i\varphi_2\tau_2]U_\mathrm{L}\to U_\mathrm{L}$ および $D_\mathrm{R}, U_\mathrm{R}$ の再定義により取り除かれる．結果として，Cabibbo 角と呼ばれる 1 個（$=4-2-1$）の実数 θ_c のみが残り，理論は CP 不変となり中性 K 中間子の崩壊で観測された CP の破れはくり込み可能な GWS 理論では説明できなくなる．以上の分析および 3 行 3 列の V の具体形が小林と益川により与えられ，**小林-益川行列**と呼ばれている．Higgs 場が複数個現われる理論では CP の分析はもう少し複雑になる．

(5.62)のニュートリノにも質量があれば一般に混合角が考えられ，**ニュートリノ振動**と呼ばれる興味ある現象が起こることになる．

5-5 弱電磁相互作用の高次効果

GWS 理論(5.69)は発散の次数の勘定からくり込み可能となり，摂動の高次の効果が不定性なく計算できる（量子異常の相殺に関しては(7.83)参照）．まず(5.43)のくり込まれた超場を一般化しておくと

$$
\begin{aligned}
\frac{W_\mu{}^+(x,\theta)_0}{\sqrt{Z_3}} &= W_\mu{}^+(x)+i\theta Z_c\left[\partial_\mu c^+ + i\left(\frac{Z_1}{Z_3}\right)g(W_\mu{}^+c^3 - W_\mu{}^3c^+)\right] \\
\frac{W_\mu{}^3(x,\theta)_0}{\sqrt{Z_3}} &= W_\mu{}^3(x)+i\theta Z_c\left[\partial_\mu c^3 + i\left(\frac{Z_1}{Z_3}\right)g(W_\mu{}^-c^+ - W_\mu{}^+c^-)\right] \\
\frac{c^+(x,\theta)_0}{\sqrt{Z_3}Z_c} &= c^+(x)-\theta\left(\frac{Z_cZ_1}{Z_3}\right)gc^3c^+ \\
\frac{c^3(x,\theta)_0}{\sqrt{Z_3}Z_c} &= c^3(x)-\theta\left(\frac{Z_cZ_1}{Z_3}\right)gc^+c^- \\
\frac{B_\mu(x,\theta)_0}{\sqrt{Z_{3B}}} &= B_\mu(x)+i\theta\partial_\mu c \\
\frac{c(x,\theta)_0}{\sqrt{Z_{3B}}} &= c(x) \\
\frac{\phi^+(x,\theta)_0}{\sqrt{Z_\phi}} &= \phi^+(x)+i\theta\left\{\left(\frac{Z_cZ_1}{Z_3}\right)\frac{g}{2}[ic^3\phi^+ + c^+(Z_v v+\varphi-i\varphi_3)] + i\frac{g'}{2}c\phi^+\right\}
\end{aligned}
\tag{5.89}
$$

$$\frac{\varphi_3(x,\theta)_0}{\sqrt{Z_\phi}} = \varphi_3(x) + i\theta\left\{\left(\frac{Z_c Z_1}{Z_3}\right)\frac{g}{2}\left[i(c^-\phi^+ - c^+\phi^-) + c^3(Z_v v + \varphi)\right] - i\frac{g'}{2}c(Z_v v + \varphi)\right\}$$

$$\frac{\varphi(x,\theta)_0}{\sqrt{Z_\phi}} = \varphi(x) + i\theta\left\{-\left(\frac{Z_c Z_1}{Z_3}\right)\frac{g}{2}(c^3\varphi_3 + c^+\phi^- + c^-\phi^+) + i\frac{g'}{2}c\varphi_3\right\}$$

$$\frac{\mu_{\mathrm{R}}(x,\theta)_0}{\sqrt{Z_{2\mathrm{R}}}} = \mu_{\mathrm{R}}(x) + i\theta g' c\mu_{\mathrm{R}}$$

$$\frac{\psi_{\mathrm{L}}(x,\theta)_0}{\sqrt{Z_{2\mathrm{L}}}} = \psi_{\mathrm{L}}(x) - i\theta\left[\left(\frac{Z_1 Z_c}{Z_3}\right)g(c^3 S_3 + c^+ S_+ + c^- S_-) - \frac{g'}{2}c\right]\psi_{\mathrm{L}}(x)$$

$$g_0 = \frac{Z_1}{{Z_3}^{3/2}}g, \quad g_0{}' = \frac{g'}{\sqrt{Z_{3B}}}, \quad \lambda_0 = \frac{Z_\lambda}{(Z_\phi)^2}\lambda, \quad (m_\mu)_0 = \frac{Z_m Z_v}{\sqrt{Z_{2\mathrm{R}} Z_{2\mathrm{L}}}}m_\mu$$

と定義される．さらに**くり込まれた量**を使って

$$\begin{aligned} &Z_\mu = (gW_\mu^3 - g'B_\mu)/G, && G \equiv \sqrt{g^2 + (g')^2} \\ &A_\mu = (g'W_\mu^3 + gB_\mu)/G, && c^\pm = (c' \mp ic^2)/\sqrt{2} \\ &c^z = (gc^3 - g'c)/G, && c^A = (g'c^3 + gc)/G \end{aligned} \tag{5.90}$$

およびくり込まれた e は $e = gg'/G$ と定義する．このとき(5.30)の $\mathcal{L}_{\mathrm{Higgs}}$ は

$$\begin{aligned} \mathcal{L}_{\mathrm{Higgs}} = {} & Z_\phi\left|\partial_\mu\phi^+ - \left(\frac{Z_1}{Z_3}\right)\frac{g}{2}W_\mu{}^+(Z_v v + \varphi - i\varphi_3) - i\left[\left(\frac{Z_1}{Z_3}\right)\frac{g}{2}W_\mu^3 + \frac{g'}{2}B_\mu\right]\phi^+\right|^2 \\ & + \frac{Z_\phi}{2}\left\{\partial_\mu\varphi + \left(\frac{Z_1}{Z_3}\right)\frac{g}{2}(W_\mu{}^-\phi^+ + W_\mu{}^+\phi^-) + \left[\left(\frac{Z_1}{Z_3}\right)\frac{g}{2}W_\mu^3 - \frac{g'}{2}B_\mu\right]\varphi_3\right\}^2 \\ & + \frac{Z_\phi}{2}\left\{\partial_\mu\varphi_3 + \left(\frac{Z_1}{Z_3}\right)\frac{ig}{2}(W_\mu{}^-\phi^+ - W_\mu{}^+\phi^-) - \left[\left(\frac{Z_1}{Z_3}\right)\frac{g}{2}W_\mu^3 - \frac{g'}{2}B_\mu\right](Z_v v + \varphi)\right\}^2 \\ & - \frac{Z_\lambda\lambda}{4}[2|\phi^+|^2 + \varphi^2 + 2Z_v v\varphi + {\varphi_3}^2]^2 - \frac{1}{2}[2|\phi^+|^2 + \varphi^2 + 2Z_v v\varphi + {\varphi_3}^2]\,\delta v^2 \end{aligned} \tag{5.91}$$

と書くことができる．

(5.45)の R_ξ ゲージは**くり込まれた量**を使って

$$\mathcal{L}_{\mathrm{g}} = \left[\partial^\mu W_\mu{}^+ + \frac{gv}{2\xi}\phi^+\right]B^- + \mathrm{h.c.} + \frac{1}{\xi}|B^-|^2$$

$$+\left[\partial^\mu Z_\mu+\frac{Gv}{2\eta}\varphi_3\right]B_Z+\frac{1}{2\eta}B_Z{}^2+(\partial^\mu A_\mu)B_A+\frac{\alpha}{2}B_A{}^2$$

$$+iZ_c\partial^\mu\bar{c}^-\left\{\partial_\mu c^++i\frac{Z_1}{Z_3}\frac{g}{G}[W_\mu{}^+(gc^Z+g'c^A)-(gZ_\mu+g'A_\mu)c^+]\right\}+\text{h.c.}$$

$$-i\frac{gv}{2\xi}\bar{c}^-\left\{\frac{Z_cZ_1}{Z_3}\left[\frac{ig}{2G}(gc^Z+g'c^A)\phi^++\frac{g}{2}c^+(Z_vv+\varphi-i\varphi_3)\right]\right.$$

$$\left.+i\frac{g'}{2G}(gc^A-g'c^Z)\phi^+\right\}+\text{h.c.}$$

$$+i\partial^\mu\bar{c}^Z\left[\partial_\mu c^Z+(Z_c-1)\frac{g}{G^2}(g\partial_\mu c^Z+g'\partial_\mu c^A)+i\frac{Z_cZ_1}{Z_3}\frac{g^2}{G}(W_\mu{}^-c^+-W_\mu{}^+c^-)\right]$$

$$-i\frac{Gv}{2\eta}\bar{c}^Z\left\{\frac{Z_cZ_1}{Z_3}\left[i\frac{g}{2}(c^-\phi^+-c^+\phi^-)+\frac{g}{2G}(gc^Z+g'c^A)(Z_vv+\varphi)\right]\right.$$

$$\left.-i\frac{g'}{2G}(gc^A-g'c^Z)(Z_vv+\varphi)\right\}$$

$$+i\partial^\mu\bar{c}^A\left[\partial_\mu c^A+(Z_c-1)\frac{g'}{G^2}(g\partial_\mu c^Z+g'\partial_\mu c^A)+i\frac{Z_cZ_1}{Z_3}\frac{gg'}{G}(W_\mu{}^-c^+\right.$$

$$\left.-W_\mu{}^+c^-)\right] \tag{5.92}$$

のように一般化される．GWS理論ではゲージ場の混合のため表式は複雑になるが，基本的な考え方は5-3節と同じである．(5.92)の補助場Bを含む項は全て有限になり，摂動計算のための伝搬関数は，$\langle \mathrm{T}^*W_\mu{}^-(x)W_\nu{}^+(y)\rangle$，$\langle \mathrm{T}^*\phi^-(x)\phi^+(y)\rangle$および$\langle \mathrm{T}^*c^+(x)\bar{c}^-(y)\rangle$に関しては(5.42)の表式がそのまま成立する．その他の伝搬関数に関しては，

$$\int dxe^{ik(x-y)}\langle \mathrm{T}^*Z_\mu(x)Z_\nu(y)\rangle=(-i)\frac{g_{\mu\nu}-(\eta-1)k_\mu k_\nu/(\eta k^2-M_Z{}^2)}{k^2-M_Z{}^2+i\epsilon}$$

$$\int dxe^{ik(x-y)}\langle \mathrm{T}^*A_\mu(x)A_\nu(y)\rangle=(-i)\frac{g_{\mu\nu}-(1-\alpha)k_\mu k_\nu/k^2}{k^2+i\epsilon}$$

$$\int dxe^{ik(x-y)}\langle \mathrm{T}^*\varphi_3(x)\varphi_3(y)\rangle=\frac{i}{k^2-M_Z{}^2/\eta+i\epsilon} \tag{5.93}$$

$$\int dxe^{ik(x-y)}\langle \mathrm{T}^*c^Z(x)\bar{c}^Z(y)\rangle=\frac{1}{k^2-M_Z{}^2/\eta+i\epsilon}$$

$$\int dx e^{ik(x-y)} \langle \mathrm{T}^* c^A(x) \bar{c}^A(y) \rangle = \frac{1}{k^2+i\epsilon}$$

で与えられる．ただし，ξ, η, α は負でない実数のゲージパラメタであり

$$M_W = \frac{1}{2} gv, \qquad M_Z = \frac{1}{2} Gv \tag{5.94}$$

と定義した．ループ展開に現われる発散は(5.89)～(5.92)のくり込み定数により取り除かれる．補助場の BRST 変換を $\bar{c}^+(x,\theta) = c^+ + \theta B^+$，$\bar{c}^A(x,\theta) = \bar{c}^A + \theta B^A$ において $\theta \to \theta + \lambda$ で定義すると S 行列は(5.61)にならって，ξ, η, α に依存しない．

μ 粒子の異常磁気能率

さて以下ではGWS 理論での高次効果の例を 2, 3 議論したい．まず μ 粒子の異常磁気能率への弱い相互作用の寄与を図 5-8 の Feynman 図に基づいて議論する．これらの Feynman 図の計算の結果はフェルミオンの質量殻上 $p^2 = (p')^2 = m_\mu{}^2$ では一般に($\sigma_{\rho\nu} = (i/2)[\gamma_\rho, \gamma_\nu]$ として)

$$(-ie)\bar{u}(p')\left[F_1(q^2)\gamma_\rho + F_2(q^2)\frac{i}{2m_\mu}\sigma_{\rho\nu}q^\nu + \text{parity violating terms}\right]u(p) \tag{5.95}$$

の形に書ける．ループが 1 つの図からの異常磁気能率は

$$a_\mu \equiv F_2(0) = \frac{\alpha}{2\pi}\left[1 + \left(\frac{m_\mu}{M_W}\right)^2 f\left(\frac{m_\mu}{M_W}\right)\right] \tag{5.96}$$

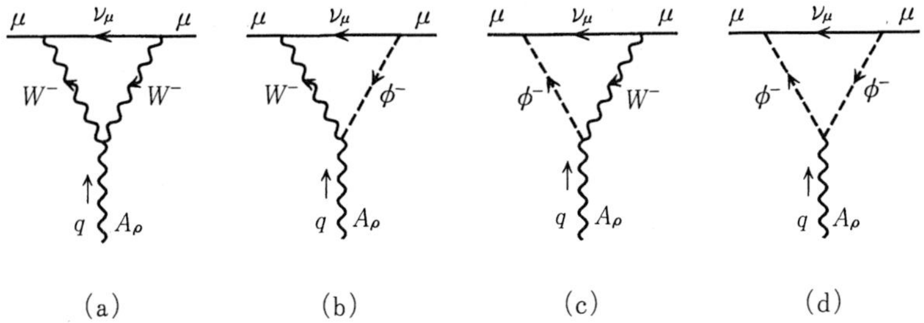

図 5-8

で与えられる．ただし，第1項は(2.184)の光子による補正を示す．$(\alpha/2\pi)(m_\mu/M_W)^2 \sim G_F m_\mu{}^2$ なので(5.96)の第2項は図5-8の弱い相互作用の補正 $a_\mu{}^W$ に対応する．図5-8を計算するための Feynman 則を，(5.71)および(5.91)に基づき図5-9に示す．ただし，図5-9の最後の W ボソンの電磁結合は

$$(ie)[((k+k')_\rho g_{\alpha\beta}-k'_\alpha g_{\rho\beta}-k_\beta g_{\rho\alpha})+(q_\beta g_{\rho\alpha}-q_\alpha g_{\rho\beta})] \tag{5.97}$$

で与えられ，ニュートリノの伝搬関数としては

$$\int dx e^{ik(x-y)}\langle \mathrm{T}^*\nu_{\mathrm{L}}(x)\bar{\nu}_{\mathrm{L}}(y)\rangle = \left(\frac{1-\gamma_5}{2}\right)\frac{i\not{k}}{k^2+i\epsilon} \tag{5.98}$$

を用いる．(5.42)の伝搬関数と図5-9の Feynman 則で計算された異常磁気能率への弱い相互作用による補正 $a_\mu{}^W$ を表5-1に示す．この結果から明らかなように，ゲージパラメタ ξ を変化させると図5-8の各図からの寄与は大きく変化するが，全体としての寄与はゲージによらない物理的な結果を与える．ただ

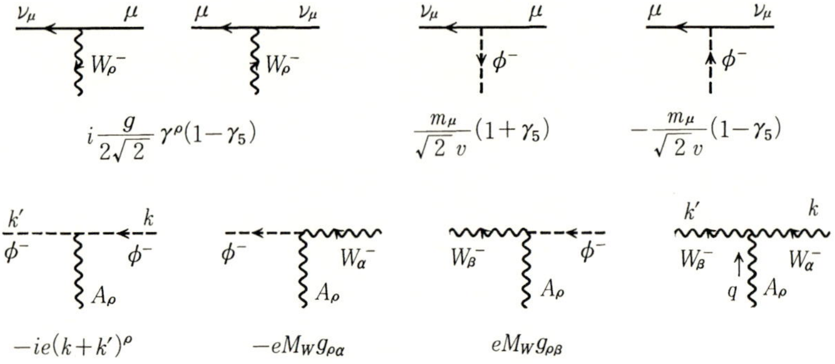

図 5-9

表 5-1　$G_F m_\mu^2/8\sqrt{2}\,\pi^2$ を単位としての $a_\mu{}^W$

図 / ゲージ	5-8(a)	5-8(b)と(c)	5-8(d)	合計
$\xi=0$	10/3	0	0	10/3
$\xi=1$	7/3	1	0	10/3
$\xi=\infty$	4/3	1	1	10/3

し，$\xi=0$ の結果は $\xi\to 0$ の極限で定義した．図 5-8 では全ての外線が質量殻上にあり，この結果は(5.61)の S 行列のゲージ非依存の一例を与える．数値的には(Z ボソンの効果も含めて)弱い相互作用の効果は

$$a_\mu{}^W \sim \frac{10}{3}\frac{G_F m_\mu{}^2}{8\sqrt{2}\,\pi^2} \approx 4\times 10^{-9} \tag{5.99}$$

の程度であり，近い将来測定にかかることが期待される．ついでながら，もしニュートリノが Dirac 粒子なら弱い相互作用の補正により，質量 m_ν を eV 単位で測って($e/2m_e$ は Bohr 磁子)

$$\mu_\nu = \frac{3eG_F m_\nu}{8\sqrt{2}\,\pi^2} \sim 3\times 10^{-19}\left(\frac{m_\nu}{1\,\mathrm{eV}}\right)\times\left(\frac{e}{2m_e}\right) \tag{5.100}$$

の大きさの磁気モーメントを持ち強い磁場中では回転することになる．

クォークの種類(flavor)を変える中性カレント

GWS 理論の最低次の結合では，Z ボソンはクォークの種類を変えない．例えば，s クォークが Z を放出して d クォークに変わるということはない．実験的にもこのような過程は通常の弱い相互作用に比して非常に小さな確率でしか起こらないことが知られている．具体的には，(5.79),(5.86)でクォークを (u, d, c, s) の 4 個に限った模型を考えると W および Z とクォークの相互作用は

$$\begin{aligned}\mathcal{L}_{\text{int}} &= \frac{g}{2\sqrt{2}}W_\alpha{}^+(\bar{u},\bar{c})\gamma^\alpha(1-\gamma_5)V\begin{pmatrix}d\\ s\end{pmatrix}+\frac{g}{2\sqrt{2}}W_\alpha{}^-(\bar{d},\bar{s})\gamma^\alpha(1-\gamma_5)V^+\begin{pmatrix}u\\ c\end{pmatrix}\\ &\quad -\frac{G}{4}Z_\alpha\Bigg\{(\bar{u},\bar{c})\gamma^\alpha(1-\gamma_5)\begin{pmatrix}u\\ c\end{pmatrix}-(\bar{d},\bar{s})\gamma^\alpha(1-\gamma_5)\begin{pmatrix}d\\ s\end{pmatrix}\\ &\quad -4\sin^2\theta_W\left[\frac{2}{3}(\bar{u},\bar{c})\gamma^\alpha\begin{pmatrix}u\\ c\end{pmatrix}-\frac{1}{3}(\bar{d},\bar{s})\gamma^\alpha\begin{pmatrix}d\\ s\end{pmatrix}\right]\Bigg\}\end{aligned} \tag{5.101}$$

と与えられる．ただし，V は(5.88)に現われる V の実部分

$$V = \begin{pmatrix}\cos\theta_c & \sin\theta_c\\ -\sin\theta_c & \cos\theta_c\end{pmatrix} \tag{5.102}$$

である．(5.101)からわかるように Z_α は $\bar{d}\gamma^\alpha d$ とか $\bar{s}\gamma^\alpha s$ といった組み合わせでのみクォークに結合し，クォークの種類を変えない．

他方，W_α は(5.101)からわかるように混合角 V を通じて d クォークを u に

も c にも変えることができる．したがって例えば図 5-10 を通じて(ただし，代表的な図のみを示す)，s クォークを d に変換する中性カレントが誘起され中性 K 中間子の崩壊 $K^0 \to \mu\bar{\mu}$ が起こることになる．GWS 理論では，(5.37)の $e = g\sin\theta_W$ からも予想されるように，弱い相互作用の高次の効果は一般に Fermi 結合定数 G_F に電磁補正 α のかかった

$$\sim \alpha G_F \tag{5.103}$$

の大きさで現われうる．しかし，もし c の質量 m_c と u の質量 m_u が等しいとすると，図 5-10 で(a)と(b)，(c)と(d)がお互いに相殺し 0 になる．実際には $m_u \ll m_c$ であり，図 5-10 の寄与は(5.103)に比して

$$\sim \alpha\sin 2\theta_c(m_c{}^2 - m_u{}^2)/M_W{}^2 \times G_F \approx \alpha\sin 2\theta_c(m_c/M_W)^2 G_F \tag{5.104}$$

の大きさの振幅を与える．クォーク模型では K^0 中間子は $K^0 \sim (s\bar{d})$ で与えられるが，K^0 中間子の寿命の長い方 $K_L{}^0$ の崩壊の実験値

$$\Gamma(K_L{}^0 \to \mu\bar{\mu})/\Gamma(K_L{}^0 \to \text{all}) \sim 10^{-8} \tag{5.105}$$

を説明するには，$K_L{}^0 \to \mu\bar{\mu}$ に(5.104)の振幅を用いて $m_c \sim 1.5\,\text{GeV}$ と取ればよいことが知られている．事実，クォーク c はこの種の考察から理論的に予測された(S. Glashow, I. Iliopoulos, E. Maiani による **GIM 機構**)．

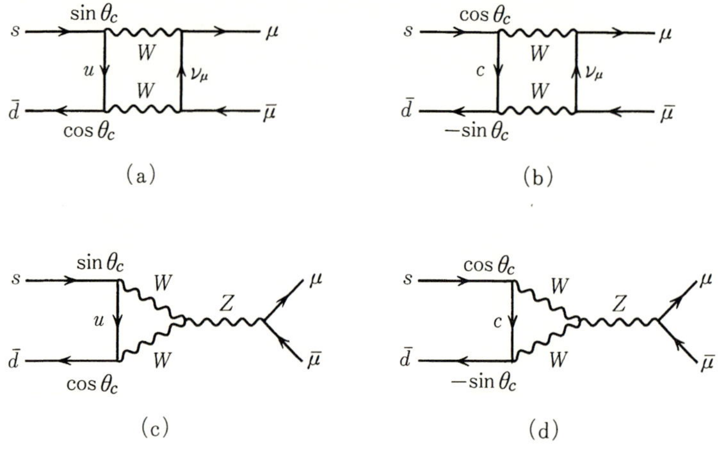

図 5-10

クォークが6個の模型での CP 不変性の破れも図5-10と類似の Feynman 図に基づいて議論される.

ρ パラメタ

(5.69)で定義される GWS 理論では ρ パラメタと呼ばれる

$$\rho \equiv M_W{}^2/M_Z{}^2 \cos^2\theta_W \tag{5.106}$$

で定義されるパラメタは摂動の最低次では $\rho=1$ である. これは, $g'=0$ とした(5.44)の理論では(5.26)が持つ $SU(2)\times SU(2)$ 対称性を反映して $W_\mu{}^\pm$ と $W_\mu{}^0$ が縮退していることに起因する. ところが, (5.69)のフェルミオンの湯川結合は(5.28)の ϕ と(5.29)の $\tilde{\phi}$ を同等に扱っておらず, このフェルミオンの質量項による $SU(2)\times SU(2)$ の破れが(5.106)の ρ を1からずらす効果を出す. M. Veltman によるこの問題の分析の要点を $g'=0$, したがって $\cos\theta_W=1$, と簡単化した模型で説明したい.

まず(5.62)で t クォークのみが非常に重い($m_t\sim 175\,\mathrm{GeV}>m_W$)ので, 他のクォークとかレプトンの質量を0として考える. このときにはレプトンは $SU(2)\times SU(2)$ 対称性を破らない. また t 以外のクォークの質量を0とすると, (5.86)の混合角は意味を持たなくなり $V=1$ としてよい. したがって $W_\mu{}^\pm$ と $W_\mu{}^3$ の質量への補正は図5-11の分析により与えられる. 図5-11(a)の計算は, 図5-9の Feynman 則からも予測されるように(Fermi 統計の$(-)$符号に注意して)

$$\begin{aligned}(-)\left(i\frac{g}{\sqrt{2}}\right)^2\int\frac{d^Dk}{(2\pi)^D}\mathrm{Tr}\left[\gamma_\beta\left(\frac{1-\gamma_5}{2}\right)\frac{i}{\not{k}+\not{p}-m_t+i\epsilon}\gamma_\alpha\left(\frac{1-\gamma_5}{2}\right)\frac{i}{\not{k}-m_b+i\epsilon}\right]\\ \equiv if_1{}^{(-)}(p^2,m_t,m_b)[p_\alpha p_\beta-p^2g_{\alpha\beta}]+if_2{}^{(-)}(p^2,m_t,m_b)g_{\alpha\beta}\end{aligned} \tag{5.107}$$

と与えられる. ただし, 後の都合上 $m_b\neq 0$ とした. (5.107)の計算は(2.165)と同様に次元正則化を用いて行なわれ, 結果は(C を定数として)

$$\begin{aligned}f_1{}^{(-)}(p^2,m_t,m_b) &= \frac{g^2}{12}\frac{1}{(2\pi)^2}\left(\frac{1}{\varepsilon}+C\right)\\ &\quad -\frac{g^2}{16\pi^2}\int_0^1 d\alpha 2\alpha(1-\alpha)\ln\left[\alpha m_t{}^2+(1-\alpha)m_b{}^2-\alpha(1-\alpha)p^2\right]\end{aligned} \tag{5.108}$$

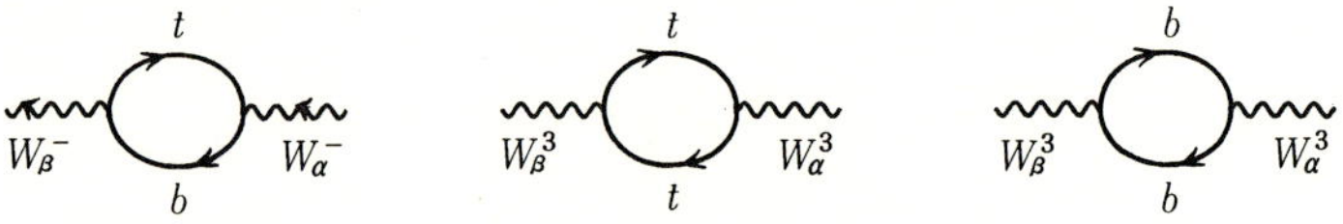

図 5-11

$$f_2^{(-)}(p^2, m_t, m_b) = \frac{g^2}{8}\frac{1}{(2\pi)^2}\left(\frac{1}{\varepsilon}+C\right)(m_t^2+m_b^2)$$

$$-\frac{g^2}{16\pi^2}\int_0^1 d\alpha\,[\alpha m_t^2+(1-\alpha)m_b^2]\ln[\alpha m_t^2+(1-\alpha)m_b^2-\alpha(1-\alpha)p^2]$$

となり(ただし，C は両方に共通な有限な定数)，$W_\mu{}^3$ に対する図 5-11(b)と(c)の結果は($i=1,2$ に対して)(5.108)の関数形を使って

$$f_i^{(3)}(p^2) \equiv \frac{1}{2}[f_i^{(-)}(p^2, m_t, m_t)+f_i^{(-)}(p^2, m_b, m_b)] \qquad (5.109)$$

で与えられる．(5.108)で $f_1^{(-)}$ の第 1 項は $W_\mu{}^-$ の波動関数のくり込みに $f_2^{(-)}$ の第 1 項は $W_\mu{}^-$ の質量のくり込みにそれぞれ吸収される．(5.109)から $W_\mu{}^3$ のくり込みも全く同じになる．(5.107)の定義と，(5.44)で U ゲージを使ったゲージ場の 2 次の項から，量子補正を受けた $W_\mu{}^-$ の伝搬関数は

$$(-i)\frac{g_{\alpha\beta}-p_\alpha p_\beta/[(M_W{}^2+f_2^{(-)})/(1+f_1^{(-)})]}{p^2[1+f_1^{(-)}]-[M_W{}^2+f_2^{(-)}]} \qquad (5.110)$$

と求まる．ただし，(5.108)の $f_i^{(-)}$ の第 2 項の対数部分のみを使うものとする．$W_\mu{}^3$ に対しても同様に計算される．(5.110)および $W_\mu{}^3$ の対応する式の極としてくり込まれた質量が求まり，その比は $m_t{}^2 \gg m_W{}^2$ に対しては

$$\begin{aligned}\rho &= [(M_W{}^2+f_2^{(-)}(M_W{}^2))/(1+f_1^{(-)}(M_W{}^2))]/[(M_W{}^2\\&\quad +f_2^{(3)}(M_W{}^2))/(1+f_1^{(3)}(M_W{}^2))]\\&\approx 1+[f_1^{(3)}(M_W{}^2)-f_1^{(-)}(M_W{}^2)]+[f_2^{(-)}(M_W{}^2)-f_2^{(3)}(M_W{}^2)]/M_W{}^2\\&\approx 1+\frac{g^2}{64\pi^2}\frac{m_t{}^2}{M_W{}^2} = 1+\frac{G_F m_t{}^2}{8\sqrt{2}\,\pi^2}\end{aligned} \qquad (5.111)$$

と求められる．この最後の表式は $g' \neq 0$ の一般の場合にも成立する．$m_t \approx 175$

GeV とすると上記の補正項は ~1% となり，現在知られている実験値

$$\rho = M_W{}^2/M_Z{}^2 \cos^2\theta_W = 0.998 \pm 0.009 \qquad (5.112)$$

の程度となる．

5-6 トンネル効果とバリオン数非保存，その他の話題

Yang-Mills 場は局所的にはくり込み可能性が，また大局的にはインスタントンと関係した位相的性質が重要である．GWS 理論では第7章で示すようにゲージ不変に正則化されたバリオン数 $J_B{}^\mu$ とレプトン数 $J_L{}^\mu$ のカレントが

$$\begin{aligned}\partial_\mu J_B{}^\mu &= \frac{-3i}{32\pi^2}\left[\mathrm{Tr}\,\epsilon^{\mu\nu\alpha\beta}F_{\mu\nu}(W)F_{\alpha\beta}(W) - \frac{1}{2}\epsilon^{\mu\nu\alpha\beta}F_{\mu\nu}(B)F_{\alpha\beta}(B)\right] \\ &= \partial_\mu J_l{}^\mu \end{aligned} \qquad (5.113)$$

という量子異常(アノマリー)を含む．(7.80)参照．ここで

$$\begin{aligned} J_B{}^\mu(x) &= \frac{1}{3}\sum_q \bar{q}(x)\gamma^\mu q(x) \\ J_L{}^\mu(x) &= \sum_l \left[\bar{l}(x)\gamma^\mu l(x) + \bar{\nu}_l(x)\gamma^\mu\left(\frac{1-\gamma_5}{2}\right)\nu_l(x)\right]\end{aligned} \qquad (5.114)$$

と6個のクォークと6個のレプトンにわたる和で定義される．(5.113)の異常項は全微分の形に書かれるが3-2節で議論されたインスタントン数 ν を使って

$$\begin{aligned}\int \partial_\mu J_B{}^\mu(x)d^4x &= \int_{t=\infty} iJ_B{}^0(x)d^3x - \int_{t=-\infty} iJ_B{}^0(x)d^3x \\ &= -3\int \frac{i}{32\pi^2}\mathrm{Tr}\,\epsilon^{\mu\nu\alpha\beta}F_{\mu\nu}(W)F_{\alpha\beta}(W)d^4x = -3i\nu \end{aligned} \qquad (5.115)$$

と書ける．ただし，Euclid 計量での式 $J_B{}^4 = iJ_B{}^0$ を使った．(5.115)からインスタントンの存在する時空間をクォークとかレプトンが運動するとき

$$\Delta B \equiv B(\infty) - B(-\infty) = -3\nu = L(\infty) - L(-\infty) \equiv \Delta L \qquad (5.116)$$

の関係で示されるようにバリオン数 B とレプトン数 L が変化し，選択則

$$\Delta(B-L) = 0 \qquad (5.117)$$

を満たすようにバリオンの(反)レプトンへの遷移が起こりうることになる．素朴には，この遷移のトンネル効果の確率は，$e=g\sin\theta_W$ に注意すれば，(3.32)から

$$\exp[-8\pi^2/g^2]=\exp[-8\pi^2\sin^2\theta_W/e^2]\sim e^{-200} \tag{5.118}$$

と非常に小さくなり物理的には意味がない．しかし，Higgs 場も含んだインスタントンと類似の配位を考えれば TeV(＝10^{12} eV)の温度とかエネルギー領域では意味のある大きさになるという議論もあり，上記の G.'t Hooft によるバリオン数の破れの機構は非常に興味のある可能性を将来に残すものである．

なおインスタントンに関係したもう1つの話題として 4-5 節で議論した θ 真空と CP 対称性の強い相互作用による破れがある．一般に $SU(N)$ ゲージ理論

$$S=\int[\bar{\psi}i\gamma^\mu(\partial_\mu-igA_\mu{}^aT^a)\psi-m\bar{\psi}\psi]d^4x \tag{5.119}$$

において，対角的で跡が0の実の T^a と $i\neq j$ として (i,j) 成分だけが $1/\sqrt{2}$ の非対角的な $T^a=T^{(i,j)}$ の表示をとることが可能である．このとき(5.87)の一般化として CP 変換 $\psi(\boldsymbol{x},t)\to\gamma^0C\bar{\psi}(-\boldsymbol{x},t)^{\mathrm{T}}$，$C=i\gamma^2\gamma^0$ の下で

$$\begin{aligned}&A_\mu{}^a(\boldsymbol{x},t)\to-A^{\mu a}(-\boldsymbol{x},t) \qquad (\text{対角的 } a)\\&A_\mu{}^{(i,j)}(\boldsymbol{x},t)\to-A^{\mu(j,i)}(-\boldsymbol{x},t) \qquad (i\neq j)\end{aligned} \tag{5.120}$$

と変換すれば，(5.119)および(3.13)の Yang-Mills のラグランジアンは不変となることが示される．(5.120)の下で(4.64)の θ 真空の肩に現われる項

$$\frac{\theta}{32\pi^2}\mathrm{Tr}\int\epsilon^{\mu\nu\alpha\beta}F_{\mu\nu}(A)F_{\alpha\beta}(A)d^4x \tag{5.121}$$

の符号が変わり，$\theta\neq0$ では 4-5 節で議論したように CP の破れが起こり $\theta\sim 10^{-9}$ といった小さな θ に制約される．

上記の小さな θ を説明する可能性の1つとして**アクシオン**(axion) $a(x)$ の考えがある(R. Peccei, H. Quinn)．この考えの要点は，(5.81)の質量項に結合する質量0の擬スカラー場 $a(x)$ を(M を実の質量行列，f を定数として)

$$\mathcal{L}\sim\bar{\psi}_{\mathrm{L}}e^{i\theta_{\mathrm{eff}}+ia(x)/f}M\psi_{\mathrm{R}}+\mathrm{h.c.}+\frac{1}{2}\partial_\mu a\partial^\mu a \tag{5.122}$$

という形の結合を持つように導入することにある．ただし，θ_{eff} は(4.73)で α を定数とした Fermi 場の変換により θ 真空の θ を質量項に移したものと質量項に本来現われうる例えば(5.88)の φ_1 に対応するものを合計したものである．[(5.88)の φ_2 とか φ_3 などをとり除く Fermi 場の変換は異常項を出さない．] (5.122)の質量項から誘起される $a(x)$ に対するポテンシャルの停留点を求めることを考える．例えば極端に簡単化された例で言えば，A を定数として

$$\mathcal{L} = A\cos(a(x)/f+\theta_{\text{eff}})+\frac{1}{2}\partial_\mu a\partial^\mu a \tag{5.123}$$

の停留点を与える $a(x)$ の定数部分 a_0 は

$$a_0/f+\theta_{\text{eff}} = 0 \tag{5.124}$$

となり，$U(1)$ 型の位相が取り除かれる．これを一般化して，(5.122)で力学的に θ_{eff} を相殺し CP の破れを回避するというのが基本的な考えである．このときには，(5.123)の停留点のまわりの振動から $a(x)$ は $\sqrt{A}/f$ の程度の質量を持つことになる．現在，$a(x)$ と同定される粒子は見つかっていない*．

GWS 理論および Higgs 機構の安定性

(5.22)の有効ポテンシャルに基づいて，GWS 理論の基本になっている Higgs 機構の安定性についてコメントしたい．ループが1つのレベルでの $\Gamma(\varphi)$ は，定数 $\varphi=\varphi_r$ を背景場としてその回りの場の変数のゆらぎに関して2次の項を経路積分することにより求められる．$M_\varphi, \mu_\varphi, m_\varphi$ をそれぞれ真空期待値が φ のときの Higgs 場 $\varphi(x)$，ゲージ場 $W_\mu{}^\pm, Z_\mu$ および Fermi 場の系の質量行列として，$\Gamma(\varphi)$ は

$$-\Gamma(\varphi) = -\frac{1}{2}\mu^2\varphi^2+\frac{\lambda}{4}\varphi^4+\frac{1}{64\pi^2}\mathrm{Tr}\left[3\mu_\varphi{}^4\ln\mu_\varphi{}^2+M_\varphi{}^4\ln M_\varphi{}^2-4m_\varphi{}^4\ln m_\varphi{}^2\right] \tag{5.125}$$

の形に発散を μ^2 と λ にくり込んだ後に書かれる(S. Coleman, E. Weinberg).

---

* (5.122)で $a(x)+\theta_{\text{eff}}$ を改めて $a(x)$ と書いて，$a(x)$ を擬スカラー場とみなせば CP 不変な理論を与える．(5.122)で $a(x)$ の質量項が最初から存在すると，θ_{eff} を $a(x)$ に吸収するメカニズムはうまくゆかない．従って，$a(x)$ はカイラル $U(1)$ 対称性の自発的な破れに伴う南部-Goldstone 粒子となるようにあらかじめ理論を構成しておく必要がある．

フェルミオンの質量項では t クォークのみが大きな寄与を与え，

$$-\mathrm{Tr}\, 4m_\varphi{}^4 \ln m_\varphi{}^2 \approx -4m_t{}^4 \ln m_t{}^2 \tag{5.126}$$

となる．$m_t \sim 2\mu_W$ なので，高次補正の項でゲージ場の寄与 μ_φ を無視して考える．ループ展開の処方では高次補正は 0 次の項より小さいことが前提となっているが，もし(5.125)を文字通りとると

$$M_\varphi{}^2 \gtrsim 2m_t{}^2 \tag{5.127}$$

が $-\Gamma(\varphi)$ の $|\varphi| \to \infty$ での安定性から要求される．(5.127)は GWS 理論で t クォークのような重いフェルミオンを記述するには，Higgs 粒子そのものも重くなるのが自然であることを示唆している．なお，一般に重いフェルミオンとパリティを破った結合をするベクトル粒子の縦波成分はフェルミオンの質量に比例する大きな結合定数を持つ．

Higgs 場の質量は $M_\varphi{}^2 = 2\lambda v^2$ と結合定数 λ に比例しており，大きな M_φ は大きな λ を意味する．他方(5.57)からもわかるように，大きな λ に対してはくり込み群の有効結合定数は

$$\lambda(\mu) = \lambda(M_\varphi) \Big/ \left[1 - \frac{3}{2\pi^2}\lambda(M_\varphi)\ln(\mu/M_\varphi)\right] \tag{5.128}$$

の振舞いをし，$3\lambda(M_\varphi)/(2\pi^2) \sim 1$，あるいはこの $\lambda(M_\varphi)$ を $M_\varphi{}^2 = 2\lambda v^2$ および $v = 247\ \mathrm{GeV}$ と組み合わせて得られる $M_\varphi \sim 900\ \mathrm{GeV}$ より重い Higgs 場に対しては摂動論は意味を持たなくなることを示す．

Higgs 場の質量のもう 1 つの問題点は 2 次の発散を示し，引き算的にくり込まれる点にある．このため運動量を切断する処方では，例えば Planck 質量 $\sim 10^{19}\ \mathrm{GeV}$ の大きさの量子補正を受ける可能性を排除できず，この問題は**自然さ**(naturalness)の欠如として知られている．

GWS 理論では，Higgs 場の素性とかなぜ自発的対称性の破れに導くのかといった基本的なことがよくわからない．このため素粒子としての Higgs 場 $\varphi(x)$ を導入せず複合粒子として $\varphi(x)$ を創り出す試みも行なわれている．また上記の自然さの問題を解決するために，GWS 理論を超対称性(Fermi-Bose 対称性)を持つより対称性の大きい理論に一般化する試みも行なわれている．

6 曲がった空間における場の理論

Einstein の重力理論に物質場が結合したときの基本的な性質をゲージ対称性を中心に説明する．経路積分で量子化したときのエネルギー運動量テンソル，BRST 対称性の概説と 2 次元量子重力の例を弦理論との関係で議論する．

6-1 Einstein 理論とエネルギー運動量テンソル

物質場として第 4 章の QCD 型の場が存在するときの Einstein 理論の基本的なラグランジアンは，$\kappa=8\pi G$，G は Newton 定数として

$$\mathscr{L} = \frac{R}{2\kappa}+\bar{\psi}ie_k{}^\mu\gamma^k\left(\partial_\mu-\frac{i}{2}A_\mu{}^{mn}\sigma_{mn}-iA_\mu{}^aT^a\right)\psi-m\bar{\psi}\psi$$
$$-\frac{1}{4}g^{\mu\alpha}g^{\nu\beta}F^a_{\mu\nu}F^a_{\alpha\beta} \qquad (6.1)$$

で与えられる．ここで $e_m{}^\mu$ は **4 脚場**(vierbein)と呼ばれ，**計量テンソル** $g^{\mu\nu}(x)$ とは

$$g^{\mu\nu} = e_m{}^\mu e^{\nu m}, \qquad g_{\mu\nu}g^{\nu\rho} = \delta_\mu{}^\rho$$
$$ds^2 = g_{\mu\nu}(x)dx^\mu dx^\nu \qquad (6.2)$$

$$e_m{}^\mu e_{\mu n} = G_{mn}, \qquad G_{mn} \equiv (1, -1, -1, -1)$$

で関係づけられる．ギリシャ文字で指定される一般座標の添字(**Minkowski の足**)と，曲がった空間の各点に付与された計量 G_{mn} で指定される平坦な空間の添字(ローマ字の **Lorentz の足**)の両方を $e_m{}^\mu$ は運び，μ の上げ下げは計量 $g_{\mu\nu}$ で，m の上げ下げは G_{mn} で行なう．Einstein 理論は一般座標変換の下で不変であるが，一般座標変換のなす群は多価表現を含まないので Dirac 場を一般座標変換の表現として導入することはできない．このため上記の時空間の各点に付与された平坦な空間内の Lorentz 回転群の 2 価表現として Dirac 場が導入され，この処方が Dirac 場を矛盾なく導入する唯一のものであることが R. Geroch により議論されている．

以下主として通常のゲージ場 $A_\mu{}^a=0$ とした場合を扱う．(6.1)に現われる共変微分は一般には

$$D_\mu = \partial_\mu - i\frac{1}{2}A_\mu{}^{mn}S_{mn} - iU_\alpha{}^\beta \Gamma^\alpha_{\beta\mu} \tag{6.3}$$

で与えられ，S_{mn} と $U_\alpha{}^\beta$ はそれぞれ Lorentz 群と一般線形変換群 $GL(4,R)$ の生成演算子であり，

$$\begin{aligned}[S_{mn}, S_{kl}] &= (-i)\{G_{mk}S_{nl} + G_{nl}S_{mk} - G_{ml}S_{nk} - G_{nk}S_{ml}\} \\ [U_\alpha{}^\beta, U_\gamma{}^\delta] &= (-i)\{\delta_\alpha{}^\delta U_\gamma{}^\beta - \delta_\gamma{}^\beta U_\alpha{}^\delta\}\end{aligned} \tag{6.4}$$

を満たす．具体的には，スピン 1/2 と 1 に対しては

$$\begin{aligned}S^{(1/2)}_{mn} &= \sigma_{mn} = \frac{i}{4}[\gamma_m, \gamma_n] \qquad (\gamma_m \text{ は Dirac 行列}) \\ (S^{(1)}_{mn})^{kl} &= i(\delta_m{}^k\delta_n{}^l - \delta_m{}^l\delta_n{}^k)\end{aligned} \tag{6.5}$$

と与えられ，Minkowski の足をもつ**共変ベクトル** A_ν および**反変ベクトル** A^ν に対しては

$$\begin{aligned}(U_\alpha{}^\beta)_\mu{}^\nu A_\nu &= (-i\delta_\alpha{}^\nu\delta_\mu{}^\beta)A_\nu \\ (U_\alpha{}^\beta)^\mu{}_\nu A^\nu &= (i\delta_\alpha{}^\mu\delta_\nu{}^\beta)A^\nu\end{aligned} \tag{6.6}$$

と $U_\alpha{}^\beta$ は与えられる．したがって次式が成立する．

$$D_\mu A^\nu = \partial_\mu A^\nu + \Gamma^\nu_{\rho\mu}A^\rho, \qquad D_\mu A_\nu = \partial_\mu A_\nu - \Gamma^\rho_{\nu\mu}A_\rho \tag{6.7}$$

(6.3)に現われるゲージ場 $A_\mu{}^{mn}$ は**スピン接続**，$\Gamma^\alpha_{\beta\mu}$ は**アフィン接続**と呼ばれ，$e_k{}^\mu$ と $g_{\mu\nu}$ を使って

$$
\begin{aligned}
A_\mu{}^{mn} &= \frac{1}{2} e^{m\lambda} e^{n\rho} [C_{\lambda\rho\mu} - C_{\rho\lambda\mu} - C_{\mu\lambda\rho}] \\
C_{\lambda\rho\mu} &\equiv e^k{}_\lambda [\partial_\rho e_{k\mu} - \partial_\mu e_{k\rho}] \\
\Gamma^\lambda_{\mu\nu} &\equiv \left\{ \begin{matrix} \lambda \\ \mu\nu \end{matrix} \right\} = \frac{1}{2} g^{\lambda\rho} [\partial_\mu g_{\nu\rho} + \partial_\nu g_{\mu\rho} - \partial_\rho g_{\mu\nu}]
\end{aligned}
\tag{6.8}
$$

と書かれる．ねじれ(torsion)の自由度を無視している現在の表式 $A_\mu{}^{mn}$ と $\Gamma^\lambda_{\mu\nu}$ はそれぞれ **Ricci 回転係数**，**Christoffel 記号**とも呼ばれる．

一般座標変換に対する変換性は，長さ(幾何学的な量)は座標の取り方によらないという Riemann の関係式

$$
ds^2 = g_{\mu\nu}(x) dx^\mu dx^\nu = g_{\mu\nu}{}'(x') dx'^\mu dx'^\nu \tag{6.9}
$$

から Minkowski の足に関する変換則が

$$
\begin{aligned}
& g_{\mu\nu}{}'(x') = \frac{\partial x^\alpha}{\partial x'^\mu} \frac{\partial x^\beta}{\partial x'^\nu} g_{\alpha\beta}(x), \quad e_k{}'^\mu(x') = \frac{\partial x'^\mu}{\partial x^\nu} e_k{}^\nu(x) \\
& \psi'(x') = \psi(x), \qquad A_\mu{}'(x') = \frac{\partial x^\alpha}{\partial x'^\mu} A_\alpha(x)
\end{aligned}
\tag{6.10}
$$

などと与えられる．あるいは無限小の変換

$$
x'^\mu = x^\mu - \xi^\mu(x), \qquad \Lambda_\beta{}^\alpha(x) \equiv \partial_\beta \xi^\alpha(x) \tag{6.11}
$$

に対しては(6.3)の $U_\alpha{}^\beta$ を使って

$$
e_k{}'^\mu(x') = (\exp[iU_\alpha{}^\beta \Lambda_\beta{}^\alpha] e_k)^\mu(x) = e_k{}^\mu(x) - \Lambda_\nu{}^\mu(x) e_k{}^\nu(x) \tag{6.12}
$$

と書くことができる．アフィン接続の変換則も

$$
D_\mu{}' = \partial_\mu{}' - iU_\alpha{}^\beta \Gamma'^\alpha_{\beta\mu}(x') = \exp[iU_\alpha{}^\beta \Lambda_\beta{}^\alpha(x)] D_\mu \exp[-iU_\alpha{}^\beta \Lambda_\beta{}^\alpha(x)] \tag{6.13}
$$

に(6.4)を使って

$$
\Gamma'^\alpha_{\beta\mu}(x') = \Gamma^\alpha_{\beta\mu}(x) + \Lambda_\beta{}^\lambda \Gamma^\alpha_{\lambda\mu}(x) - \Lambda_\lambda{}^\alpha \Gamma^\lambda_{\beta\mu}(x) + \Lambda_\mu{}^\lambda \Gamma^\alpha_{\beta\lambda}(x) + \partial_\mu \Lambda_\beta{}^\alpha(x) \tag{6.14}
$$

と求められる．ただし(6.14)の右辺第 4 項は交換関係からは出ず(6.13)で $U_\alpha{}^\beta$ が $\Gamma^\alpha_{\beta\mu}$ の μ の足に作用することに起因する．もちろん(6.14)は，(6.12)から得られる関係

$$g'^{\mu\nu}(x') = e_k{}'^{\mu}(x')e'^{\nu k}(x') = g^{\mu\nu}(x) - \Lambda_\lambda{}^\mu g^{\lambda\nu}(x) - \Lambda_\lambda{}^\nu g^{\mu\lambda}(x) \quad (6.15)$$

と(6.8)の $\Gamma^\lambda_{\mu\nu}$ の定義からも直接導かれる.

局所 Lorentz 変換に関する変換則はゲージ場の理論と全く同じで, (6.4), (6.5)を使って(ω^{mn} を無限小として)

$$\psi'(x) = \exp\left[\frac{i}{2}S^{(1/2)}_{mn}\omega^{mn}\right]\psi(x) = \psi(x) + \frac{i}{2}\sigma_{mn}\omega^{mn}(x)\psi(x)$$

$$e_k{}'^{\mu}(x) = \exp\left[\frac{i}{2}S^{(1)}_{mn}\omega^{mn}\right]e_k{}^\mu(x) = e_k{}^\mu(x) - \omega_k{}^n(x)e_n{}^\mu(x) \quad (6.16)$$

$$A_\mu{}'^{mn}(x) = A_\mu{}^{mn}(x) + A_\mu{}^{ml}\omega_l{}^n(x) + A_\mu{}^{nl}\omega^m{}_l(x) + \partial_\mu\omega^{mn}(x)$$

と求められる. ただし(6.16)の最後の式は

$$D_\mu{}' = \partial_\mu - \frac{i}{2}A_\mu{}'^{mn}(x)S_{mn} = \exp\left[\frac{i}{2}S_{mn}\omega^{mn}(x)\right]D_\mu \exp\left[-\frac{i}{2}S_{mn}\omega^{mn}(x)\right]$$

からも, あるいは(6.8)と(6.16)の $e_k{}^\mu$ の変換則からも直接求められる.

ゲージ理論という観点からは Einstein 理論は $\Gamma^\alpha_{\beta\mu}$ と $A_\mu{}^{mn}$ の 2 つのゲージ場を含むが, これらは共に $e_k{}^\mu$ で表わされ, (6.12)と(6.16)の $e_k{}^\mu$ の変換則が基本的である. ゲージ自由度としては Poincaré 変換(1.9)を局所化したものに相当する 4 個の $\xi^\mu(x)$ と 6 個の $\omega^{mn}(x)$ の 10 個存在する*. なお, 計量条件(x から $x+dx$ へ平行移動したベクトルの内積が計量 $g_{\mu\nu}(x+dx)$ で定義されること)の一般化

$$(D_\mu e)_k{}^\nu = \partial_\mu e_k{}^\nu + \Gamma^\nu_{\beta\mu}e_k{}^\beta + A_k{}^l{}_\mu e_l{}^\nu = 0 \quad (6.17)$$

は恒等式として成立することが確かめられる. (6.17)を使うと, 空間の任意の 1 点(例えば原点)で

$$e_k{}^\nu(0) = \delta_k{}^\nu, \qquad \partial_\mu e_k{}^\nu(0) = 0 \quad (6.18)$$

と選ぶことができる. 事実, 原点の近くで適当な $a_\nu{}^\mu$ を選んで $x'^\mu = a_\nu{}^\mu x^\nu$ という変換を(6.10)と組み合わせると

$$e_k{}'^\mu(0) = a_\nu{}^\mu e_k{}^\nu = \delta_k{}^\mu$$

---

* ただし, Einstein 理論と Yang-Mills 理論では作用の構成方法に大きな差があり, 必ずしも同一のレベルで扱うことはできない.

とでき，次に(6.14)で

$$\xi^\alpha(x) = -\frac{1}{2}\Gamma^\alpha_{\beta\mu}(0)x^\beta x^\mu$$

を使うと，$e_k{}^\mu(0)$ を変えずに $\Gamma_{\beta\mu}{}'^\alpha(0)=0$ とできる．最後に $\omega^{mn}(x)=-A_\mu{}^{mn}(0)x^\mu$ を(6.16)に使うと $e_k{}^\mu(0)$ を変えずに $A_\mu{}'^{mn}(0)=0$ とでき，したがって(6.17)から(6.18)が結論される．

(6.17)は4脚場とか計量 $g_{\mu\nu}$ は共変微分と自由に交換してよいことを示す．1つの例として，任意の共変ベクトル $A_\rho=e_\rho{}^n A_n$ に(6.3)の共変微分を作用させると

$$\begin{aligned}-R^\alpha{}_{\rho\mu\nu}A_\alpha &\equiv ([D_\mu, D_\nu]A)_\rho \\ &= e_\rho{}^n([D_\mu, D_\nu]A)_n = -e_m{}^\alpha e_{\rho n}R^{mn}{}_{\mu\nu}A_\alpha \end{aligned} \tag{6.19}$$

が得られ，$\Gamma_\beta{}^\alpha{}_\mu$ から計算した **Riemann-Christoffel** の曲率テンソル

$$R^\alpha{}_{\rho\mu\nu} \equiv \partial_\mu\Gamma_\rho{}^\alpha{}_\nu-\partial_\nu\Gamma^\alpha_{\rho\mu}+\Gamma^\alpha_{\lambda\mu}\Gamma^\lambda_{\rho\nu}-\Gamma^\alpha_{\lambda\nu}\Gamma^\lambda_{\rho\mu} \tag{6.20}$$

が $A_\mu{}^{mn}$ を使って計算した $R^{mn}{}_{\mu\nu}$ と一致することを示す．

(6.1)の物質場の持つもう1つの重要な局所対称性として次式で定義される Weyl 対称性がある．

$$\begin{aligned}&e_k{}^\mu(x)\to\exp[\alpha(x)]e_k{}^\mu(x), \qquad e_{k\mu}(x)\to\exp[-\alpha(x)]e_{k\mu}(x)\\ &\psi(x)\to\exp\left[\frac{3}{2}\alpha(x)\right]\psi(x), \qquad A_\mu{}^a(x)\to A_\mu{}^a(x)\\ &\frac{i}{2}A_\mu{}^{mn}\sigma_{mn}\to\frac{i}{2}A_\mu{}^{mn}\sigma_{mn}-\frac{1}{2}(\partial_\mu\alpha-\gamma_\mu\gamma^\lambda\partial_\lambda\alpha)\end{aligned} \tag{6.21}$$

(6.1)で $m=0$ とすると，(6.21)の下で作用 $S=\int\sqrt{-g}\mathcal{L}d^4x$ の物質場の部分は不変であることが確かめられる．[Einstein の作用そのものは，(6.21)の下で不変ではない.] ただし，(6.21)の $A_\mu{}^{mn}$ の変換は $e_k{}^\mu$ の変換から(6.8)を通じて決められる．Weyl 変換は長さを $ds^2=g_{\mu\nu}dx^\mu dx^\nu\to\exp[-2\alpha]ds^2$ と変えるが，局所的な角度を変えず，共形変換とも呼ばれる．

スカラー曲率 R および **Ricci テンソル** $R_{\rho\nu}$ は(6.20)の $R^\alpha{}_{\rho\mu\nu}$ を使って

$$R = g^{\rho\nu}R_{\rho\nu}, \qquad R_{\rho\nu}\equiv R^\alpha{}_{\rho\alpha\nu} \tag{6.22}$$

と定義され，$g=\det(g_{\mu\nu})$と定義して(6.1)の作用$S=\int\sqrt{-g}\mathcal{L}d^4x$を$e_k{}^{\mu}(x)$に関して変分することにより，Einsteinの運動方程式

$$R_{\mu\nu}-\frac{1}{2}g_{\mu\nu}R = -\kappa T_{\mu\nu}(x) \tag{6.23}$$

が求められる．ここで物質場のエネルギー運動量テンソル$T_{\mu\nu}$は

$$\begin{aligned}T_{\mu\nu}(x) &\equiv \frac{1}{\sqrt{-g}}e_{k\mu}(x)\frac{\delta}{\delta e_k{}^{\nu}(x)}S_{\text{matter}} \\ &= \frac{1}{2}[\bar{\psi}i\gamma_\mu D_\nu\psi-\bar{\psi}i\overleftarrow{D}_\nu\gamma_\mu\psi]-g^{\alpha\beta}F_{\mu\alpha}F_{\nu\beta}-g_{\mu\nu}\mathcal{L} \\ &\quad +\frac{1}{4}e_{k\mu}e_{k'\nu}e_n{}^{\rho}\epsilon^{kk'nl}D_\rho(\bar{\psi}\gamma_l\gamma_5\psi)\end{aligned} \tag{6.24}$$

と定義される．ただし，(6.1)でψと$\bar{\psi}$の扱いを対称化し，$\epsilon^{1230}=1$で規格化した反対称記号とDirac行列の関係$\{\gamma^k, S^{mn}\}_+=\epsilon^{kmnl}\gamma_l\gamma_5$を使った．

任意の変分$\delta g^{\mu\nu}$に対して次の関係式が成りたつ．

$$\delta\int\sqrt{-g}Rd^4x = \int\sqrt{-g}\,\delta g^{\mu\nu}\left(R_{\mu\nu}-\frac{1}{2}g_{\mu\nu}R\right)d^4x \tag{6.25}$$

変換(6.15)を同じ座標で書いた式は(6.7)を考慮して

$$\begin{aligned}\delta g^{\mu\nu}(x) \equiv g'^{\mu\nu}(x)-g^{\mu\nu}(x) &= \xi^\lambda\partial_\lambda g^{\mu\nu}(x)-\partial_\lambda\xi^\mu g^{\lambda\nu}(x)-\partial_\lambda\xi^\nu g^{\mu\lambda}(x) \\ &= -g^{\mu\lambda}D_\lambda\xi^\nu-g^{\nu\lambda}D_\lambda\xi^\mu\end{aligned} \tag{6.26}$$

となるが，座標変換(6.26)の下で(6.25)が不変であることから

$$D^\mu\left(R_{\mu\nu}-\frac{1}{2}g_{\mu\nu}R\right) = 0 \tag{6.27}$$

が結論される．この関係式と(6.23)を組み合わせると，$T_{\mu\nu}$は対称かつ共変的に保存する$D^\mu T_{\mu\nu}=0$が要求される．

今，物質場のみを量子化し計量はc数の理論を考えると，(6.23)は次のように書かれる．

$$R_{\mu\nu}-\frac{1}{2}g_{\mu\nu}R = -\kappa\langle T_{\mu\nu}(x)\rangle \tag{6.28}$$

ただし，例えばゲージ場$A_\mu{}^a=0$とした理論では(素朴な)$T_{\mu\nu}(x)$は

$$\langle T_{\mu\nu}(x)\rangle \equiv \frac{1}{\sqrt{-g}}e_{k\mu}(x)\frac{\delta}{\delta e_k{}^{\nu}(x)}W(e_l{}^{\lambda})$$
$$\exp[iW] \equiv \int \mathcal{D}\bar{\psi}\mathcal{D}\psi \exp\left[i\int\sqrt{-g}(\bar{\psi}ie_a{}^{\mu}\gamma^a D_\mu\psi - m\bar{\psi}\psi)d^4x\right] \tag{6.29}$$

と定義される.

量子化された$\langle T_{\mu\nu}\rangle$の共変的保存則の起源を簡単に説明したい. 局所 Lorentz 変換(6.16)を例にとって考えると, (6.29)に現われる作用$S=\int\sqrt{-g}\mathcal{L}d^4x$は

$$S(e_l{}^{\lambda},\bar{\psi},\psi) = S(e'_l{}^{\lambda},\bar{\psi}',\psi') \tag{6.30}$$

の関係式を満たす. これと経路積分の測度が変換(6.16)の下で不変であるという関係$\mathcal{D}\bar{\psi}\mathcal{D}\psi=\mathcal{D}\bar{\psi}'\mathcal{D}\psi'$(第7章参照)を仮定すると, 次の等式が得られる.

$$\int\mathcal{D}\bar{\psi}\mathcal{D}\psi\exp[iS(e_l{}^{\lambda},\bar{\psi},\psi)] = \int\mathcal{D}\bar{\psi}'\mathcal{D}\psi'\exp[iS(e'_l{}^{\lambda},\bar{\psi}',\psi')]$$
$$= \int\mathcal{D}\bar{\psi}\mathcal{D}\psi\exp[iS(e'_l{}^{\lambda},\bar{\psi},\psi)] \tag{6.31}$$

ただし, 最後の表式では積分値そのものは積分変数の名前にはよらないという事実を使った. (6.31)で$e'_l{}^{\lambda}=e_l{}^{\lambda}+\delta e_l{}^{\lambda}$と定義して$\delta e_l{}^{\lambda}$に関して展開すると

$$\int d^4x\left\langle\delta e_l{}^{\nu}(x)\frac{\delta}{\delta e_l{}^{\nu}(x)}S\right\rangle = \int d^4x\sqrt{-g}\langle\delta e_l{}^{\nu}(x)T_{\nu}{}^{l}(x)\rangle = 0 \tag{6.32}$$

という等式が得られる. (6.16)では$\delta e_l{}^{\nu}=-\omega_l{}^m e_m{}^{\nu}$なので

$$\int d^4x\sqrt{-g}\langle e^{m\nu}(x)\omega_{ml}(x)e^{l\mu}(x)T_{\nu\mu}(x)\rangle = 0 \tag{6.33}$$

が得られ, $\omega_{ml}=-\omega_{lm}$から

$$\langle T_{\mu\nu}(x)-T_{\nu\mu}(x)\rangle = 0 \tag{6.34}$$

すなわち$\langle T_{\mu\nu}(x)\rangle$は対称であることが結論される. 同様に, (6.12)に対する$\delta e_l{}^{\nu}$,

$$\delta e_l{}^{\nu}(x) \equiv e'_l{}^{\nu}(x)-e_l{}^{\nu}(x) = \xi^{\lambda}\partial_{\lambda}e_l{}^{\nu}(x)-\partial_{\alpha}\xi^{\nu}e_l{}^{\alpha}(x) \tag{6.35}$$

を(6.32)に使い, (6.34)を考慮すると

$$\int d^4x\sqrt{-g}\langle(\xi^\lambda\partial_\lambda e_l{}^\nu-\partial_\alpha\xi^\nu e_l{}^\alpha)e^{l\mu}T_{\nu\mu}(x)\rangle$$
$$=\frac{1}{2}\int d^4x\sqrt{-g}\langle[\xi^\lambda\partial_\lambda g^{\nu\mu}-\partial_\alpha\xi^\nu g^{\alpha\mu}-\partial_\alpha\xi^\mu g^{\alpha\nu}]T_{\nu\mu}(x)\rangle=0$$

となる．この式は(6.25)，(6.26)と同じ形をしているので

$$D^\mu\langle T_{\nu\mu}(x)\rangle=0 \tag{6.36}$$

が結論される．(6.34)と(6.36)はそれぞれ局所 Lorentz 変換と一般座標変換の WT 恒等式と呼ばれる．ある種の理論では(6.34)と(6.36)のいずれかが量子異常(アノマリー)を含み成立しない(したがって Einstein 方程式は矛盾する)ことが知られている(7-4 節参照)．

Weyl 対称性(6.21)に対する恒等式は $\delta e_l{}^\nu=\alpha(x)e_l{}^\nu$ なので，質量項による対称性の破れを含めて(6.32)から

$$\langle e_l{}^\nu(x)T_\nu{}^l(x)\rangle\equiv g^{\mu\nu}\langle T_{\mu\nu}(x)\rangle=\langle m\bar{\psi}\psi(x)\rangle \tag{6.37}$$

が結論されるが，(6.37)はほとんど全ての場合，量子異常を含み成立しない(正確には，(6.36)と(6.37)は一般に両立しない)．7-4 節参照．

6-2 重力場の量子論

重力場もゲージ場の例と同じように Faddeev-Popov 流に経路積分で量子化でき，この場合にも BRST 変換が現われ重要な役割を果たす．BRST 変換はゲージ固定の詳細によらずに定義できる．局所 Lorentz 対称性のゲージ固定は通常のゲージ理論と同じであるので，重力理論に特有な座標変換のゲージ固定に議論を限ることにする．(6.26)，(6.35)から予想されるように，BRST 変換は超場の記法を使うと(3-4 節参照)

$$\begin{aligned}
e_k{}^\mu(x,\theta)&=e_k{}^\mu(x)+i\theta[c^\rho\partial_\rho e_k{}^\mu(x)-\partial_\rho c^\mu e_k{}^\rho(x)]\\
g_{\mu\nu}(x,\theta)&=g_{\mu\nu}(x)+i\theta[c^\rho\partial_\rho g_{\mu\nu}(x)+\partial_\mu c^\rho g_{\rho\nu}(x)+\partial_\nu c^\rho g_{\mu\rho}(x)]\\
g(x,\theta)\equiv\det g_{\mu\nu}(x,\theta)&=g(x)+i\theta[c^\rho\partial_\rho g(x)+2(\partial_\rho c^\rho)g(x)]\\
c^\mu(x,\theta)&=c^\mu(x)+i\theta c^\rho\partial_\rho c^\mu(x)
\end{aligned} \tag{6.38}$$

$$\bar{c}_\mu(x,\theta) = \bar{c}_\mu(x) + \theta B_\mu(x)$$

$$\psi(x,\theta) = \psi(x) + i\theta c^\rho \partial_\rho \psi(x)$$

と Faddeev-Popov ゴースト場 $c^\mu(x)$ と反ゴースト場 $\bar{c}_\mu(x)$ を使って書かれる．ただし，(6.10)から得られる $\delta\psi(x) \equiv \psi'(x) - \psi(x) = \xi^\mu \partial_\mu \psi$，$\delta g_{\mu\nu} = \xi^\rho \partial_\rho g_{\mu\nu} + \partial_\mu \xi^\rho g_{\rho\nu} + \partial_\mu \xi^\rho g_{\nu\rho}$ を使った．BRST 変換は $\theta \to \theta + \lambda$ と Grassmann 数の並進で定義され，超場の第1成分は λ に比例した変換を受け，θ に比例する第2成分は不変に保たれる．例として，ゴースト $c^\mu(x)$ の変換則では λ と c^μ は共に Grassmann 数であることを考慮して

$$\begin{aligned} \delta_\lambda c^\mu(x) &= i\lambda c^\rho(x) \partial_\rho c^\mu(x) \\ \delta_\lambda [c^\rho(x) \partial_\rho c^\mu(x)] &= i\lambda (c^\alpha \partial_\alpha c^\rho) \partial_\rho c^\mu + c^\rho \partial_\rho (i\lambda c^\alpha \partial_\alpha c^\mu) \\ &= i\lambda [c^\alpha \partial_\alpha c^\rho \partial_\rho c^\mu - c^\rho \partial_\rho c^\alpha \partial_\alpha c^\mu] = 0 \end{aligned} \tag{6.39}$$

となり，θ の並進としての表現が成立している．他の変数に対しても第2成分が不変であることが確かめられる．BRST 変換の生成演算子を Q とすると，λ_1 の並進 $\lambda_1 Q$ と λ_2 の並進 $\lambda_2 Q$ は交換するので $[\lambda_1 Q, \lambda_2 Q] = 2\lambda_1 \lambda_2 Q^2 = 0$，すなわち $Q^2 = 0$ が結論される．(6.38)では $e_k{}^\mu$ とか ψ に対しては $\xi^\mu \to i\lambda c^\mu$ と座標変換のパラメタを $i\lambda c^\mu$ に置き換えた式になっているが，ゴースト c^μ の変換はそのような形をしていない．c^μ の変換則は，例えば ψ に対する座標変換を2回行なって

$$\begin{aligned} [\xi^\rho(x) \partial_\rho, \eta^\lambda(x) \partial_\lambda] \psi(x) &= [\xi^\alpha \partial_\alpha \eta^\mu - \partial_\beta \xi^\mu \eta^\beta] \partial_\mu \psi(x) \\ &\equiv F^\mu{}_{\alpha\beta} \xi^\alpha \eta^\beta \partial_\mu \psi(x) \end{aligned} \tag{6.40}$$

で定義される“構造定数” $F^\mu{}_{\alpha\beta}$ を使うと

$$c^\mu(x,\theta) = c^\mu(x) + i\theta \frac{1}{2} F^\mu{}_{\alpha\beta} c^\alpha(x) c^\beta(x) \tag{6.41}$$

と書くことができる．また $c^\mu(x,\theta)$ の微分を考えると

$$dc^\mu(x,\theta) = dc^\mu(x) + i\theta [c^\rho \partial_\rho dc^\mu(x) - \partial_\rho c^\mu dc^\rho(x)] \tag{6.42}$$

となり dc^μ は(6.38)の $e_k{}^\mu$ と同じ変換則を持つ．(6.41)，(6.42)は3-4節と同じ性質であり，(6.42)は以下の考察で基本的となる．なお，ゲージ固定をした作用から BRST 変換に対する Noether 流を求め，Q を場の変数で書くことがで

きる．Q を正準変数で書けば Schrödinger 表示での

$$\hat{Q}\Psi(g_{\alpha\beta}, c^{\mu}) = 0 \tag{6.43}$$

が **Wheeler-DeWitt 方程式**と呼ばれるものと同等になる．

さて，座標変換に付随した BRST 変換(6.38)の下で不変な経路積分の定義を議論しよう．まず Minkowski の足を持たない場，例えば $\phi(x)$ と $\bar{\phi}(x)$ に対しては

$$\tilde{\phi}(x) \equiv {}^4\!\sqrt{-g}\,\phi(x), \qquad \tilde{\bar{\phi}}(x) \equiv {}^4\!\sqrt{-g}\,\bar{\phi}(x) \tag{6.44}$$

という重み 1/2 つきの変数を定義すると

$$\int \mathcal{D}\tilde{\bar{\phi}}\mathcal{D}\tilde{\phi}\,\exp\left[i\int\sqrt{-g}\,\bar{\phi}\phi dx\right] = \int \mathcal{D}\tilde{\bar{\phi}}\mathcal{D}\tilde{\phi}\,\exp\left[i\int\tilde{\bar{\phi}}\tilde{\phi}dx\right] \tag{6.45}$$

となる．左辺の作用は BRST 変換の下で不変であり，右辺は計量に依存しない定数となることを考慮すると，(6.44)の変数は BRST 不変な測度を与える．ベクトル場 $A^{\alpha}(x)$，2 階のテンソル場 $A_{\alpha\beta}(x)$ などに対しても，まず，$A^a(x)=e_{\mu}{}^{a}A^{\mu}(x)$ などの Minkowski の足を持たない場を作り

$$\begin{aligned}
\mathcal{D}\tilde{A}^a &\equiv \mathcal{D}({}^4\!\sqrt{-g}\,e^a{}_{\alpha}A^{\alpha}(x)) = -g(\det e^a{}_{\alpha})\mathcal{D}A^{\alpha} = \mathcal{D}[(-g)^{3/8}A^{\alpha}] \\
\mathcal{D}\tilde{A}_a &\equiv \mathcal{D}({}^4\!\sqrt{-g}\,e_a{}^{\alpha}A_{\alpha}) = \mathcal{D}[(-g)^{1/8}A_{\alpha}] \\
\mathcal{D}\tilde{A}^{ab} &\equiv \mathcal{D}({}^4\!\sqrt{-g}\,e^a{}_{\alpha}e^b{}_{\beta}A^{\alpha\beta}) = \mathcal{D}[(-g)^k A^{\alpha\beta}], \qquad k = \frac{n+4}{4n} \\
\mathcal{D}\tilde{A}_{ab} &\equiv \mathcal{D}({}^4\!\sqrt{-g}\,e_a{}^{\alpha}e_b{}^{\beta}A_{\alpha\beta}) = \mathcal{D}[(-g)^k A_{\alpha\beta}], \qquad k = \frac{n-4}{4n}
\end{aligned} \tag{6.46}$$

と BRST 不変な測度が定義される．(6.46)の定義式以外の等式では重みの項をヤコビアンとして取り出し，それをもう 1 度各変数に等分配した．こうすることにより，(6.46)は $e_k{}^{\mu}$ とか $g_{\alpha\beta}$ の変数にも適用できる*．ただし，$A^{\alpha\beta}=g^{\alpha\beta}$ (および $g_{\alpha\beta}$)に対しては後の便宜のため一般の n 次元時空間での表式を与えてある．

* 重力変数 $e_k{}^{\mu}$ とか $g_{\mu\nu}$ に対する経路積分の測度は，全ての計量にわたる積分という概念的な問題も含めて現在のところ確立されていない．(6.46)を重力変数に適用したものも 1 つの試みにすぎないが，2 次元時空間では(6.46)がうまくいくことは後に説明する．

以上の考察から BRST 不変な経路積分の測度は

$$d\mu = d\mu(g^{\alpha\beta})\mathcal{D}[{}^4\sqrt{-g}e_\mu{}^a c^\mu]\mathcal{D}\bar{c}_\mu\mathcal{D}B_\mu\mathcal{D}\tilde{\bar{\phi}}\mathcal{D}\tilde{\phi} \tag{6.47}$$

と与えられる．ここで，(6.46)から $d\mu(g^{\alpha\beta})=\mathcal{D}[(-g)^k g^{\alpha\beta}]$ であり，c^μ は(6.42)から反変ベクトルとして扱った．$\mathcal{D}\bar{c}_\mu\mathcal{D}B_\mu$ の不変性は自明であるが，$d\mu(g^{\alpha\beta})\mathcal{D}\tilde{c}^a$ の BRST 不変性は

$$\begin{aligned} d\mu(g^{\alpha\beta}(x,\theta))\mathcal{D}\tilde{c}^a(x,\theta) &= d\mu(g^{\alpha\beta}(x,\theta))\det[{}^4\sqrt{-g(x,\theta)}e_\mu{}^a(x,\theta)]^{-1}\mathcal{D}c^\mu(x,\theta) \\ &= d\mu(g^{\alpha\beta})\det[{}^4\sqrt{-g(x,\theta)}e_\mu{}^a(x,\theta)]^{-1}\mathcal{D}c^\mu(x,\theta) \\ &= d\mu(g^{\alpha\beta})\mathcal{D}[{}^4\sqrt{-g}e_\mu{}^a c^\mu] \end{aligned} \tag{6.48}$$

から理解できる．すなわち $d\mu(g^{\alpha\beta})$ は c^μ を固定すると不変となり，次に $g^{\alpha\beta}$ を固定して(6.42)を使うと2行目から3行目への行列式の項は(6.46)の $\mathcal{D}\tilde{A}^a(x,\theta)$ から $\mathcal{D}\tilde{A}^a(x)$ へのヤコビアン(の逆)と同じになる．したがって(6.48)の θ 依存性がなくなり，測度が BRST 変換する前と後で同じになり BRST 不変となる．このように計量 $g^{\alpha\beta}$ とゴースト c^μ を**常に一体として扱う**必要がある．

次に，**漸近的に平坦な時空**における Einstein 理論の BRST コホモロジーを説明したい．まず $\tilde{\mathcal{L}}=\sqrt{-g}R/2\kappa$ を J. N. Goldberg にならって次のように書き換えると見通しがよい．

$$\tilde{\mathcal{L}} = \frac{1}{4\kappa}\left[\tilde{g}^{\mu\nu}\tilde{g}_{\lambda\rho}\tilde{g}_{\tau\sigma}-2\delta_\tau{}^\nu\delta_\lambda{}^\mu\tilde{g}_{\rho\sigma}-\frac{1}{2}\tilde{g}^{\mu\nu}\tilde{g}_{\rho\tau}\tilde{g}_{\lambda\sigma}\right]\partial_\mu\tilde{g}^{\rho\tau}\partial_\nu\tilde{g}^{\sigma\lambda} \tag{6.49}$$

ここで(6.46)で $n=4$ とした次の変数を定義した．

$$\tilde{g}^{\rho\tau} \equiv \sqrt{-g}g^{\rho\tau}, \qquad \tilde{g}^{\rho\tau}\tilde{g}_{\tau\lambda} = \delta_\lambda{}^\rho \tag{6.50}$$

(6.49)は $\tilde{g}^{\rho\tau}$ に関して非線形 σ 模型と類似の形をしている．ゲージ固定は(3.85)と類似の **de Donder ゲージ**と呼ばれる

$$\begin{aligned} \mathcal{L}_g &= \frac{1}{\kappa}\int d\theta\left[\bar{c}_\nu(x,\theta)\partial_\mu\tilde{g}^{\mu\nu}(x,\theta)-\frac{1}{2}\gamma\delta^{\mu\nu}\bar{c}_\mu(x,\theta)\partial_\theta\bar{c}_\nu(x,\theta)\right] \\ &= \frac{1}{\kappa}\left\{B_\nu\partial_\mu\tilde{g}^{\mu\nu}-\frac{\gamma}{2}\delta^{\mu\nu}B_\mu B_\nu-i\partial_\mu\bar{c}_\nu[\partial_\lambda(c^\lambda\tilde{g}^{\mu\nu})-\partial_\rho c^\mu\tilde{g}^{\rho\nu}-\partial_\rho c^\nu\tilde{g}^{\mu\rho}]\right\} \end{aligned} \tag{6.51}$$

を採用する．量子化は $\exp[i\int(\tilde{\mathcal{L}}+\mathcal{L}_g)dx]$ を(6.47)の測度で積分して行なわれる．漸近的に平坦な場合は

$$\tilde{g}^{\mu\nu}(x) \equiv \delta^{\mu\nu} + \sqrt{\kappa}\, h^{\mu\nu}(x), \qquad \delta^{\mu\nu} = (1, -1, -1, -1) \qquad (6.52)$$

として $\sqrt{\kappa}$ のベキに展開して議論できる．このとき(6.49)に $\tilde{g}_{\lambda\rho}$ が現われるため $\sqrt{\kappa}$ に関して無限次の項が現われ，**くり込み不可能**となる．具体的には，$\sqrt{\kappa}$ の 2 次の項まで考えて(6.51)で $\gamma=1$ ととると伝搬関数は

$$\langle \mathrm{T}^* h_{\rho\tau}(x) h_{\rho'\tau'}(y)\rangle = i\int \frac{d^4k}{(2\pi)^4}\frac{\exp[-ik(x-y)]}{k^2+i\epsilon}\left[\delta_{\rho\rho'}\delta_{\tau\tau'} - \frac{1}{2}\delta_{\rho\tau}\delta_{\rho'\tau'}\right]$$

(6.53)

と与えられる．

BRST コホモロジーを考えるには，漸近場として(6.38)から

$$\begin{aligned} c^{\mu}(x,\theta)_{\mathrm{as}} &= c^{\mu}(x)_{\mathrm{as}} \\ \bar{c}_{\mu}(x,\theta)_{\mathrm{as}} &= \bar{c}_{\mu}(x)_{\mathrm{as}} + \theta B_{\mu}(x)_{\mathrm{as}} \qquad (6.54) \\ h^{\mu\nu}(x,\theta)_{\mathrm{as}} &= h^{\mu\nu}(x)_{\mathrm{as}} + i\theta[\partial_{\lambda}c^{\lambda}(x)_{\mathrm{as}}\delta^{\mu\nu} - \partial^{\nu}c^{\mu}(x)_{\mathrm{as}} - \partial^{\mu}c^{\nu}(x)_{\mathrm{as}}] \end{aligned}$$

を扱うことになる．ゴーストの運動方程式を使うと $\partial_{\mu}h^{\mu\nu}(x,\theta) = \partial_{\mu}h^{\mu\nu}(x)$ となり BRST 不変となるが，(6.51)の B_{ν} に関する運動方程式から $B_{\mu} = \sqrt{\kappa}\,\partial_{\nu}h^{\nu\mu}$ なので B_{μ} を考えれば $\partial_{\nu}h^{\nu\mu}$ を無視してよい．したがって，10 個の $h^{\mu\nu}$ のうち 6 個の自由度が残るが運動量の方向を 3 軸にとると

$$[h^{11}(x)_{\mathrm{as}} - h^{22}(x)_{\mathrm{as}} \pm 2ih^{12}(x)_{\mathrm{as}}]/2 \qquad (6.55)$$

が(第 2 成分を持たない)BRST 不変な自由度となり，ヘリシティ(＝運動量方向の角運動量)± 2 の物理的自由度である**重力子**を与える．残りの $h^{11}+h^{22}$ などの 4 個の自由度は 4 個のゴーストの自由度 c^{μ} と非自明な超場を作ることが確かめられ，3-7 節の定理により BRST コホモロジーを考えると除外される．

6-3 弦理論の第 1 量子化と 2 次元量子重力

相対論的な弦の量子論は A. M. Polyakov にならって

$$S = \int \mathcal{L} d^2x = -\frac{1}{2}\int \sqrt{g}\, g^{\alpha\beta}\partial_{\alpha}X^a\partial_{\beta}X^a d^2x \qquad (6.56)$$

とパラメタ空間として導入された Euclid 的な 2 次元面(world sheet)を記述す

る計量 $g_{\alpha\beta}$ と d 次元の時空間の中を運動する弦の座標 $X^a(x)$ $(a=1\sim d)$ が結合した作用に基づいて議論される．2次元面を記述する2つの変数を

$$(x^1, x^2) = (\tau, \sigma)$$

と書くと，σ は例えば輪ゴムのような閉じた弦上の各点を指定するパラメタとなる．τ は弦の時間的な発展を記述する変数(固有時)である．(6.56)で計量 $g_{\alpha\beta}$ に関する運動方程式を使って，計量を弦の座標 $X^a(x)$ で表わすと，作用(6.56)は d 次元の時空間で弦が描く面の面積(**南部-後藤の作用**)に帰着する．

2次元重力理論という観点からは(6.56)は重力場 $g_{\alpha\beta}$ と d 個のスカラー場 $X^a(x)$ が結合した系を扱うことになる．Einstein 項 $\sqrt{g}R$ は2次元では全微分になり，その積分は2次元面の位相的性質(Euler 数)を示す量となるので作用には含めない．(6.56)はまた Weyl 変換

$$g_{\mu\nu} \to e^{-2\alpha(x)} g_{\mu\nu}, \qquad g^{\mu\nu} \to e^{2\alpha(x)} g^{\mu\nu}, \qquad X^a \to X^a \tag{6.57}$$

の下でも不変である．対称な $g_{\mu\nu}$ は3個の自由度を運ぶが，2個の座標変換の自由度と Weyl 自由度の3個のゲージ自由度を含み，古典的には(6.56)から計量の自由度は完全に除去される．しかし，量子論では量子異常が現われ，ずっと複雑になる．

2次元の理論では次式で定義される複素座標がよく使われる．

$$\begin{aligned} &z \equiv (x^1 + ix^2)/\sqrt{2}, \qquad \bar{z} = z^* \\ &dz d\bar{z} \equiv (-i) d^2 x, \qquad \partial_{\bar{z}} \left(\frac{1}{z-w} \right) = -2\pi i \delta(z-w) \delta(\bar{z}-\bar{w}) \end{aligned} \tag{6.58}$$

このとき，計量テンソルは

$$\begin{aligned} g_{z\bar{z}} &= \frac{1}{2}(g_{11} + g_{22}) = g_{\bar{z}z} \\ g_{zz} &= \frac{1}{2}(g_{11} - g_{22} - 2ig_{12}) = (g_{\bar{z}\bar{z}})^* \end{aligned} \tag{6.59}$$

となり，BRST 変換を指定する超場は(6.38)から

$$\begin{aligned} g_{zz}(x, \theta) &= g_{zz}(x) + i\theta [(c^z \partial_z + (\partial_z c^z) + \mathrm{h.c.}) g_{zz} + 2(\partial_z c^{\bar{z}}) g_{z\bar{z}}] \\ g_{z\bar{z}}(x, \theta) &= g_{z\bar{z}}(x) + i\theta [(c^z \partial_z + (\partial_z c^z) + \mathrm{h.c.}) g_{z\bar{z}} + \partial_z c^{\bar{z}} g_{\bar{z}\bar{z}} + \mathrm{h.c.}] \end{aligned}$$

$$g(x,\theta)^l = g(x)^l + i\theta[c^z\partial_z + c^{\bar{z}}\partial_{\bar{z}} + 2l(\partial_z c^z + \partial_{\bar{z}} c^{\bar{z}})]g(x)^l \tag{6.60}$$
$$c^z(x,\theta) = c^z(x) + i\theta[c^z\partial_z + c^{\bar{z}}\partial_{\bar{z}}]c^z(x)$$
$$\xi(x,\theta) = \xi(x) + \theta B(x)$$
$$X^a(x,\theta) = X^a(x) + i\theta[c^z\partial_z + c^{\bar{z}}\partial_{\bar{z}}]X^a(x)$$

と書き換えられる．ただし，$c^z = (c^1 + ic^2)/\sqrt{2}$ と定義し，$g = \det g_{\alpha\beta} = (g_{z\bar{z}})^2 - g_{zz}g_{\bar{z}\bar{z}}$ とした．

共形座標条件

$$g_{\mu\nu} = \rho(x)\delta_{\mu\nu} \tag{6.61}$$

は $g_{zz} = g_{\bar{z}\bar{z}} = 0$ に対応するのでゲージ固定項は

$$\mathscr{L}_{\mathrm{g}} = \frac{i}{2}\int d\theta[\xi(x,\theta)\tilde{g}_{\bar{z}\bar{z}}(x,\theta) + \mathrm{h.c.}]$$
$$= \frac{i}{2}(B\tilde{g}_{\bar{z}\bar{z}} + \bar{B}\tilde{g}_{zz}) + \text{Faddeev-Popov 項} \tag{6.62}$$

と書かれる．ただし，(6.46)から Euclid 化した $n=2$ 次元で BRST 不変な測度を与える変数

$$\tilde{g}_{zz}(x,\theta) \equiv g_{zz}(x,\theta)[g(x,\theta)]^{-1/4} \tag{6.63}$$

を使った．超場の積はまた超場となることに注意．BRST 不変な経路積分の測度は(6.47)から

$$d\mu = \mathscr{D}\tilde{g}_{zz}\mathscr{D}\tilde{g}_{\bar{z}\bar{z}}\mathscr{D}B\mathscr{D}\bar{B}\mathscr{D}\xi\mathscr{D}\bar{\xi}\mathscr{D}\tilde{g}_{z\bar{z}}\mathscr{D}(\sqrt{g}\,c^z)\mathscr{D}(\sqrt{g}\,c^{\bar{z}})\mathscr{D}(\sqrt[4]{g}\,X^a) \tag{6.64}$$

と与えられるが，まず $B, \bar{B}, \tilde{g}_{zz}$ および $\tilde{g}_{\bar{z}\bar{z}}$ で積分すると

$$\int\mathscr{D}(b_{zz}/\sqrt{\rho})\mathscr{D}(b_{\bar{z}\bar{z}}/\sqrt{\rho})\mathscr{D}(\rho c^z)\mathscr{D}(\rho c^{\bar{z}})\mathscr{D}(\sqrt{\rho}\,X^a)\mathscr{D}\sqrt{\rho}$$
$$\times\exp\left[-\left(\frac{1}{2\pi}\right)\int(\partial_z X^a\partial_{\bar{z}}X^a + b_{zz}\partial_{\bar{z}}c^z + b_{\bar{z}\bar{z}}\partial_z c^{\bar{z}})d^2x\right] \tag{6.65}$$

が得られる．ただし，慣例に従い作用を 2π で割った．$\rho(x)$ は(6.61)で与えられ，b_{zz} と $b_{\bar{z}\bar{z}}$ は

$$b_{zz} = \sqrt{\rho}\,\xi, \qquad b_{\bar{z}\bar{z}} = \sqrt{\rho}\,\bar{\xi} \tag{6.66}$$

で定義される．(6.65)はまた

$$\int \mathcal{D}\tilde{b}_{zz}\mathcal{D}\tilde{b}_{\bar{z}\bar{z}}\mathcal{D}\tilde{c}^{z}\mathcal{D}\tilde{c}^{\bar{z}}\mathcal{D}\tilde{X}^{a}\mathcal{D}\sqrt{\rho}$$

$$\times\exp\left\{-\left(\frac{1}{2\pi}\right)\int\left[\partial_z\left(\frac{\tilde{X}^a}{\sqrt{\rho}}\right)\partial_{\bar{z}}\left(\frac{\tilde{X}^a}{\sqrt{\rho}}\right)+\tilde{b}_{zz}\sqrt{\rho}\,\partial_{\bar{z}}\left(\frac{1}{\rho}\tilde{c}^z\right)+\mathrm{h.c.}\right]d^2x\right\} \tag{6.67}$$

とも書くことができる．(6.67)では経路積分の測度をBRST不変に定義したため，計量ρ依存性が作用に陽に現われたことになる．

$\rho(x)=\exp[\sigma(x)]$と書くとき，(6.67)で

$$\begin{aligned}\tilde{X}^a(x)&\to\exp\left[\frac{1}{2}\sigma(x)\right]\tilde{X}^a\\ \tilde{b}_{zz}(x)&\to\exp\left[-\frac{1}{2}\sigma(x)\right]\tilde{b}_{zz}(x)\\ \tilde{c}^z(x)&\to\exp[\sigma(x)]\tilde{c}^z(x)\end{aligned} \tag{6.68}$$

とスケール変換すれば作用から$\rho(x)$依存性を取り去ることができる．この過程で積分の測度からヤコビアン(Weyl量子異常)が生じ，このヤコビアンが**Liouville作用**

$$S_{\mathrm{L}}(\rho)=\left(\frac{-1}{2\pi}\right)\int\left[\left(\frac{26-d}{24}\right)\partial_z\ln\rho\,\partial_{\bar{z}}\ln\rho+\mu^2\rho\right]d^2x \tag{6.69}$$

を与える(7-4節参照)．

このようにして，(6.67)は最終的に(積分変数の名前は任意であるので)

$$\int\mathcal{D}b_{zz}\mathcal{D}b_{\bar{z}\bar{z}}\mathcal{D}c^z\mathcal{D}c^{\bar{z}}\mathcal{D}X^a\mathcal{D}\sqrt{\rho}$$

$$\times\exp\left\{-\frac{1}{2\pi}\int[\partial_zX^a\partial_{\bar{z}}X^a+b_{zz}\partial_{\bar{z}}c^z+b_{\bar{z}\bar{z}}\partial_z c^{\bar{z}}]\,d^2x+S_{\mathrm{L}}\right\} \tag{6.70}$$

と書き換えられる．

弦理論という観点からは，$d=26$とおくと(6.61)で定義された計量ρは(6.69)で力学的な変数ではなくなり，(6.70)で$\mathcal{D}\sqrt{\rho}$を無視してよい．このようなWeyl対称性が回復している弦理論は**臨界弦**と呼ばれ$d=26$次元(超対称性を取り入れると$d=10$次元)の時空間でのみ存在できる．

他方，2次元重力という観点からは，(6.70)で $\mathcal{D}\sqrt{\rho}$ に関して積分する必要がある．(6.70)を正確に積分する方法は知られていないが，重力場 $\rho(x)$ に対する背景場の手法を使ってループが1つの量子効果を取り入れると(6.69)で

$$\frac{26-d}{24} \rightarrow \frac{25-d}{24} \tag{6.71}$$

と置き変わることが知られている．自由度の勘定という観点からは，ゴーストが (b,c) の2組あり計量の1個の自由度 ρ に比して $d=0$ ではゴースト過剰な系となっている．

素朴には何の内容もないと思われる2次元重力も量子効果を取り入れると非自明な理論となるのは興味深い．

7

量子異常

ゲージ理論の基本的な作用は対称性と古典場という概念を用いて構成されている．作用に取り入れられた対称性が量子化した場の理論でそのまま成立するかどうか，あるいは種々の対称性が互いに矛盾せずに並立しうるかという問題を本章で議論する．

7-1　Ward-高橋の恒等式とアノマリーおよび $\pi^0 \to 2\gamma$ 崩壊

量子電磁力学における γ_5 変換（カイラル対称性）に関係した量子異常* の議論から始めたい．ここでは Ward-高橋（WT）の恒等式の簡単な復習も行なう．ラグランジアンは

$$\mathscr{L} = \bar{\psi} i\gamma^\mu(\partial_\mu - ieA_\mu)\psi - m\bar{\psi}\psi - \frac{1}{4}(\partial_\mu A_\nu - \partial_\nu A_\mu)^2 \tag{7.1}$$

で与えられ，量子化は経路積分で考えると（ゲージ固定の詳細は重要でないので $[\mathscr{D}A_\mu]$ と書いて）

* 本書では量子異常（quantum anomaly）あるいは単にアノマリー（anomaly）という用語の両方を用いることにする．

$$Z = \int \mathcal{D}\bar{\psi}\mathcal{D}\psi[\mathcal{D}A_\mu]\exp\left[i\int \mathcal{L}d^4x\right] \tag{7.2}$$

で与えられる．(7.1)で次の γ_5 変換を考える．

$$\begin{aligned}\psi(x) &\to \psi'(x) = \exp[i\alpha(x)\gamma_5]\psi(x)\\ \bar{\psi}(x) &\to \bar{\psi}'(x) = \bar{\psi}(x)\exp[i\alpha(x)\gamma_5]\end{aligned} \tag{7.3}$$

$\mathcal{L}'\equiv\mathcal{L}(\bar{\psi}',\psi',A_\mu)$ とし，$\alpha(x)$ を無限小とすると

$$\mathcal{L}' = -\partial_\mu\alpha(x)\bar{\psi}\gamma^\mu\gamma_5\psi - 2i\alpha(x)m\bar{\psi}\gamma_5\psi + \mathcal{L} \tag{7.4}$$

となる．積分変数の名前のつけ換えは積分そのものを変えない

$$\int \mathcal{D}\bar{\psi}'\mathcal{D}\psi'[\mathcal{D}A_\mu]e^{i\int \mathcal{L}'d^4x} = \int \mathcal{D}\bar{\psi}\mathcal{D}\psi[\mathcal{D}A_\mu]e^{i\int \mathcal{L}d^4x} \tag{7.5}$$

という関係式で $\alpha(x)$ の1次の項まで考えると

$$\partial_\mu\langle\bar{\psi}(x)\gamma^\mu\gamma_5\psi(x)\rangle = 2im\langle\bar{\psi}(x)\gamma_5\psi(x)\rangle \tag{7.6}$$

という WT 恒等式を得る．(7.5)から(7.6)を導くとき，$\mathcal{D}\bar{\psi}'\mathcal{D}\psi'=\mathcal{D}\bar{\psi}\mathcal{D}\psi$ と仮定したが，この問題は後に議論する．(7.6)は

$$\partial_\mu(\bar{\psi}\gamma^\mu\gamma_5\psi) = \bar{\psi}(\overleftarrow{\partial}_\mu + ieA_\mu)\gamma^\mu\gamma_5\psi - \bar{\psi}\gamma_5\gamma^\mu(\partial_\mu - ieA_\mu)\psi \tag{7.6$'$}$$

を考慮すると，(7.1)から得られる運動方程式が(7.6)のような複合演算子(composite operator)の**内部**でも成立していれば，常に成立すると考えられるものである．

(7.6)を摂動計算でチェックするには，図7-1のような関係式が成立するかどうかを調べればよい．ただし，$q_\mu=(k_1+k_2)_\mu$ は，カレント $\bar{\psi}\gamma^\mu\gamma_5\psi$ を通して Feynman 図に流れ込む4元運動量である．図7-1では，左辺，右辺ともに見かけ上は1次の発散をする．実際は，光子 A_α および A_β の頂点にゲージ不変性を**強制**すれば，有限になることが知られている．左辺をゲージ不変に正則化するため

$$\begin{aligned}\langle\bar{\psi}(x)\gamma^\mu\gamma_5\psi(x)\rangle &= \lim_{y\to x}\langle \mathrm{T}^*\bar{\psi}(y)\gamma^\mu\gamma_5\psi(x)\rangle\\ &= \lim_{y\to x}\mathrm{tr}\left[\gamma^\mu\gamma_5\frac{-i}{i\not{D}_x - m + i\epsilon}\delta(x-y)\right]\end{aligned} \tag{7.7}$$

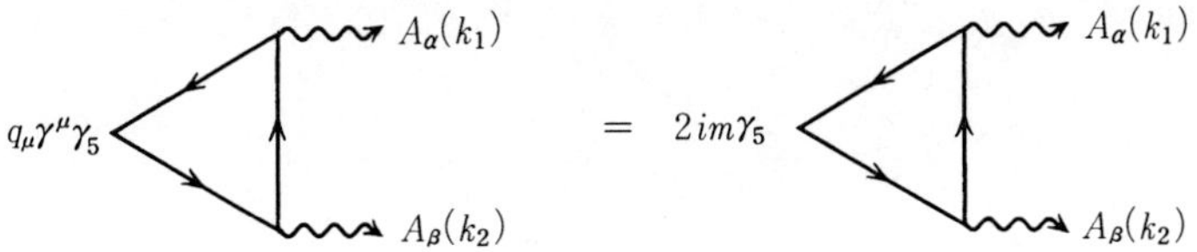

図 7-1

のように((A.36)の一般化として)電磁場 A_μ を固定した式 $\langle \mathrm{T}^*\psi_\alpha(x)\bar{\psi}_\beta(y)\rangle = i[i\not{D}-m]_{\alpha\beta}{}^{-1}\delta(x-y)$ を使って書き，後で A_μ に関する経路積分を行なう．ただし，tr は γ 行列に関する跡を意味し，

$$\not{D}_x \equiv \gamma^\mu\left(\frac{\partial}{\partial x^\mu} - ieA_\mu(x)\right) \equiv \not{\partial}_x - ie\not{A}(x) \tag{7.8}$$

と定義した．(7.7)で分母を

$$\frac{1}{i\not{D}_x - m + i\epsilon} = \frac{1}{i\not{\partial}_x - m + i\epsilon} - \frac{1}{i\not{\partial}_x - m + i\epsilon}e\not{A}(x)\frac{1}{i\not{\partial}_x - m + i\epsilon} + \cdots \tag{7.9}$$

と展開して，$e\not{A}$ に関して 2 次の項を拾うと(0 次および 1 次の項は 0 になる)，図 7-1 の左辺に対する摂動展開が得られる．(7.7)での見かけ上の発散をゲージ不変に正則化するために，伝搬関数の部分を

$$\langle\bar{\psi}(x)\gamma^\mu\gamma_5\psi(x)\rangle_{\mathrm{reg}} = \lim_{y\to x}\mathrm{tr}\left[\gamma^\mu\gamma_5\frac{-i}{i\not{D}_x - m + i\epsilon}\frac{1}{\not{D}_x{}^2/M^2+1}\delta(x-y)\right] \tag{7.10}$$

と置き換え，計算の後で $M\to\infty$ とする．$\not{D}$ という組み合わせで考えておけば，いつもゲージ不変となる．(7.10)は有限な答を与えるので(7.6)′ に対応する計算においても素朴な操作が許されて，

$$\partial_\mu\langle\bar{\psi}(x)\gamma^\mu\gamma_5\psi(x)\rangle_{\mathrm{reg}} = \lim_{y\to x}\mathrm{tr}\left[(\overleftarrow{\not{D}}_y + \not{D}_x)\gamma_5\frac{-i}{i\not{D}_x - m + i\epsilon}\frac{1}{\not{D}_x{}^2/M^2+1}\delta(x-y)\right] \tag{7.11}$$

となる．ただし，

$$\overleftarrow{\not{D}}_y = \overleftarrow{\not{\partial}}_y + ie\not{A}(y)$$

と定義した．(7.11)の右辺はさらに，$\gamma_5\gamma^\mu = -\gamma^\mu\gamma_5$ に注意して

$$\lim_{y\to x}\mathrm{tr}\Big[-\gamma_5 \not{D}_x \frac{-i}{i\not{D}_x-m+i\epsilon}\frac{1}{\not{D}_x{}^2/M^2+1}\delta(x-y)$$

$$+\gamma_5\frac{-i}{i\not{D}_x-m+i\epsilon}\frac{1}{\not{D}_x{}^2/M^2+1}\delta(x-y)\overleftarrow{\not{D}}_y\Big]$$

$$=\lim_{y\to x}\mathrm{tr}\Big[\gamma_5 i\not{D}_x\frac{1}{i\not{D}_x-m+i\epsilon}\frac{1}{\not{D}_x{}^2/M^2+1}$$

$$+\gamma_5\frac{1}{i\not{D}_x-m+i\epsilon}\frac{1}{\not{D}_x{}^2/M^2+1}i\not{D}_x\Big]\delta(x-y)$$

$$=\lim_{y\to x}2im\,\mathrm{tr}\Big[\gamma_5\frac{-i}{i\not{D}_x-m+i\epsilon}\frac{1}{\not{D}_x{}^2/M^2+1}\delta(x-y)\Big]$$

$$+\lim_{y\to x}2\,\mathrm{tr}\Big[\gamma_5\frac{1}{\not{D}_x{}^2/M^2+1}\delta(x-y)\Big] \qquad (7.12)$$

と変形される．(7.12)の最後の表式の第1項は

$$2im\langle\bar{\psi}(x)\gamma_5\psi(x)\rangle_{\mathrm{reg}} \qquad (7.13)$$

を与え(実はこの項は正則化しなくても有限である)，第2項は$\delta(x-y)=\int\frac{d^4l}{(2\pi)^4}\exp[il(x-y)]$を用いて

$$\lim_{y\to x}2\,\mathrm{tr}\Big[\gamma_5\frac{1}{\not{D}_x{}^2/M^2+1}\delta(x-y)\Big]=2\,\mathrm{tr}\int\frac{d^4l}{(2\pi)^4}e^{-ilx}\gamma_5\frac{1}{\not{D}_x{}^2/M^2+1}e^{ilx}$$

$$=\frac{e^2}{16\pi^2}\epsilon^{\mu\nu\alpha\beta}F_{\mu\nu}F_{\alpha\beta} \qquad (7.14)$$

のように完全反対称記号$\epsilon^{\mu\nu\alpha\beta}$(ただし，$\epsilon^{1230}=1$とする)を使って$M\to\infty$で計算される．(7.14)の計算は後に詳しく説明する．(7.11)～(7.14)を組み合わせると，

$$\partial_\mu\langle\bar{\psi}(x)\gamma^\mu\gamma_5\psi(x)\rangle=2im\langle\bar{\psi}(x)\gamma_5\psi(x)\rangle+\frac{e^2}{16\pi^2}\epsilon^{\mu\nu\alpha\beta}F_{\mu\nu}(x)F_{\alpha\beta}(x) \qquad (7.15)$$

という等式が得られる．

(7.6)と(7.15)を比較すると，(7.15)の最後の項だけ差が出ることがわかる．この最後の項が**軸性量子異常**(axial anomaly)あるいは**カイラル量子異常**(chiral anomaly)と呼ばれるものである．上記の議論からわかるように，この余分な項は，ゲージ不変性を要請しながら計算するかぎり避けることができな

いものである．事実(7.15)の関係は，歴史的にはゲージ不変性を要請しながら直接 Feynman 図を計算し，図 7-1 からのずれとして導かれた．

$\pi^0\to 2\gamma$ 崩壊

クォーク模型では π^0 中間子を南部-Goldstone 粒子として記述する軸性カレントは

$$J_\mu{}^3(x)=\frac{1}{2}(\bar{u}\gamma^\mu\gamma_5 u-\bar{d}\gamma^\mu\gamma_5 d) \tag{7.16}$$

で与えられる((4.2)参照)．u および d クォークの電荷はそれぞれ $2e/3$, $-e/3$ であるので，(7.15)は(クォークの裸の質量が 0 の仮想的な場合を考えて)

$$\partial_\mu J_\mu{}^3(x)=\frac{3}{2}\left[\left(\frac{2}{3}\right)^2-\left(\frac{1}{3}\right)^2\right]\frac{e^2}{16\pi^2}\epsilon^{\mu\nu\alpha\beta}F_{\mu\nu}F_{\alpha\beta} \tag{7.17}$$

を与える．ここで最初の 3 はクォークの色の自由度が 3 個あることに起因している*.

カイラル対称性の自発的破れに基づく質量 0 の π^0 中間子の 2 光子への崩壊を(7.17)の関係式で記述するには，模式的に図 7-2 を考えることになる．図 7-2 の左辺では QCD の働きにより $J_\mu{}^3(x)$ がまず真空中で，π 中間子の崩壊定数と呼ばれる f_π に比例した微分結合をして，π^0 中間子となり伝搬する．このため $f_\pi q_\mu/q^2$ の項が現われる．次に π^0 中間子が 2 光子に崩壊するわけである．図 7-2 の右辺では，直接 $J_\mu{}^3$ カレントがクォークのループを通じて 2 光子に変わる．式で言えば，光子の分極ベクトルを $\varepsilon_\mu(k)$ として，π^0 中間子の崩壊振幅 $C_{\pi\gamma\gamma}$ を

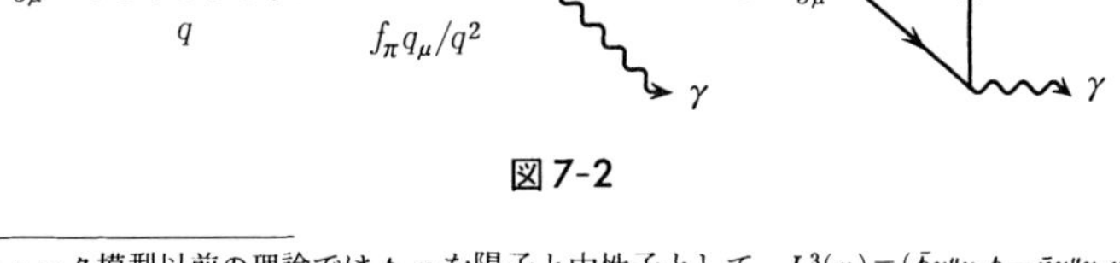

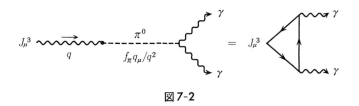

図 7-2

* クォーク模型以前の理論では p, n を陽子と中性子として，$J_\mu{}^3(x)=(\bar{p}\gamma^\mu\gamma_5 p-\bar{n}\gamma^\mu\gamma_5 n)/2$ が使われたが，このときの係数は $1^2-0^2=1=3[(2/3)^2-(1/3)^2]$ となり，同じ結果を与える．

$$\langle\gamma(k_1),\gamma(k_2)|\pi^0(q)\rangle = C_{\pi\gamma\gamma}\,\epsilon^{\mu\nu\alpha\beta}k_{1\mu}\varepsilon_\nu(k_1)k_{2\alpha}\varepsilon_\beta(k_2) \tag{7.18}$$

と定義すると，π^0 および光子の質量殻上では $C_{\pi\gamma\gamma}$ は定数となる．次にクォークの裸の質量が 0 である場合の南部-Goldstone の関係式

$$q^\mu\langle\gamma(k_1)\gamma(k_2)|J_\mu^3(q)|0\rangle = f_\pi\langle\gamma(k_1)\gamma(k_2)|\pi^0(q)\rangle \tag{7.19}$$

において左辺に量子異常の式(7.17)を使うと

$$\frac{1}{2}\frac{e^2}{16\pi^2}\langle\gamma(k_1)\gamma(k_2)|\epsilon^{\mu\nu\alpha\beta}F_{\mu\nu}F_{\alpha\beta}|0\rangle = f_\pi\langle\gamma(k_1)\gamma(k_2)|\pi^0\rangle \tag{7.20}$$

を得る．(7.18)と(7.20)から質量 0 の理想化された π^0 中間子に対して

$$C_{\pi\gamma\gamma} = \frac{1}{2}\times 8\times\frac{e^2}{16\pi^2}\times\frac{1}{f_\pi} = \frac{\alpha}{\pi}\times\frac{1}{f_\pi} \tag{7.21}$$

と $C_{\pi\gamma\gamma}$ が決定される．ただし，$f_\pi=95$ MeV である．

現実の π^0 中間子は 0 でない 140 MeV の質量を持つが，0 から 140 MeV への外挿は典型的なハドロンの世界の質量のスケール ~1 GeV に比して小さいと考えると，(7.21)で与えられる $C_{\pi\gamma\gamma}$ を使って(7.18)で現実の π^0 中間子の質量値に基づく計算が許されるであろう．こうして求められた π^0 中間子の 2 光子への崩壊幅は

$$\Gamma_{\pi^0\to\gamma\gamma} \approx 7.4 \text{ eV} \tag{7.22}$$

であり，実験値 ≈7.48 eV と比して悪くない値を与える．もし量子異常がないとすると，(7.18)で $C_{\pi\gamma\gamma}\approx 0$ となり現実の π^0 中間子への外挿の効果を考えても非常に小さくなると考えられ，実験と矛盾する．

なお，実験との比較という観点からは上記の関係式(7.17)が強い相互作用により修正を受けないことを示す必要がある．この議論は後に与える．

7-2 経路積分法

場の理論の経路積分による定式化では，すべての知られている量子異常は変数変換に伴うヤコビアンとして理解できる．経路積分のより信頼できる定式化は，Fresnel 積分を Gauss 積分に置き換える操作に対応して，場の理論の Euclid

化により得られる．これを Yang-Mills 場のラグランジアン(3.13)に基づいて説明すると，座標の変数とかゲージ場 $A_\mu{}^a$ を

$$\begin{aligned} &x^0 \to -ix^4, \qquad A_0{}^a \to iA_4{}^a \\ &D_0 = \partial_0 - iA_0{}^a T^a \to iD_4 \\ &\not{D} = i\gamma^0 D_4 + \gamma^k D_k \equiv \gamma^4 D_4 + \gamma^k D_k \\ &\gamma_5 = i\gamma^0\gamma^1\gamma^2\gamma^3 \equiv \gamma^4\gamma^1\gamma^2\gamma^3 \end{aligned} \tag{7.23}$$

といわゆる Wick 回転させて定義する．このとき，時空の計量は $g_{\mu\nu}=(1, -1, -1, -1)$ から $g_{\mu\nu}=(-1, -1, -1, -1)$ に変換される．ゲージ場の定義に結合定数を含めて

$$\begin{aligned} &A_\mu \equiv gA_\mu{}^a T^a, \qquad \mathrm{Tr}\, T^a T^b = \frac{1}{2}\delta^{ab} \\ &F_{\mu\nu} = \partial_\mu A_\nu - \partial_\nu A_\mu - i[A_\mu, A_\nu] \end{aligned} \tag{7.24}$$

とすると，ラグランジアン(3.13)は $\not{D}=\gamma^\mu(\partial_\mu - iA_\mu)$ として

$$\mathcal{L} = \bar{\psi} i\not{D}\psi - m\bar{\psi}\psi - \frac{1}{2g^2}\mathrm{Tr}\, F_{\mu\nu}F^{\mu\nu} \tag{7.25}$$

と書かれ，経路積分は(ゲージ場のゲージ固定が本質的でない場合が多いので，とりあえず $[\mathcal{D}A_\mu]$ と書いて)

$$Z(\eta, \bar{\eta}, J) = \frac{1}{N_0}\int \mathcal{D}\bar{\psi}\mathcal{D}\psi[\mathcal{D}A_\mu] \exp\left\{\int(\mathcal{L} + \bar{\psi}\eta + \bar{\eta}\psi - A_\mu{}^a J_a{}^\mu) d^4x\right\} \tag{7.26}$$

と与えられる．Fermi 場に関する積分は，(もし必要なら時空間の箱で規格化して)モードに展開して書くと正則化の議論が明確になる．

$$\begin{aligned} &\psi(x) = \sum_n a_n \varphi_n(x) = \sum_n a_n \langle x|n\rangle \\ &\bar{\psi}(x) = \sum_n \bar{b}_n \varphi_n{}^\dagger(x) = \sum_n \langle n|x\rangle \bar{b}_n \\ &\not{D}\varphi_n(x) = \lambda_n \varphi_n(x) \\ &\int \varphi_m{}^\dagger(x)\varphi_n(x) d^4x \left(= \sum_x \langle m|x\rangle\langle x|n\rangle\right) = \delta_{nm} \end{aligned} \tag{7.27}$$

ここで，$a_n, \bar{b}_n$ は Grassmann 数であり，積分は左微分で定義されることに注

意して

$$\mathcal{D}\bar{\psi}\mathcal{D}\psi = \{\det[\langle n|x\rangle]\det[\langle x|m\rangle]\}^{-1}\prod_n d\bar{b}_n da_n$$
$$= \det\left[\sum_x \langle n|x\rangle\langle x|m\rangle\right]^{-1}\prod_n d\bar{b}_n da_n$$
$$= \det[\delta_{nm}]^{-1}\prod_n d\bar{b}_n da_n = \prod_n d\bar{b}_n da_n \tag{7.28}$$

と書かれる．(7.23)で Euclid 化した $\not{D}$ は Hermite 的

$$(\Psi, \not{D}\Phi) \equiv \int d^4x \Psi^\dagger \not{D}\Phi = (\not{D}\Psi, \Phi) \tag{7.29}$$

であり，(7.27)の直交関係も成立することになる．(7.25)の Fermi 場の作用は形式的に対角化され $S=\sum_n \bar{b}_n a_n(i\lambda_n - m)$ と書かれる．

次にカイラル $U(1)$ 変換

$$\begin{aligned}\psi(x) \to \psi'(x) &= \exp[i\alpha(x)\gamma_5]\psi(x)\\ \bar{\psi}(x) \to \bar{\psi}'(x) &= \bar{\psi}(x)\exp[i\alpha(x)\gamma_5]\end{aligned} \tag{7.30}$$

に関係した WT 恒等式を考えると，(7.4)と同様にして

$$\mathcal{L}' = \mathcal{L} - \partial_\mu\alpha(x)\bar{\psi}\gamma^\mu\gamma_5\psi - 2im\alpha(x)\bar{\psi}\gamma_5\psi \tag{7.31}$$

と作用が変化する．(7.30)の変換に対しては

$$\psi'(x) = \sum_n a_n'\varphi_n(x) \tag{7.32}$$

と定義すると左から $\varphi_n{}^\dagger(x)$ を乗じて(7.27)を使うと

$$a_n' = \sum_m \int \varphi_n{}^\dagger(x) e^{i\alpha(x)\gamma_5}\varphi_m(x)dx\, a_m \equiv \sum_m c_{nm} a_m \tag{7.33}$$

となる．Grassmann 数の積分は左微分で与えられるので

$$\prod_n da_n' = [\det c_{nm}]^{-1}\prod_n da_n \tag{7.34}$$

すなわち，(7.30)の変換に対するヤコビアンは無限小の $\alpha(x)$ に対しては

$$[\det c_{nm}]^{-1} = \det\left[\delta_{nm} + i\int \alpha(x)\varphi_n{}^\dagger(x)\gamma_5\varphi_m(x)dx\right]^{-1}$$
$$= \exp\left[-i\sum_n^\infty \int \alpha(x)\varphi_n{}^\dagger(x)\gamma_5\varphi_n(x)dx\right] \qquad (7.35)$$

と与えられる．ここで $\det M = \exp[\mathrm{Tr}\ln M]$ を使った．(7.26)，(7.28)で無限次元の経路積分を

$$Z = \frac{1}{N_0}\lim_{N\to\infty}\int \prod_{n=1}^N d\bar{b}_n da_n[\mathcal{D}A_\mu]\exp\left[\int(\mathcal{L}+\bar{\eta}\psi+\bar{\psi}\eta-A_\mu{}^a J_a{}^\mu)dx\right] \qquad (7.36)$$

と定義しておくと，(7.35)のヤコビアンは

$$\exp\left\{-i\lim_{N\to\infty}\int \alpha(x)\sum_{n=1}^N \varphi_n{}^\dagger(x)\gamma_5\varphi_n(x)dx\right\} \qquad (7.37)$$

と書かれる．この肩に現われる量を

$$\lim_{N\to\infty}\int dx\alpha(x)\sum_{n=1}^N \varphi_n{}^\dagger(x)\gamma_5\varphi_n(x) \equiv \lim_{M\to\infty}\int dx\alpha(x)\sum_{n=1}^\infty \varphi_n{}^\dagger(x)\gamma_5 f(\lambda_n{}^2/M^2)\varphi_n(x)$$
$$= \lim_{M\to\infty}\int dx\alpha(x)\sum_{n=1}^\infty \varphi_n{}^\dagger(x)\gamma_5 f(\not{D}^2/M^2)\varphi_n(x)$$
$$\equiv \lim_{M\to\infty}\mathrm{Tr}[\alpha(x)\gamma_5 f(\not{D}^2/M^2)] \qquad (7.38)$$

と，∞で十分早く 0 に近づく**任意**の滑らかな関数 $f(x)$，

$$\begin{aligned} f(0) &= 1 \\ f(\infty) &= f'(\infty) = f''(\infty) = 0 \end{aligned} \qquad (7.39)$$

を使って，切断 N を固有値 $|\lambda_n| \lesssim M$ での切断に置き換えて計算する．最も典型的な例としては，$f(x) = \exp[-x]$ が実際の計算上便利である．(7.38)は紫外発散をゲージ不変に十分正則化した演算子 $\alpha(x)\gamma_5 f(\not{D}^2/M^2)$ の行列要素 $\int dx\, \varphi_m{}^\dagger(x)\alpha(x)\gamma_5 f(\not{D}^2/M^2)\varphi_n(x)$ の跡(Tr)に当たるので，基底を平面波に置き換えると

$$
\begin{aligned}
&\int dx\alpha(x)\mathrm{tr}\int\frac{d^4k}{(2\pi)^4}e^{-ikx}\gamma_5 f(\not{D}^2/M^2)e^{ikx}\\
&=\int dx\alpha(x)\mathrm{tr}\int\frac{d^4k}{(2\pi)^4}e^{-ikx}\gamma_5 f\left[\left(D^\mu D_\mu-i\frac{1}{4}[\gamma^\mu,\gamma^\nu]F_{\mu\nu}\right)\Big/M^2\right]e^{ikx}\\
&=\int dx\alpha(x)\mathrm{tr}\int\frac{d^4k}{(2\pi)^4}\gamma_5 f\left\{\left\{(ik^\mu+D^\mu)(ik_\mu+D_\mu)-i\frac{1}{4}[\gamma^\mu,\gamma^\nu]F_{\mu\nu}\right\}\Big/M^2\right\}\\
&=M^4\int dx\alpha(x)\mathrm{tr}\int\frac{d^4k}{(2\pi)^4}\gamma_5 f\left\{\left(ik^\mu+\frac{D^\mu}{M}\right)\left(ik_\mu+\frac{D_\mu}{M}\right)-i\frac{1}{4M^2}[\gamma^\mu,\gamma^\nu]F_{\mu\nu}\right\}
\end{aligned}
\tag{7.40}
$$

と書ける．ただし，$[D_\mu,e^{ikx}]=ik_\mu e^{ikx}$ を使い，その後で $k\to Mk$ とスケール変換した．跡(tr)は Dirac と Yang-Mills の足にわたるものである．この最後の表式で，γ 行列にわたる跡において γ_5 と組み合わせて 0 とならないのは，γ^μ が 4 個以上ある場合であること，および $M\to\infty$ で 0 にならないためには $(1/M)^4$ 以上であることに注意して，$1/M$ 展開すると

$$
\begin{aligned}
&\lim_{M\to\infty}\mathrm{Tr}[\alpha(x)\gamma_5 f(\not{D}^2/M^2)]\\
&=\int dx\alpha(x)\frac{1}{16}\mathrm{tr}\,\gamma_5(-i[\gamma^\mu,\gamma^\nu]F_{\mu\nu})^2\int\frac{d^4k}{(4\pi)^4}\frac{1}{2!}f''(-k_\mu k^\mu)
\end{aligned}
\tag{7.41}
$$

となる．ただし，(7.40)では

$$
\begin{aligned}
\not{D}^2&=\gamma^\mu\gamma^\nu D_\mu D_\nu=\frac{1}{2}\{\gamma^\mu,\gamma^\nu\}D_\mu D_\nu+\frac{1}{4}[\gamma^\mu,\gamma^\nu][D_\mu,D_\nu]\\
&=D^\mu D_\mu-i\frac{1}{4}[\gamma^\mu,\gamma^\nu]F_{\mu\nu}
\end{aligned}
\tag{7.42}
$$

を用いた．(7.41)の積分は

$$
\begin{aligned}
\frac{1}{2!}\int\frac{d^4k}{(2\pi)^4}f''(|k|^2)&=\frac{1}{2!}\frac{\pi^2}{(2\pi)^4}\int_0^\infty dxxf''(x)\\
&=\frac{1}{2!}\frac{\pi^2}{(2\pi)^4}f(0)=\frac{1}{32\pi^2}
\end{aligned}
\tag{7.43}
$$

と，(7.39)の $f(x)$ の形によらない値を与える．このようにして，(7.41)は

$$\lim_{M\to\infty} \mathrm{Tr}\left[\alpha(x)\gamma_5 f(\not{D}^2/M^2)\right] = \int dx\alpha(x)\frac{1}{2}\left(\frac{1}{16\pi^2}\right)\mathrm{tr}\,\epsilon^{\mu\nu\alpha\beta}F_{\mu\nu}(x)F_{\alpha\beta}(x) \tag{7.44}$$

と計算される．ただし，(7.44)の右辺で残る跡(tr)はYang-Millsの足に関するものであり，ϵ 記号の規格化は

$$\epsilon^{1230} = \epsilon^{1234} = 1 \tag{7.45}$$

とした．$\bar{b}_n$ の変換からも同じヤコビアンが得られるので，結局(7.36)の積分の測度はカイラル変換(7.30)により

$$\begin{aligned} d\mu' &\equiv \lim_{N\to\infty} \prod_{n=1}^{N} db_n' da_n' [\mathcal{D}A_\mu] \\ &= d\mu \exp\left\{i\int dx\alpha(x)\left(\frac{-1}{16\pi^2}\right)\mathrm{tr}\,\epsilon^{\mu\nu\alpha\beta}F_{\mu\nu}F_{\alpha\beta}\right\} \end{aligned} \tag{7.46}$$

と変換される．

一般的な恒等式の出発点となる式

$$\begin{aligned} Z(\eta,\bar{\eta},J) &= \frac{1}{N_0}\int d\mu' \exp\left[\int(\mathcal{L}'+\bar{\psi}'\eta+\bar{\eta}\psi'-A_\mu{}^a J_a{}^\mu)dx\right] \\ &= \frac{1}{N_0}\int d\mu \exp\left[\int(\mathcal{L}+\bar{\psi}\eta+\bar{\eta}\psi-A_\mu{}^a J_a{}^\mu)dx\right] \end{aligned} \tag{7.47}$$

から，WT恒等式は(7.47)の最初の表式で $\alpha(x)$ の1次の項をひろって

$$\frac{\delta}{\delta\alpha(x)} Z(\eta,\bar{\eta},J)\Big|_{\alpha=0} = 0 \tag{7.48}$$

と定式化される．例としては，(7.48)に $\delta^2/\delta\bar{\eta}(y)\delta\eta(z)$ を作用させると(7.30),(7.31),(7.46)を用いて(ただし，$A_\mu \equiv gA_\mu{}^a T^a$ と定義して)

$$\begin{aligned} \partial_\mu{}^x \langle \mathrm{T}^*\bar{\psi}(x)\gamma^\mu\gamma_5\psi(x)\psi(y)\bar{\psi}(z)\rangle &= 2im\langle \mathrm{T}^*\bar{\psi}(x)\gamma_5\psi(x)\psi(y)\bar{\psi}(z)\rangle \\ &\quad -i\delta(x-y)\langle \mathrm{T}^*\gamma_5\psi(y)\bar{\psi}(z)\rangle - i\delta(x-z)\langle \mathrm{T}^*\psi(y)\bar{\psi}(z)\gamma_5\rangle \\ &\quad +\left(\frac{i}{16\pi^2}\right)\langle \mathrm{T}^*\mathrm{tr}\,\epsilon^{\mu\nu\alpha\beta}F_{\mu\nu}(x)F_{\alpha\beta}(x)\psi(y)\bar{\psi}(z)\rangle \end{aligned} \tag{7.49}$$

が得られる．これが最後の項を異常項として含む恒等式である．すなわち量子

化に伴う経路積分の測度が対称性を破ったことになる．(7.49)はEuclid化した理論に対して書かれているが，出発点のMinkowski的な理論に戻すには(7.49)の最後の3項から虚数符号iを除けばよい．

(7.49)でtrの記号を取り去り，$A_\mu \to eA_\mu$とすると，(7.15)の$U(1)$ゲージ場に対する恒等式になる．事実(7.14)は(7.38)で$f(x)=(1+x)^{-1}$という特殊な$f(x)$を使ったことに対応する．

上記の計算で最も重要な(7.38)での固有値に関する切断への置き換えは，(7.14)との比較から正当化されるが，もう1つ違った角度からの正当化はAtiyah-Singerの指数定理との関連から与えられる．$\not{D}\gamma_5=-\gamma_5\not{D}$なので$\gamma_5\varphi_n$が(7.27)で$-\lambda_n$の固有値に属することに注意して，(7.38)と(7.44)で$\alpha(x)=$定数 とすると**Atiyah-Singerの指数定理**

$$\sum_{n=1}^{\infty}\int dx\varphi_n{}^\dagger(x)\gamma_5\varphi_n(x)f(\lambda_n{}^2/M^2) = n_+ - n_- = \nu \qquad (7.50)$$

が得られる．右辺のνは(3.26)でも現われた**Pontryagin指数**と呼ばれるもので

$$\nu = \frac{1}{32\pi^2}\,\mathrm{tr}\int \epsilon^{\mu\nu\alpha\beta}F_{\mu\nu}F_{\alpha\beta}d^4x \qquad (7.51)$$

で$A_\mu=gA_\mu{}^aT^a$を使って与えられ，$n_\pm$は(7.27)において$\lambda_n=0$で$\gamma_5\varphi_n(x)=\pm\varphi_n(x)$を満たす固有関数の個数を示す．(7.50)で$\lambda_n=0$のみが寄与するので，$f(0)=1$である限り$f(x)$に依存しない．厳密には，(7.50)は平坦な4次元Euclid空間R^4ではなく，無限遠点を同一視して得られる4次元超球面S^4上で定義されている．いずれにしても，(7.44)は(7.50)の局所化版になっており，(7.38)の置き換えの1つの正当化と見なされる．

(7.41)でもう1つ重要な性質は，$k\to Mk$とスケール変換する前のk積分(7.40)で

$$\int d^4k = \int_{|k|\le L} d^4k + \int_{|k|\ge L} d^4k \qquad (7.52)$$

と2つに分けて考えると，$k\to Mk$とスケール変換した後では，任意の固定し

た L に対して(7.52)の第1項は量子異常に寄与しない．すなわち平面波の基底(これは摂動展開に対応する)では，十分大きな k_μ を持った波のみが寄与する．これは不確定性原理から，時空間の短距離の性質が量子異常を決めることを示している．このように短距離の振舞いに関係した量が，一方(7.50)のような理論の大局的位相的な性質と関係していることは興味深い．

(7.46)で $\alpha(x)=$定数 としてインスタントン(4.62)の効果を考慮すると，ν をインスタントン数(＝Pontryagin 指数)として(4.64)の経路積分の測度は

$$\sum_\nu d\mu_{(\nu)} \to \sum_\nu d\mu_{(\nu)} \exp[-2i\nu\alpha] \tag{7.53}$$

と変換され，フェルミオンの質量項が同時に $m\bar{\psi}\psi \to m\bar{\psi}\exp[2i\alpha\gamma_5]\psi$ と変換される(4-5 節参照)．

7-3 非 Abel 的ゲージ対称性の量子的破れと Wess-Zumino 項

これまで議論してきた量子異常はゲージ対称性を要請したときに他の対称性が量子効果で変更される現象であった．一般にゲージ対称性そのもの(ただしゲージ場は背景場の場合もある)に量子異常が出うるが，これらを総称して**非 Abel 的量子異常**(non-Abelian anomaly)と呼ぶことにする．この問題を議論するために

$$\mathcal{L} = \bar{\psi} i\gamma^\mu(\partial_\mu - iV_\mu{}^a T^a - iA_\mu{}^a T^a\gamma_5)\psi \tag{7.54}$$

というラグランジアンを考える．ゲージ群は $SU(n)$ (詳しくは，$SU(n)\times SU(n)$)として，$SU(n)$ の生成演算子 T^a を $\mathrm{Tr}\ T^aT^b=(1/2)\delta^{ab}$ と規格化する．Fermi 場のゲージ変換はしたがって

$$\psi(x) \to \psi'(x) = \exp[i\alpha^a(x)T^a + i\beta^a(x)T^a\gamma_5]\psi(x) \tag{7.55}$$

となる．あるいは，Fermi 場を左手系と右手系に分けて((5.63), (5.64)参照)

$$\mathcal{L} = \bar{\psi} i\gamma^\mu\left[\partial_\mu - iL_\mu{}^a T^a\left(\frac{1-\gamma_5}{2}\right) - iR_\mu{}^a T^a\left(\frac{1+\gamma_5}{2}\right)\right]\psi \tag{7.56}$$

を考えるのが便利なことが多い．ここで L_μ および R_μ は

$$V_\mu{}^a = (R_\mu{}^a + L_\mu{}^a)/2, \qquad A_\mu{}^a = (R_\mu{}^a - L_\mu{}^a)/2 \tag{7.57}$$

と(7.54)のゲージ場と結ばれている．(7.56)ではゲージ変換の生成演算子が(複号同順として)

$$\left[T^a\left(\frac{1\pm\gamma_5}{2}\right),\ T^b\left(\frac{1\pm\gamma_5}{2}\right)\right] = if^{abc}T^c\left(\frac{1\pm\gamma_5}{2}\right) \tag{7.58}$$

を満たし，互いに交換する $T^a(1\pm\gamma_5)/2$ で生成される 2 つの $SU(n)$ $(SU(n)\times SU(n))$ 対称性を持つ．(7.56)に対しては

$$\psi(x) \to \psi'(x) = \exp\left[i\omega^a(x)T^a\left(\frac{1-\gamma_5}{2}\right) + i\lambda^a(x)T^a\left(\frac{1+\gamma_5}{2}\right)\right]\psi(x) \tag{7.59}$$

というゲージ変換を考えることになる．

非 Abel 的量子異常は(7.55)または(7.59)の変換に対するヤコビアンを計算することに帰着する．このときの正則化の議論で Euclid 化した(7.54)または(7.56)から定義される作用を形式的に対角化する(あるいは理論を形式的に解く)ことが重要となる．

まず第 1 の方法としては，Euclid 化した理論で

$$\not{D} = \gamma^\mu(\partial_\mu - iV_\mu{}^aT^a - A_\mu{}^aT^a\gamma_5) \tag{7.60}$$

のように(7.54)で $A_\mu{}^a \to -iA_\mu{}^a$ と γ_5 に関係した軸性ゲージ場を純虚数に“回転”して考える方法がある．このとき(7.60)は

$$(\Psi, \not{D}\Phi) = \int d^4x \Psi^\dagger \not{D}\Phi = (\not{D}\Psi, \Phi) \tag{7.61}$$

のように Hermite 的になる．したがって(7.27)の展開が

$$\not{D}\varphi_n(x) = \lambda_n\varphi_n(x), \qquad \int\varphi_m{}^\dagger(x)\varphi_n(x)d^4x = \delta_{mn} \tag{7.62}$$

を使ってそのまま成立し，作用(7.54)は形式的に

$$S = \int d^4x \mathcal{L}(x) = \sum_n \lambda_n \bar{b}_n a_n$$

と対角化される．(7.60)の特徴は，(7.55)で $\beta^a=0$ としたベクトル的変換の下

では V_μ^a はゲージ変換されるが A_μ^a は単に回転するだけなので虚数化の影響はなく(7.62)の λ_n は不変な概念となるが，他方 $\alpha^a=0$ とした軸性ゲージ変換の下では A_μ^a の虚数化のため λ_n は不変ではなくなることである．

ヤコビアンの計算においても，(7.55)で $\beta^a=0$ とした

$$\begin{aligned}\psi &\to \psi' = \exp[i\alpha^a(x)T^a]\psi \\ \bar{\psi} &\to \bar{\psi}' = \bar{\psi}\exp[-i\alpha^a(x)T^a]\end{aligned} \tag{7.63}$$

に対して，(7.38)と同様の計算から

$$\ln J = \lim_{M\to\infty}(-i)\int d^4x\alpha^a(x)\sum_n(\varphi_n{}^\dagger T^a\varphi_n - \varphi_n{}^\dagger T^a\varphi_n)f(\lambda_n{}^2/M^2) = 0 \tag{7.64}$$

となり量子異常は出ない．他方(7.55)で $\alpha^a=0$ とした

$$\begin{aligned}\psi &\to \psi' = \exp[i\beta^a(x)T^a\gamma_5]\psi \\ \bar{\psi} &\to \bar{\psi}' = \bar{\psi}\exp[i\beta^a(x)T^a\gamma_5]\end{aligned} \tag{7.65}$$

に対しては，(7.38), (7.40)と同様にして($A_\mu=A_\mu^a T^a$, $V_\mu=V_\mu^a T^a$ と書いて)

$$\begin{aligned}\ln J &= \lim_{M\to\infty}\mathrm{Tr}[-2i\beta^a(x)T^a\gamma_5 f(\not{D}^2/M^2)] \\ &= \frac{1}{32\pi^2}\mathrm{tr}\int d^4x 2i\beta^a(x)T^a\epsilon^{\mu\nu\alpha\beta}\Big[V_{\mu\nu}V_{\alpha\beta}+\frac{1}{3}A_{\mu\nu}A_{\alpha\beta} \\ &\quad -\frac{32}{3}A_\mu A_\nu A_\alpha A_\beta+\frac{8i}{3}(V_{\mu\nu}A_\alpha A_\beta - A_\mu V_{\nu\alpha}A_\beta + A_\mu A_\nu V_{\alpha\beta})\Big]\end{aligned} \tag{7.66}$$

と計算される．ただし，最後の結果では $A_\mu^a\to -iA_\mu^a$ と実の A_μ^a にもどし，$V_{\mu\nu}$ と $A_{\mu\nu}$ は

$$V_{\mu\nu}+\gamma_5 A_{\mu\nu} \equiv i[\partial_\mu - iV_\mu - iA_\mu\gamma_5, \partial_\nu - iV_\nu - iA_\nu\gamma_5] \tag{7.67}$$

で定義した．(7.66)では $A^{\mu a}(\partial_\mu\beta^a+f^{abc}V_\mu^b\beta^c)$ に比例する項は，元のラグランジアン(7.54)に $A^{\mu a}A_\mu^a$ に比例する項をつけ加えておくと相殺できるので省略してある．このように量子異常は通常の発散とか対称性の破れとは異なり，局所的相殺項では取り除けない項で**定義**される．無限小の α^a と β^a に対しては，(7.54)で定義される作用 $S=\int d^4x\mathcal{L}$ は(7.55)の下で

$$S \to S + \int [\alpha^a(x) D_\mu(\bar{\psi}\gamma^\mu T^a \psi) + \beta^a(x) D_\mu(\bar{\psi}\gamma^\mu T^a \gamma_5 \psi)] d^4x \quad (7.68)$$

と変化するので，WT 恒等式は演算子の言葉で言って

$$\begin{aligned} D_\mu(\bar{\psi}\gamma^\mu T^a \psi) &\equiv \partial_\mu(\bar{\psi}\gamma^\mu T^a \psi) + f^{abc} V_\mu{}^b \bar{\psi}\gamma^\mu T^c \psi + f^{abc} A_\mu{}^b \bar{\psi}\gamma^\mu T^c \gamma_5 \psi = 0 \\ D_\mu(\bar{\psi}\gamma^\mu T^a \gamma_5 \psi) &\equiv \partial_\mu(\bar{\psi}\gamma^\mu T^a \gamma_5 \psi) + f^{abc} V_\mu{}^b \bar{\psi}\gamma^\mu T^c \gamma_5 \psi \qquad (7.69) \\ &\quad + f^{abc} A_\mu{}^b \bar{\psi}\gamma^\mu T^c \psi = G^a(V_\mu, A_\mu) \end{aligned}$$

と書かれる．ここで，$G^a(V,A)$ は(7.66)の右辺で $-\beta^a(x)$ の係数として定義される量である．

(7.69)の結果は摂動計算では **Pauli-Villars の正則化**(補章および付録 E 参照)でフェルミオンのカレントを定義したものに対応し，場の理論としては素直な計算方法であるが，高次元の空間では計算が非常に複雑になる．このため少し異なるカレントの定義に対応する量子異常の式もよく使われる．

まず，(7.69)で $V_\mu = A_\mu = R_\mu/2$ として得られる式

$$D_\mu\left[\bar{\psi}\gamma^\mu T^a \left(\frac{1+\gamma_5}{2}\right)\psi\right] = \frac{1}{2} G^a\left(\frac{1}{2}R_\mu, \frac{1}{2}R_\mu\right) \equiv G^a(R_\mu) \qquad (7.70)$$

および $V_\mu = -A_\mu = L_\mu/2$ として得られる式

$$D_\mu\left[\bar{\psi}\gamma^\mu T^a \left(\frac{1-\gamma_5}{2}\right)\psi\right] = -G^a(L_\mu) \qquad (7.71)$$

が(7.56)の形に書いたラグランジアンに対応する量子異常としてよく使われる．ただし，$G^a(R_\mu), G^a(L_\mu)$ は同じ関数形をしており，$R_\mu = R_\mu{}^a T^a$，および $L_\mu = L_\mu{}^a T^a$ に対して

$$G^a(R_\mu) \equiv \frac{i}{24\pi^2} \mathrm{tr}\, T^a \epsilon^{\mu\nu\alpha\beta} \partial_\mu \left[R_\nu \partial_\alpha R_\beta - \frac{i}{2} R_\nu R_\alpha R_\beta\right] \qquad (7.72)$$

と定義される．

共変的量子異常

他方(7.56)に対しては $\not{D}^\dagger = \gamma^\mu[\partial_\mu - iL_\mu(1+\gamma_5)/2 - iR_\mu(1-\gamma_5)/2] \neq \not{D}$ となることを考慮して

$$
\begin{aligned}
D\!\!\!/^{\dagger} D\!\!\!/ \varphi_n &= \lambda_n{}^2 \varphi_n, \quad \int \varphi_m{}^{\dagger}(x) \varphi_n(x) dx = \delta_{mn} \\
D\!\!\!/ D\!\!\!/^{\dagger} \phi_n &= \lambda_n{}^2 \phi_n, \quad \int \phi_m{}^{\dagger}(x) \phi_n(x) dx = \delta_{mn}
\end{aligned} \tag{7.73}
$$

という関数の完全系を使って

$$
\psi(x) = \sum_n a_n \varphi_n(x), \qquad \bar{\psi}(x) = \sum_n \bar{b}_n \phi_n{}^{\dagger}(x) \tag{7.74}
$$

と展開することもでき，$S=\int d^4x\mathcal{L}=\sum i\bar{b}_n a_n \lambda_n$ のように形式的に対角化される．このとき，(7.59)に対応して，$\bar{\psi}$ は

$$
\bar{\psi} \to \bar{\psi}' = \bar{\psi} \exp\left[-i\omega^a T^a \left(\frac{1+\gamma_5}{2}\right) - i\lambda^a T^a \left(\frac{1-\gamma_5}{2}\right)\right] \tag{7.75}
$$

と変換される．

$$
\begin{aligned}
D\!\!\!/^{\dagger} D\!\!\!/ &= D\!\!\!/(L)^2 \left(\frac{1-\gamma_5}{2}\right) + D\!\!\!/(R)^2 \left(\frac{1+\gamma_5}{2}\right) \\
D\!\!\!/ D\!\!\!/^{\dagger} &= D\!\!\!/(L)^2 \left(\frac{1+\gamma_5}{2}\right) + D\!\!\!/(R)^2 \left(\frac{1-\gamma_5}{2}\right)
\end{aligned} \tag{7.76}
$$

と書けることおよび $(1\pm\gamma_5)/2$ が射影演算子であることに注意すると，(7.59)と(7.75)に対応するヤコビアンは(ψ に対して正則化関数 $f(D\!\!\!/^{\dagger}D\!\!\!/ /M^2)$，$\bar{\psi}$ に対して $f(D\!\!\!/ D\!\!\!/^{\dagger}/M^2)$ を使って)

$$
\begin{aligned}
\ln J = & (-i)\mathrm{Tr}\left[\omega^a T^a \left(\frac{1-\gamma_5}{2}\right) f(D\!\!\!/(L)^2/M^2) + \lambda^a T^a \left(\frac{1+\gamma_5}{2}\right) f(D\!\!\!/(R)^2/M^2)\right] \\
& + i\,\mathrm{Tr}\left[\omega^a T^a \left(\frac{1+\gamma_5}{2}\right) f(D\!\!\!/(L)^2/M^2) + \lambda^a T^a \left(\frac{1-\gamma_5}{2}\right) f(D\!\!\!/(R)^2/M^2)\right] \\
= & \left(\frac{i}{32\pi^2}\right) \int dx\, \epsilon^{\mu\nu\alpha\beta}\, \mathrm{tr}\left[\omega^a(x) T^a F_{\mu\nu}(L) F_{\alpha\beta}(L) - \lambda^a(x) T^a F_{\mu\nu}(R) F_{\alpha\beta}(R)\right]
\end{aligned} \tag{7.77}
$$

と(7.44)の結果を使って計算される．ただし，$f(D\!\!\!/^{\dagger}D\!\!\!/ /M^2)(1-\gamma_5)/2=f(D\!\!\!/(L)^2/M^2)(1-\gamma_5)/2$ などの関係を使った．

したがって，(7.70),(7.71)に対応する恒等式は

$$D_\mu\left[\bar{\psi}\gamma^\mu T^a\left(\frac{1+\gamma_5}{2}\right)\psi\right] = \frac{i}{32\pi^2}\operatorname{tr} T^a\epsilon^{\mu\nu\alpha\beta}F_{\mu\nu}(R)F_{\alpha\beta}(R)$$

$$= \frac{i}{8\pi^2}\operatorname{tr} T^a\epsilon^{\mu\nu\alpha\beta}\partial_\mu\left(R_\nu\partial_\alpha R_\beta - \frac{2i}{3}R_\nu R_\alpha R_\beta\right) \quad (7.78)$$

$$D_\mu\left[\bar{\psi}\gamma^\mu T^a\left(\frac{1-\gamma_5}{2}\right)\psi\right] = \frac{-i}{32\pi^2}\operatorname{tr} T^a\epsilon^{\mu\nu\alpha\beta}F_{\mu\nu}(L)F_{\alpha\beta}(L) \quad (7.79)$$

となる．特に，(7.59)と(7.75)において $\omega^a = \lambda^a = \alpha(x)$ として $T^a = 1$ とすると，(7.77)から $\psi \to \exp[i\alpha(x)]\psi$, $\bar{\psi} \to \bar{\psi}\exp[-i\alpha(x)]$ という**フェルミオン数の変換に対する量子異常**

$$\partial_\mu(\bar{\psi}\gamma^\mu\psi) = \frac{-i}{32\pi^2}\operatorname{tr}\epsilon^{\mu\nu\alpha\beta}[F_{\mu\nu}(L)F_{\alpha\beta}(L) - F_{\mu\nu}(R)F_{\alpha\beta}(R)] \quad (7.80)$$

が得られ，右辺は $L_\mu \mp R_\mu$ なら 0 とならない．この式の応用は 5-6 節で議論した．(7.78)～(7.80)は**共変的量子異常**(covariant anomaly)と呼ばれている．

量子異常の相殺条件

さて，(7.72)と(7.78)を比べると R_μ の最低次の項の係数が(7.78)のほうが 3 倍大きい．これは図 7-3 の Feynman 図で言えば，(7.72)は 3 つの頂点を Bose 対称性を満たすように同等に計算しており，他方(7.78)では，(7.10)との比較から言えば(7.73)のゲージ不変な意味を持つ λ_n で正則化しており，R_α と R_β に対してはゲージ不変性を強制して残りの R_μ のところに出る量子異常を計算することに対応している．ゲージ対称性に量子異常が出ない条件は，3 つの頂点全てにゲージ不変性を課すことができることなので，(7.78)と(7.79)の右辺が 0 になること，すなわち

$$\operatorname{tr}(T^a\{T^b, T^c\}_+) = 0 \quad (7.81)$$

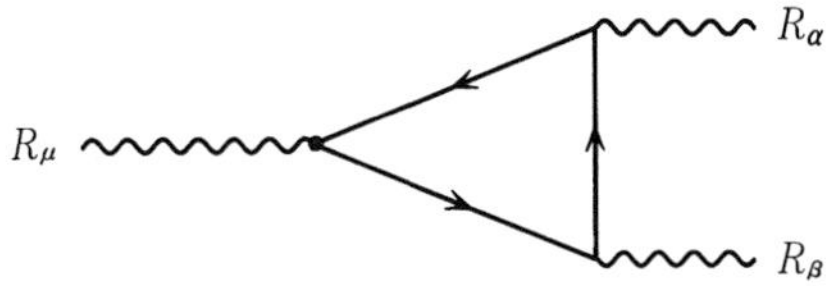

図 7-3

が基本的な条件となる．ただし，右手系と左手系に同じゲージ場が結合するときは(7.77)で $\omega^a=\lambda^a$ として両方からの寄与を足したものが 0 となればよい．例えば QED とか QCD のような γ_5 を含まないベクトル的な結合では常にこの相殺が起こっている．ベクトル的結合でなくても(7.81)が常に成立する群の例としては直交群 $SO(n)$（ただし $n\geq 5$ で $n\neq 6$）が知られている．GWS 理論の $SU(2)$ では(7.81)が常に成立し，$SU(2)$ のゲージ場と対称性にのみ関係した部分には量子異常は出ない．したがって(5.69)，(5.79)の GWS 理論では B_μ に関係した $U(1)$ ゲージ変換

$$\begin{aligned} l_{\rm L}(x) &\to \exp[i\alpha(x)Y_{l\rm L}]\,l_{\rm L}(x), \qquad l_{\rm R}(x) \to \exp[i\alpha(x)Y_{l\rm R}]\,l_{\rm R}(x) \\ q_{\rm L}(x) &\to \exp[i\alpha(x)Y_{q\rm L}]\,q_{\rm L}(x), \qquad q_{\rm R}(x) \to \exp[i\alpha(x)Y_{q\rm R}]\,q_{\rm R}(x) \end{aligned} \tag{7.82}$$

に量子異常が出なければよいことになる．ただし，$l(x)$ と $q(x)$ はレプトンとクォークの 2 重項を表わす．(5.67)の D_μ に(5.4)を用いて，(7.77)と同様な計算をすると($i/(32\pi^2)$の係数は省いて)

$$\begin{aligned} &\mathrm{tr}\,[(Y_{l\rm L}+3Y_{q\rm L})\epsilon^{\mu\nu\alpha\beta}F_{\mu\nu}(W)F_{\alpha\beta}(W)] \\ &\quad+\mathrm{tr}\,[(Y_{l\rm L}{}^3+3Y_{q\rm L}{}^3-Y_{l\rm R}{}^3-3Y_{q\rm R}{}^3)\epsilon^{\mu\nu\alpha\beta}F_{\mu\nu}(B)F_{\alpha\beta}(B)]=0 \end{aligned} \tag{7.83}$$

となり量子異常は出ない．ただし，$Q=T_3+Y/2$ の関係および $\nu_{\rm R}$ はゲージ変換に関係しないことから出る表式

$$\begin{aligned} Y_{l\rm L} &= \begin{pmatrix} -1 & 0 \\ 0 & -1 \end{pmatrix}, \qquad Y_{q\rm L} = \begin{pmatrix} 1/3 & 0 \\ 0 & 1/3 \end{pmatrix} \\ Y_{l\rm R} &= \begin{pmatrix} 0 & 0 \\ 0 & -2 \end{pmatrix}, \qquad Y_{q\rm R} = \begin{pmatrix} 4/3 & 0 \\ 0 & -2/3 \end{pmatrix} \end{aligned} \tag{7.84}$$

を使い，B_μ は Y に結合することとクォークの色の自由度 3 を考慮した．(7.83)の第 1 項は BWW の三角形に，第 2 項は BBB の三角形にそれぞれ対応する．すなわち QCD と GWS 理論を組み合わせた**標準模型**のゲージ対称性は(5.62)の表式から明らかなクォークとレプトンの対応により量子論的にも矛盾しないよい対称性となっている．すなわち，GWS 理論がゲージ理論として矛盾しないという要請から t クォークの存在が予言されたともいえる．

Wess-Zumino 項

非 Abel 的量子異常が積分可能性条件を満たすときには，量子異常をゲージパラメタに関して積分した Wess-Zumino 項と呼ばれるある種の有効ラグランジアンにまとめることができる．Wess-Zumino 項は Bose 場のみで書かれるが，Fermi 場と関係したカイラル量子異常の効果の本質的な側面を記述し，種々の応用がある．

(7.59)のゲージ変換で $\omega^a T^a$ を改めて $\alpha^a T^a \equiv \alpha(x)$ と書き，$\lambda^a=0$ として

$$\psi_{\mathrm{L}}(x) \equiv \left(\frac{1-\gamma_5}{2}\right)\psi(x) \to \psi_{\mathrm{L}}' = e^{i\alpha(x)}\psi_{\mathrm{L}} \to \psi_{\mathrm{L}}'' = e^{i\beta(x)}\psi_{\mathrm{L}}' \qquad (7.85)$$

と 2 回連続して $\psi_{\mathrm{L}}(x)$ に対する無限小のゲージ変換を考えると

$$\psi_{\mathrm{L}}'' = e^{i\beta(x)}e^{i\alpha(x)}\psi_{\mathrm{L}} \simeq \exp\left\{i(\beta(x)+\alpha(x))-\frac{1}{2}[\beta,\alpha]\right\}\psi_{\mathrm{L}} \qquad (7.86)$$

という合成則を満たす．これに対応してヤコビアンも(7.56)で $R_\mu=0$ とした理論では $U(\beta)=\exp[i\beta(x)]$ として

$$\mathrm{Tr}\, i\beta(x)G(L_\mu)+\mathrm{Tr}\, i\alpha(x)G(U^\dagger(\beta)L_\mu U(\beta)+iU^\dagger(\beta)\partial_\mu U(\beta)) \qquad (7.87)$$

と合成される．(7.87)の第 2 項は β でゲージ変換された場 $L_\mu'=L_\mu+i[L_\mu,\beta]-\partial_\mu\beta$ を使って，$\alpha(x)$ で指定されるヤコビアン(量子異常)を計算することを示す．(7.86)と(7.87)の整合性から積分可能性条件は

$$\begin{aligned}\mathrm{Tr}\,\{[\alpha,\beta]G(L_\mu)\} = {}& \mathrm{Tr}\, i\alpha[G(U^\dagger(\beta)L_\mu U(\beta)+iU^\dagger(\beta)\partial_\mu U(\beta))-G(L_\mu)] \\ & -\mathrm{Tr}\, i\beta[G(U^\dagger(\alpha)L_\mu U(\alpha)+iU^\dagger(\alpha)\partial_\mu U(\alpha))-G(L_\mu)]\end{aligned} \qquad (7.88)$$

と表現される．(7.79)の共変的量子異常は(7.88)を満たさないが，(7.72)(および(7.66))は，(7.88)の条件を満たすことが確かめられる．この理由で(7.66)とか(7.72)は**積分可能な量子異常**(integrable or consistent anomaly)と呼ばれている．(7.88)からわかるように，Feynman 図で全ての頂点を同等に扱うことが積分可能性の必要条件である．

V_μ と A_μ の両方が存在する理論を考える場合には，(7.69)の積分可能な量子異常 $G^a(L_\mu, R_\mu)\equiv G^a(V_\mu, A_\mu)$ (ただし(7.57)で定義される L_μ, R_μ で表わす)を

使って**有限なゲージ変換**

$$\psi_{\rm L} \to \psi_{\rm L}' = \exp[2i\pi^a(x)T^a/f_\pi]\psi_{\rm L} = \exp[2i\pi(x)/f_\pi]\psi_{\rm L} \tag{7.89}$$

に対するヤコビアン $J(\pi)$ が計算できる．結果は(7.87)から予想されるように t をパラメタとする無限小変換 $\psi_{\rm L}'=\exp[\delta t 2i\pi/f_\pi]\psi_{\rm L}$ の無限回の重ね合わせとして

$$\Gamma_{WZ}(\pi, L_\mu, R_\mu) \equiv \left(\frac{1}{i}\right)\ln J(\pi) = \int_0^1 dt \int d^4x \frac{\pi^a(x)}{f_\pi} G^a(L_\mu(t), R_\mu) \tag{7.90}$$

と書くことができ，Γ_{WZ} は **Wess-Zumino 項**と呼ばれる．(7.90)では

$$\begin{aligned} L_\mu(t) &= U^\dagger(t)L_\mu(x)U(t) + iU^\dagger(t)\partial_\mu U(t) \\ U(t) &\equiv \exp[(2i\pi(x)/f_\pi)t] \end{aligned} \tag{7.91}$$

と定義した．

(7.90)の物理的意味は，$T^a \in SU(3)$ を考えて，(4.48)で定義される理論でカイラル対称性の自発的破れの結果重くなった(有効質量 m をもつ)3 個の有効クォーク場 $\psi^{\rm T}=({\rm U}, {\rm D}, {\rm S})$ とそれらと結合した 8 個の南部-Goldstone 場 $\pi^a(x)$ を記述する有効理論

$$\begin{aligned} \mathcal{L} &= \bar{\psi}_{\rm L} i\gamma^\mu(\partial_\mu - iL_\mu)\psi_{\rm L} + \bar{\psi}_{\rm R} i\gamma^\mu(\partial_\mu - iR_\mu)\psi_{\rm R} - m(\bar{\psi}_{\rm L}U(x)\psi_{\rm R} + {\rm h.c.}) \\ U(x) &\equiv \exp[2i\pi(x)/f_\pi] \end{aligned} \tag{7.92}$$

を考察すると明確になる．このとき Γ_{WZ} は $\psi_{\rm L}\to U\psi_{\rm L}$ と変数変換して，**量子異常を通じての** π^a 同士および背景場 $L_\mu(x), R_\mu(x)$ との(7.92)の m より十分小さい低エネルギー領域での相互作用を(7.92)から抜き出したものと理解できる．

7-4 一般座標変換および Weyl 対称性の量子的破れ

Einstein の重力に結合した物質場の概要は 6-1 節で

$$S = \int dx \sqrt{g} \left[\bar{\psi} i e_a{}^\mu \gamma^a \left(\partial_\mu - \frac{i}{2}\sigma^{ab}A_{\mu ab} - iA_\mu\right)\psi - m\bar{\psi}\psi\right] \tag{7.93}$$

の形の(Euclid 化する前の)作用に基づいて説明した．特に，量子化するとき

の測度は重み 1/2 の変数 $\tilde{\varphi}(x) \equiv \sqrt[4]{g}\,\psi(x)$ により定義されることを説明した．座標変換の下では $\tilde{\varphi}(x)$ は

$$\delta\tilde{\varphi}(x) = \xi^\mu(x)\partial_\mu\tilde{\varphi}(x) + \frac{1}{2}(\partial_\mu\xi^\mu(x))\tilde{\varphi}(x) \tag{7.94}$$

と変換される．したがって，場の変数を

$$\tilde{\psi}(x) = \sum_n a_n\tilde{\varphi}_n(x), \qquad \bar{\tilde{\psi}}(x) = \sum_n \bar{b}_n\tilde{\varphi}_n{}^\dagger(x)$$
$$\tilde{\varphi}_n(x) \equiv \sqrt[4]{g}\,\varphi_n(x)$$

ただし

$$\begin{aligned} &\not{D}\varphi_n(x) = \lambda_n\varphi_n(x), \qquad \int\sqrt{g}\,\varphi_m{}^\dagger(x)\varphi_n(x)dx = \delta_{mn} \\ &\not{D} \equiv e_a{}^\mu\gamma^a\left(\partial_\mu - \frac{i}{2}\sigma^{ab}A_{\mu ab} - iA_\mu{}^aT^a\right) \end{aligned} \tag{7.95}$$

の形に展開するとき，(7.94)に対するヤコビアン J は

$$\mathcal{D}\bar{\tilde{\psi}}'\mathcal{D}\tilde{\psi}' = \exp\left\{-\sum_n\int\partial_\mu[\xi^\mu(x)\tilde{\varphi}_n{}^\dagger(x)\tilde{\varphi}_n(x)]\,dx\right\}\mathcal{D}\bar{\tilde{\psi}}\mathcal{D}\tilde{\psi} \tag{7.96}$$

となる．無限遠で 0 になる局所化された $\xi^\mu(x)$ に対しては $J=1$ となり，座標変換に対する(見かけ上の)量子異常が出ない変数になっている．すなわち(7.93)のような理論では一般座標変換は量子化した理論でもよい対称性となる．

次に(7.93)を任意の偶数($d=2n$)次元に拡張して考える．γ_{2n+1} を $2n$ 次元での反対称シンボル $\epsilon^{a_1\cdots a_{2n}}$ を使って

$$\gamma_{2n+1} \equiv \frac{(-i)^n}{(2n)!}\epsilon^{a_1a_2\cdots a_{2n}}\gamma_{a_1}\gamma_{a_2}\cdots\gamma_{a_{2n}} \tag{7.97}$$

と定義すれば，$\{\gamma_a, \gamma_{2n+1}\}=0$，$\{\gamma^a, \gamma^b\}=2g^{ab}$ となり 4 次元理論の自然な拡張が得られる．このときカイラル変換

$$\begin{aligned} &\tilde{\psi}(x) \to \exp[i\alpha(x)\gamma_{2n+1}]\tilde{\psi}(x) \\ &\bar{\tilde{\psi}}(x) \to \bar{\tilde{\psi}}(x)\exp[i\alpha(x)\gamma_{2n+1}] \end{aligned} \tag{7.98}$$

に対するヤコビアンは(7.38)の一般化として

$$\ln J = \lim_{\beta\to 0}(-2i)\int \alpha(x)\sqrt{g}\sum_m \varphi_m{}^\dagger(x)\gamma_{2n+1}e^{-\beta \not{D}^2}\varphi_m(x)d^{2n}x$$
$$\equiv \lim_{\beta\to 0}(-2i)\int \alpha(x)\sqrt{g}\ \mathrm{Tr}\langle x|\gamma_{2n+1}e^{-\beta H}|x\rangle d^{2n}x \qquad (7.99)$$

と与えられる．(7.99)では Tr は γ 行列とゲージ自由度に対する跡を意味し，$\beta=1/M^2$ として，

$$H \equiv \not{D}^2 = D^\mu D_\mu - \frac{1}{4}R - \frac{i}{4}[\gamma^\mu, \gamma^\nu]F_{\mu\nu} \qquad (7.100)$$

と定義した．R は(6.22)のスカラー曲率である．付録 D で示すように

$$\lim_{\beta\to 0}\mathrm{Tr}\langle x|\gamma_{2n+1}e^{-\beta H}|x\rangle$$
$$= \lim_{\beta\to 0}\frac{1}{(4\pi\beta)^n}\mathrm{Tr}\,\gamma_{2n+1}\exp\left\{\beta F + \frac{1}{2}\mathrm{tr}\ln\left[\frac{i\frac{\beta}{2}\hat{R}}{\sinh\left(\frac{i\beta}{2}\hat{R}\right)}\right]\right\} \qquad (7.101)$$

と計算される．ただし，行列 $\hat{R}$ などは $\sigma^{ab}=(i/4)[\gamma^a, \gamma^b]$ として

$$(\hat{R})_\mu{}^\nu \equiv \hat{R}_\mu{}^\nu = \sigma^{ab}R_{ab\mu}{}^\nu$$
$$F \equiv \sigma^{ab}F_{ab} \qquad (7.102)$$

で定義され，カイラル $U(1)$ 量子異常(7.46)の任意の次元と任意の重力場とゲージ場に対する一般化を与える．(7.101)では tr は $\hat{R}_\mu{}^\nu$ の足に対する跡を，Tr は γ 行列およびゲージ自由度に対する跡を意味する．

$$\sinh x/x = 1 + x^2/3! + x^4/5! + \cdots$$

に注意すれば，重力場のみに関係したカイラル $U(1)$ 量子異常は $d=4k$ ($k=1,2,\cdots$)次元のみに現われることがわかる(他方，ゲージ場の量子異常は一般に偶数次元に現われる)．例えば 4 次元では，重力場に関係した量子異常は

$$D_\mu(\bar{\psi}\gamma^\mu\gamma_5\psi) = 2im\bar{\psi}\gamma_5\psi - \frac{i}{384\pi^2}\epsilon^{\alpha\beta\lambda\rho}R^{\mu\nu}{}_{\alpha\beta}R_{\mu\nu\lambda\rho} \qquad (7.103)$$

と与えられる．(7.101)で $\exp[\beta F]$ の項は **Chern 指標**(character)，$\hat{R}$ を含む行列式の部分は **Dirac 示性数**(genus)と呼ばれ，Atiyah-Singer の指数定理(7.50)の一般化になっている．

重力的量子異常(gravitational anomaly)

(7.93)でフェルミオンをパリティを破る Weyl 型

$$S = \int \sqrt{g}\,\bar{\psi}\,i\mathcal{D}\left(\frac{1-\gamma_5}{2}\right)\psi dx \tag{7.104}$$

の場にとったときには，一般座標変換あるいは局所 Lorentz 変換そのものにも量子異常が現われうることが知られている．ここでは記法を簡単にするため γ_5 と書くが，一般の次元では γ_5 を γ_{2n+1} (7.97)に置き換えるものとする．この量子異常が現われる基本的メカニズムを簡単に説明したい．まず Euclid 化した理論での基本的な演算子は $\mathscr{D}\equiv\mathcal{D}(1-\gamma_5)/2$ であるが，これは $\mathscr{D}^\dagger=\mathcal{D}(1+\gamma_5)/2\neq\mathscr{D}$ となり Hermite 的でないので，(7.74)の共変的量子異常の考え方に従って計算することにすると，(7.104)の ψ と $\bar{\psi}$ はそれぞれ

$$\begin{aligned}\tilde{\psi}(x) &\equiv \sqrt[4]{g}\,\psi(x) = \sum a_n\tilde{\varphi}_n(x) = \sum a_n \sqrt[4]{g}\,\varphi_n(x)\\ \tilde{\bar{\psi}}(x) &\equiv \sqrt[4]{g}\,\bar{\psi}(x) = \sum \bar{b}_n\tilde{\phi}_n{}^\dagger(x) = \sum \bar{b}_n \sqrt[4]{g}\,\phi_n{}^\dagger(x)\end{aligned} \tag{7.105}$$

と展開される．ただし，φ_n と ϕ_n は $\mathscr{D}^\dagger\mathscr{D}$ 及び $\mathscr{D}\mathscr{D}^\dagger$ の固有関数であるが，これらは $\mathcal{D}$ の固有関数 $\psi_n(x)$ を使って

$$\mathcal{D}\psi_n(x) = \lambda_n\psi_n(x), \qquad \int\sqrt{g}\,\psi_n{}^\dagger(x)\psi_m(x)dx = \delta_{nm}$$

$$\begin{aligned}\varphi_n(x) &= \frac{1}{\sqrt{2}}(1-\gamma_5)\psi_n(x) \qquad (\lambda_n>0)\\ &= \frac{1}{2}(1-\gamma_5)\psi_n(x) \qquad (\lambda_n=0)\\ \phi_n(x) &= \frac{1}{\sqrt{2}}(1+\gamma_5)\psi_n(x) \qquad (\lambda_n>0)\\ &= \frac{1}{2}(1+\gamma_5)\psi_n(x) \qquad (\lambda_n=0)\end{aligned} \tag{7.106}$$

と書くことができる．このとき，(7.104)は $S=\sum i\lambda_n\bar{b}_n a_n$ (ただし $\lambda_n>0$)と形式的に対角化される．(7.105)を使うと，局所 Lorentz 変換

$$\tilde{\psi}' = \exp\left[\frac{i}{2}\lambda_{mn}(x)\sigma^{mn}\right]\tilde{\psi}(x), \qquad \bar{\tilde{\psi}}' = \bar{\tilde{\psi}}(x)\exp\left[-\frac{i}{2}\lambda_{mn}(x)\sigma^{mn}\right] \tag{7.107}$$

に対するヤコビアンは $\ln J(\lambda) = \int \lambda_{ab}(x)\sqrt{g}A^{ab}(x)dx$ と書くことにすると

$$A^{ab}(x) = \lim_{\beta\to 0}\sum_n \frac{i}{2}\psi_n{}^\dagger(x)\gamma_5\sigma^{ab}e^{-\beta\lambda_n{}^2}\psi_n(x) = \lim_{\beta\to 0}\mathrm{tr}\langle x|\left[\frac{i}{2}\gamma_5\sigma^{ab}e^{-\beta \not{D}^2}\right]|x\rangle \tag{7.108}$$

と与えられ，一般座標変換(7.94)に対するヤコビアンは同様に

$$\ln J(\xi) = \lim_{\beta\to 0}\mathrm{Tr}\left[\sqrt{g}\gamma_5(\xi^\mu D_\mu + D_\mu\xi^\mu)e^{-\beta\not{D}^2}\right] \tag{7.109}$$

と書くことができる；ただし，D_μ はスピン接続を含み，(7.108)の結果を一部取り込んだ形に書いてある．(7.108)と(7.109)の特徴は(7.106)の選び方に起因していずれも γ_5 に比例することである．$\ln J(\xi) \equiv \int \sqrt{g}\xi^\mu A^{\mathrm{cov}}{}_\mu(x)dx$ と書くと(6.36)は

$$D_\mu\langle T_\nu{}^\mu(x)\rangle = A^{\mathrm{cov}}{}_\nu(x) \tag{7.110}$$

と書かれ，$T^{\mu\nu}(x)$ の反対称部分(6.34)は(7.108)の $A^{\mu\nu}(x)$ に等しくなる．詳細は省略するが適当な相殺項で $A^{\mu\nu}=0$ とできることが知られており，そのとき $A^{\mathrm{cov}}{}_\mu(x) \neq 0$ なら 6-1 節で説明したように Einstein 方程式は矛盾することになる．

具体的には，(7.110)の $A^{\mathrm{cov}}{}_\nu(x)$ は(7.101)の量子異常の一般表式で

$$R_{ab}{}^{\mu\nu} \to R^{\mu\nu}{}_{ab} + D^\mu\xi^\nu{}_{ab} - D^\nu\xi^\mu{}_{ab} \tag{7.111}$$

という置き換えをして，$\xi^\mu{}_{ab}(x)$ に関して 1 次の項を拾うことにより得られることが知られている(L. Alvarez-Gaumé, E. Witten)．$d=2n$ 次元の式(7.101)から $d=2n-2$ 次元での(7.110)が求められるわけである．例えば，$d=4$ 次元での重力的量子異常は $d=6$ 次元の(7.101)と関係するが，$d=6$ では重力場のみの異常はないので重力場とゲージ場の両方を含むいわゆる混合量子異常(7.101)で(7.111)の置き換えをすることになる．GWS 理論では(7.84)の

性質により，(7.101)をカイラルゲージ場に一般化したものから求められる $d=6$ での重力場と $SU(2)$ および $U(1)$ ゲージ場を含む混合異常が全て 0 となることが示され，したがって $d=4$ での重力的量子異常が現れない「安全」なよい理論となっている．

Weyl 対称性の量子的破れ(Weyl or conformal anomaly)

Weyl 対称性と関係した量子異常もよく知られており，これは Callan-Symanzik 方程式と関係し，弦理論の第 1 量子化とかブラックホールの Hawking 輻射に応用がある．具体的には，(7.93)で $m=0$ とした作用は Weyl 変換(6.21)の下で不変であることは既に説明した．この変換に関係した量子異常を計算するには(6.21)から得られる重み 1/2 の変数 $\tilde{\psi}(x)=\sqrt[4]{g}\,\psi(x)$ の変換

$$\begin{aligned}\tilde{\psi}(x)\to\tilde{\psi}'(x)&=\exp\left[-\frac{1}{2}\alpha(x)\right]\tilde{\psi}(x)\\ \bar{\tilde{\psi}}(x)\to\bar{\tilde{\psi}}'(x)&=\bar{\tilde{\psi}}(x)\exp\left[-\frac{1}{2}\alpha(x)\right]\end{aligned}\tag{7.112}$$

に対するヤコビアン $J(\alpha)$ を計算すればよい．$J(\alpha)$ は(7.95)を使って

$$\begin{aligned}\ln J(\alpha)&=\lim_{\beta\to0}\int dx\alpha(x)\sqrt{g}\,\sum_n\varphi_n{}^\dagger(x)e^{-\beta\lambda_n{}^2}\varphi_n(x)\\ &\equiv\lim_{\beta\to0}\int dx\alpha(x)\sqrt{g}\,\mathrm{tr}\langle x|e^{-\beta \not{D}^2}|x\rangle\end{aligned}\tag{7.113}$$

と書かれ，具体的には熱核(heat kernel)の方法を使って(4 次元時空間では)

$$\begin{aligned}\lim_{\beta\to0}\mathrm{tr}\langle x|e^{-\beta\not{D}^2}|x\rangle=\frac{1}{(4\pi)^2}\biggl[&\frac{1}{30}D_\mu D^\mu R+\frac{1}{70}R^2-\frac{1}{45}R_{\mu\nu}R^{\mu\nu}\\ &-\frac{7}{360}R^{\mu\nu\alpha\beta}R_{\mu\nu\alpha\beta}+\frac{1}{3}F_{\mu\nu}^aF^{a\mu\nu}\biggr]\end{aligned}\tag{7.114}$$

と計算されている．物質場のみを量子化したときの WT 恒等式(6.37)は，Dirac 場に対する $T_{\mu\nu}$ を使うと質量項による対称性の破れも含め

$$\langle T_\mu{}^\mu(x)\rangle = m\langle\bar{\psi}\psi(x)\rangle + \lim_{\beta\to 0}\mathrm{tr}\langle x|e^{-\beta D\!\!\!/^2}|x\rangle \tag{7.115}$$

と書かれる．平坦な空間では $R_{\mu\nu\alpha\beta}=0$ となり，(7.114)で最後の項のみが残る．

ここで重要なことは，(7.112)で $\psi(x)$ の正準的次元と関係した(6.21)の 3/2 でなく $\tilde{\psi}(x)$ に対する $-1/2$ という重みが正しい量子異常の係数を与えることである．同様に，例えば，Maxwell の電磁場も重力場の中で量子化すると Weyl 量子異常を出すが，このときも $A_\mu(x)\to A_\mu(x)$ から導かれる

$$\tilde{A}_a(x) \equiv {}^4\!\sqrt{g}\, e_a{}^\mu(x) A_\mu(x) \to e^{-\alpha(x)}\tilde{A}_a(x) \tag{7.116}$$

という変換に伴うヤコビアンが正しい係数を与える(付録 C 参照)．これらの事実は，$\mathcal{D}\tilde{\bar{\psi}}\mathcal{D}\tilde{\psi}$ および $\mathcal{D}\tilde{A}_a$ が座標変換に関して不変な測度を定義し((6.46)参照)，Weyl 異常は座標変換に関する不変性(あるいはエネルギー運動量テンソルで言えば保存する $T_{\mu\nu}$)を要請して初めて明確に定義されることによっている．

Weyl 量子異常の応用例として弦理論と関係した

$$S = \frac{1}{2\pi}\int\left[\partial_z\left(\frac{\tilde{X}^a}{\sqrt{\rho}}\right)\partial_{\bar{z}}\left(\frac{\tilde{X}^a}{\sqrt{\rho}}\right) + \tilde{b}_{zz}\sqrt{\rho}\,\partial_{\bar{z}}\left(\frac{1}{\rho}\tilde{c}^z\right) + \mathrm{h.c.}\right]d^2x \tag{7.117}$$

の計算を説明したい((6.67)参照)．(7.117)に現われる演算子は一般に Hermite 的でないので，共形量子異常(7.73)の計算法に従い，各変数に関係した Hermite 的演算子を

$$\begin{aligned}
&\tilde{X}^a; \quad \left(-\frac{1}{\sqrt{\rho}}\partial_z\partial_{\bar{z}}\frac{1}{\sqrt{\rho}}\right)\varphi_n = \lambda_n{}^2\varphi_n \\
&\tilde{c}^z; \quad \left(\sqrt{\rho}\,\partial_{\bar{z}}\frac{1}{\rho}\right)^\dagger\left(\sqrt{\rho}\,\partial_{\bar{z}}\frac{1}{\rho}\right)\phi_n = \left(-\frac{1}{\rho}\partial_z\rho\partial_{\bar{z}}\frac{1}{\rho}\right)\phi_n = \lambda_n{}^2\phi_n \\
&\tilde{b}_{zz}; \quad \left(\sqrt{\rho}\,\partial_{\bar{z}}\frac{1}{\rho}\right)\left(\sqrt{\rho}\,\partial_{\bar{z}}\frac{1}{\rho}\right)^\dagger\psi_n = (-\sqrt{\rho}\,\partial_{\bar{z}}\rho^{-2}\partial_z\sqrt{\rho}\,)\psi_n = \lambda_n{}^2\psi_n
\end{aligned} \tag{7.118}$$

と定義する．これらの演算子はすべて

$$H \equiv -\rho^{-(n+1)/2}\partial_z\rho^n\partial_{\bar{z}}\rho^{-(n+1)/2} \tag{7.119}$$

で $n=0, 1, -2$ としたもので与えられる．したがって，各変数のスケール

(Weyl)変換に伴うヤコビアンの計算は一般に

$$\lim_{M\to\infty}\sum_n \varphi_n{}^{\dagger}(x)e^{-H/M^2}\varphi_n(x) = \lim_{M\to\infty}\int\frac{d^2k}{(2\pi)^2}e^{-i(kz+\bar{k}\bar{z})}e^{-H/M^2}e^{i(kz+\bar{k}\bar{z})}$$
$$= \lim_{M\to\infty}M^2\int\frac{d^2k}{(2\pi)^2}e^{-H\left(ik+\frac{1}{M}\partial_z,\, i\bar{k}+\frac{1}{M}\partial_{\bar{z}},\,\rho\right)}$$
$$= \left(\frac{1}{2\pi}\right)\left[\left(\frac{3n+1}{6}\right)\left(-\partial_{\bar{z}}\partial_z \ln\rho\right)+M^2\rho\right] \quad (7.120)$$

に帰着する．ただし，2 行目で $[\partial_z, e^{ikx}]=ike^{ikx}$ を使い，$k\to Mk$ と置き換え $1/M$ に関する(Dyson 展開と類似の)ベキ展開を行なった．(7.120)の $M^2\rho$ の項は局所相殺項で相殺できる．この結果と，(7.117)で ρ を取り去るような各変数のスケール変換(6.68)および c^z と b_{zz} は Grassmann 数であることを考慮すると，X^a, c^z, b_{zz} の順に書いて($-\partial_{\bar{z}}\partial_z \ln\rho$ の係数を考えて)，

$$\frac{1}{2\pi}\left[\frac{1}{6}\times\frac{1}{2}\times d-\frac{4}{6}\times1\times2-\frac{(-5)}{6}\times\left(-\frac{1}{2}\right)\times2\right]=\frac{d-26}{24\pi} \quad (7.121)$$

と(6.69)の Liouville 作用の係数が求められる．

(7.117)に関係したもう 1 つ興味ある量子異常は

$$\tilde{c}^z\to e^{\alpha(x)}\tilde{c}^z, \qquad \tilde{b}_{zz}\to e^{-\alpha(x)}\tilde{b}_{zz} \quad (7.122)$$

というゴースト数の変換と(7.120)を組み合わせた

$$\left(\frac{1}{2\pi}\right)\partial_{\bar{z}}\langle b_{zz}c^z\rangle = -\frac{3}{4\pi}\partial_{\bar{z}}\partial_z\ln\rho = \frac{3}{8\pi}\sqrt{g}\,R \quad (7.123)$$

という**ゴースト数の量子異常**がある．ここで R は 2 次元面のスカラー曲率であり，(7.123)は Riemann 面に関する **Riemann-Roch の定理**の局所化版になっていることが知られている．

なお，弦理論の作用 $S=\frac{1}{2}\int\sqrt{g}\,g^{\alpha\beta}\partial_\alpha X^a\partial_\beta X^a d^2x$ で，X^a を固定して(6.29)に従ってエネルギー運動量テンソル $T_{\mu\nu}(x)$ を求めると

$$\langle T_{\mu\nu}(x)\rangle = \langle\partial_\mu X^a\partial_\nu X^a-\frac{1}{2}g_{\mu\nu}\partial^\alpha X^a\partial_\alpha X^a\rangle \quad (7.124)$$

が得られ，他方重みつき変数 $\tilde{X}^a\equiv{}^4\!\sqrt{g}\,X^a$ を固定して計算すると

$$\langle \tilde{T}_{\mu\nu}(x)\rangle = \langle T_{\mu\nu}(x)\rangle - \frac{1}{2} g_{\mu\nu}\langle X^a D^\alpha \partial_\alpha X^a\rangle \qquad (7.125)$$

が得られる．(7.124)では右辺第1項を指定すると自動的に第2項が決まり，$d=2$ で計算する限り $T_{\mu\nu}$ の跡は $\langle T_\mu{}^\mu(x)\rangle \equiv 0$ となる．これは測度 $\mathcal{D}X^a$ が Weyl 不変であることと関係している．他方(7.125)の右辺第2項は現在の量子異常の計算方法では，$\tilde{T}_\mu{}^\mu$ に対応する Weyl 変換のヤコビアンから(7.120)で $n=0$ とした

$$\langle \tilde{T}_{\mu\nu}(x)\rangle = \langle T_{\mu\nu}(x)\rangle + \frac{1}{2} g_{\mu\nu}\left(\frac{d}{24\pi}\right) R \qquad (7.126)$$

の第2項を与えることが示される．また，$\mathcal{D}\tilde{X}^a$ は座標変換不変((7.96)参照)なので座標変換には異常項が生ぜず

$$D^\mu \langle \tilde{T}_{\mu\nu}(x)\rangle = 0 \qquad (7.127)$$

となり，保存する．したがって(7.126)から $\langle T_{\mu\nu}(x)\rangle$ は

$$D^\mu \langle T_{\mu\nu}(x)\rangle = -\frac{1}{2}\frac{d}{24\pi}\partial_\nu R \qquad (7.128)$$

を与え保存しない．2次元の**共形場の理論**では Weyl 不変性を優先させるため $\langle T_{\mu\nu}(x)\rangle$ が使われ，(7.128)の異常項が座標変換に関係した Virasoro 代数の中心拡大を与える．

7-5 アノマリーを含むゲージ理論と量子論

ゲージ変換に量子異常が出る場合には，c 数のレベルで予想される場の理論と量子化された場の理論は一般に異なる物理的内容を持つ．このため GWS 理論では，量子異常が出ないようレプトンとクォークを2重項として組み合わせた標準模型(5.62)が採用されている．ここでは，ゲージ対称性に異常が出る場合には，量子化されたゲージ理論の内容が通常の場合と比して具体的にどのように変更されるのかという問題を議論したい．

具体的な模型としては，左手系のフェルミオンに $SU(n)$ $(n\geq 3)$ ゲージ場が

結合した

$$\mathcal{L} = \bar{\psi} i \gamma^{\mu}(\partial_{\mu} - igA_{\mu}{}^{a} T^{a})\left(\frac{1-\gamma_5}{2}\right)\psi + \bar{\psi} i \gamma^{\mu} \partial_{\mu}\left(\frac{1+\gamma_5}{2}\right)\psi - \frac{1}{4} F_{\mu\nu}{}^{a} F^{a\mu\nu} \tag{7.129}$$

を採用する．$T^a=1$ とおけば $U(1)$ ゲージ場理論も(7.129)に含まれる．

正準量子論との比較が容易な(Weyl ゲージと呼ばれる)

$$A_0{}^a(x) = 0 \tag{7.130}$$

というゲージ条件を採用すると，Faddeev-Popov の行列式は定数となり量子論は(3.47)にならって

$$Z(J, \eta, \bar{\eta}) = \int \mathcal{D}\bar{\psi} \mathcal{D}\psi \mathcal{D}A_k{}^a \exp\left\{i \int [\mathcal{L} + A_k{}^a J_{ka} + \bar{\eta}\psi + \bar{\psi}\eta] d^4x\right\} \tag{7.131}$$

で定義される*．以下では表式を簡単にするため源を省略して書くことにする．(7.5)に従って WT 恒等式を導くため(7.131)で次の変数変換を考える．

$$\begin{aligned} \psi_{\mathrm{L}} &\to \psi_{\mathrm{L}}'(x) = \exp[i\omega^a(\boldsymbol{x}, t) T^a] \psi_{\mathrm{L}}(x) \\ \psi_{\mathrm{R}} &\to \psi_{\mathrm{R}}'(x) = \psi_{\mathrm{R}}(x) \\ A_k{}^a &\to A_k{}^{a\prime}(x) = A_k{}^a(x) + \partial_k \omega^a(\boldsymbol{x}, t) + g f^{abc} A_k{}^b \omega^c(\boldsymbol{x}, t) \end{aligned} \tag{7.132}$$

時間に依存する $\omega^a(\boldsymbol{x}, t)$ の下では，$A_0{}^a=0$ とした(7.129)の $\mathcal{L}$ は不変ではなく

$$\mathcal{L}'(A_0{}^a=0) = \mathcal{L}(A_0{}^a=0) + \partial_0 \omega^a(\boldsymbol{x}, t) G^a(\boldsymbol{x}, t) \tag{7.133}$$

と変化する．積分変数の変換(7.132)から現われる(全てのゲージ頂点を対等に扱った)ヤコビアン(7.72)と組み合わせると，$A_\mu = A_\mu{}^a T^a$ として

$$\begin{aligned} \partial_0 G^a(\boldsymbol{x}, t) &= g\left(\frac{g^2}{24\pi^2}\right) \mathrm{tr}\ T^a \epsilon^{\mu\nu\alpha\beta} \partial_\mu \left(A_\nu \partial_\alpha A_\beta - \frac{i}{2} g A_\nu A_\alpha A_\beta\right) \\ &\equiv g H^a(A) \end{aligned} \tag{7.134}$$

という恒等式が成立する．ただし，(7.72)を Minkowski 計量に戻したものを用いた．(7.133)に現われる $G^a(\boldsymbol{x}, t)$ はゲージ変換(7.132)を生成する **Gauss**

---

* (7.130)のゲージ条件を課しても，時間に依存しないゲージ変換の自由度が残るが，(7.131)は形式的に定義される．

の**演算子**であり

$$G^a(\boldsymbol{x},t) \equiv D_k F^{a0k} - g\bar{\psi}\gamma^0 T^a[(1-\gamma_5)/2]\psi \tag{7.135}$$

と定義される．(7.134)は演算子の言葉で言えば，H をハミルトニアンとして

$$i[H, G^a(\boldsymbol{x},t)] = gH^a(A_k) \tag{7.136}$$

を意味し，ハミルトニアンはゲージ不変ではなくなる．

通常の量子異常を含まない量子論では，物理的状態 Ψ は Schrödinger 汎関数表示で Gauss 演算子を用いて

$$\hat{G}^a\Psi(\psi, A_k) = 0 \tag{7.137}$$

のように指定され((3.40)′参照)，ゲージ場 $A_k{}^a(x)$ の縦波は非物理的自由度となる．他方，現在の理論では(7.136)のため Ψ の時間発展と(7.137)は両立せず，Gauss 則を強制できなくなる．このため，もし量子異常を含む理論が矛盾なく量子化されたとすれば，縦波の自由度が生き残り理論の自由度が 1 つ増えることになるが現在のところ矛盾のない量子化の処方箋は知られていない．なお，Lorentz 共変なゲージで(7.129)を量子化すれば局所的な Grassmann 数 $\lambda(x)$ を含む BRST 変換を考えることにより，$j^\mu(x)_{\mathrm{BRST}}$ を BRST カレントとして(7.134)に代って

$$\partial_\mu j^\mu(x)_{\mathrm{BRST}} = gc^a(x)H^a(A) \tag{7.138}$$

のように Faddeev-Popov ゴースト c^a を含む式が得られる．したがって，BRST 演算子 Q が時間依存性を持つことになり，3-7 節で議論した BRST コホモロジーは意味を失う．

7-6 対称性の量子的破れのいくつかの一般的特徴

量子異常は場の理論の正則化に関係しているとよく言われるが，最終的な結果は有限であり正則化にはよらない．したがって，単なる発散あるいは発散の有限部分といったものとは異なる．以下では量子異常を出す対称性あるいはメカニズムに特徴的な 2, 3 の性質を議論したい．この種の考察が進めば，単に計算して初めて異常が見つかるといったレベルよりもう少し深い理解が期待される．

(i) 条件収束と量子異常

ある種の量子異常は通常の収束と発散の境界，すなわち条件収束に関係している．例えば，γ_5 量子異常は

$$\gamma_5 = \begin{pmatrix} 1 & & & 0 \\ & 1 & & \\ & & -1 & \\ 0 & & & -1 \end{pmatrix}$$

と γ_5 の表示をとるとわかるように，(7.38)の左辺は無限次元の1体の Hilbert 空間上での γ_5 の跡，すなわち

$$1+1-1-1+1+1-1-1+1+1\cdots \tag{7.139}$$

という級数の計算に対応する．この級数は条件収束(あるいは振動列)なので足し上げ方により答が任意に変わるが，(7.50)で足し上げ方を指定しているのが完全系 $\{\varphi_n(x)\}$ であり，それを(7.27)で指定するゲージ不変性である．この議論からわかるように，無限大の自由度(すなわち(7.139)の無限級数)の存在が量子異常の存在に基本的である．

(ii) “不確定性関係”と量子異常

(7.44)の量子異常は γ_5 対称性とゲージ対称性が両立しないために現われ，(7.114)は Weyl 対称性とゲージ対称性が両立しないため現われると考えることができる．この性質は不確定性関係を想起させるものであるが，事実類似の特徴づけが可能である．(7.44)の定式化には，γ_5 と(7.27)で $\{\varphi_n\}$ を指定する $\not{D}$ が基本的であるが，これら2つの演算子は交換しない．

$$i[\gamma_5, \not{D}] = 2i\gamma_5\not{D} \neq 0 \tag{7.140}$$

この右辺を場の理論の意味で期待値をとったもの

$$\begin{aligned}\langle\bar{\psi}(x)2i\gamma_5\not{D}\psi(x)\rangle &= \sum_n 2\frac{\varphi_n{}^\dagger(x)\gamma_5\not{D}\varphi_n(x)}{\lambda_n+im} \\ &= \sum_n 2\varphi_n{}^\dagger(x)\gamma_5\varphi_n(x) - \sum_n 2im\frac{\varphi_n{}^\dagger(x)\gamma_5\varphi_n(x)}{\lambda_n+im} \\ &= \frac{g^2}{32\pi^2}\epsilon^{\mu\nu\alpha\beta}F^a_{\mu\nu}F^a_{\alpha\beta} + 2m\langle\bar{\psi}(x)\gamma_5\psi(x)\rangle \end{aligned} \tag{7.141}$$

が(λ_n に関する正則化ののち)(7.49)における量子異常と質量による γ_5 対称性の直接的な破れの両方を与える．(7.27)で $\not{D}$ と γ_5 が同時に対角化できないことが異常項の出現に関係している．ただし Green 関数の $\{\varphi_n\}$ を使った表式

$$\langle \mathrm{T}^* \psi_\alpha(x)\bar{\psi}_\beta(y)\rangle = \left(\frac{-1}{i\not{D}_x - m}\right)_{\alpha\beta}\delta(x-y) = -\sum_n \frac{\varphi_n(x)_\alpha \varphi_n{}^\dagger(y)_\beta}{i\lambda_n - m} \quad (7.142)$$

の $y \to x$ の極限を(7.141)で使った．

(7.114)の Weyl 量子異常に対しても同様な特徴づけが可能なことが知られている．

(iii) 量子異常と異常交換関係

量子異常が現われる場合には，正準的な扱いでは異常な交換関係が現われる．これは量子異常を経路積分でヤコビアンと同定するのと同じレベルの性質であり，量子異常の1つの定義を与えるものとも考えられる．最も簡単な例は，(7.15)から導かれる関係式

$$\partial_\mu{}^x \langle \mathrm{T}^* \bar{\psi}(x)\gamma^\mu\gamma_5\psi(x)F_{01}(y)\rangle = 2im\langle \mathrm{T}^* \bar{\psi}(x)\gamma_5\psi(x)F_{01}(y)\rangle + \frac{e^2}{16\pi^2}\langle \mathrm{T}^* \epsilon^{\mu\nu\alpha\beta}F_{\mu\nu}(x)F_{\alpha\beta}(x)F_{01}(y)\rangle \quad (7.143)$$

に付録 B の BJL 処方を適用すると

$$\delta(x^0-y^0)[\bar{\psi}(x)\gamma^0\gamma_5\psi(x), F_{01}(y)] = \left(\frac{ie^2}{2\pi^2}\right)\delta^4(x-y)F_{23}(y) \quad (7.144)$$

が得られる．ここで $F_{\mu\nu}=\partial_\mu A_\nu - \partial_\nu A_\mu$ である．(7.144)は電磁場 $A_1(y)$ に正準共役な運動量 $F_{01}(y)$ がフェルミオンから作った $\bar{\psi}(x)\gamma^0\gamma_5\psi(x)$ と同時刻で交換しないことを示す．正準量子化においては対称性は演算子の間の交換関係で定義されるので，量子化の過程で対称性が損なわれると交換関係に異常が現われることになる．事実，知られている量子異常は全て異常交換関係に導くことが知られている．(7.136)もその1例である．

7-7 カイラル(γ_5)量子異常の非くり込み定理

量子異常を含む関係式は高次の量子効果によって変更されるのであろうか？この問題は，経路積分で異常項を導く操作が高次の効果により影響されるのかどうかといった問題とか複合演算子のくり込みといった観点からも興味がある．この問題は技術的に非常にこみ入った問題であるが，その概要を量子電磁力学(7.1)に基づいて説明したい．理論の正則化としては量子異常を導く操作と整合性のよい**高階微分正則化**を用いる．具体的には(7.1)を **Euclid 化**した理論で

$$\mathcal{L} = \bar{\psi}\, i\gamma^{\mu}(\partial_{\mu}-iA_{\mu})\psi - m_0\bar{\psi}\psi - \frac{1}{4{e_0}^2}F_{\mu\nu}F^{\mu\nu} + \frac{1}{2{e_0}^2M^2}(\partial_{\alpha}F_{\mu\nu})^2$$
$$-\frac{1}{4{e_0}^2M^4}(\partial_{\alpha}\partial_{\beta}F_{\mu\nu})^2 + iB\,\partial^{\mu}A_{\mu} - \partial^{\mu}\bar{c}\,\partial_{\mu}c - \frac{c_2(M)}{4}(F_{\mu\nu})^2 \quad (7.145)$$

と定義する．Landau ゲージを採用し $e_0A_{\mu}\to A_{\mu}$ のように結合定数を A_{μ} に含ませた．このとき光子の相互作用表示での伝搬関数は

$$\int dx e^{ikx}\langle \mathrm{T}^* A_{\mu}(x)A_{\nu}(0)\rangle = {e_0}^2\frac{g_{\mu\nu}-k_{\mu}k_{\nu}/k^2}{k^2(1-k^2/M^2)^2} \quad (7.146)$$

と与えられ，フェルミオンとかゴースト場の伝搬関数は通常の形をとる．(7.146)を使った発散の次数の勘定から，ループが1つの光子の分極テンソル(図2-4(a))のみが発散することがわかる．このテンソルをゲージ不変に計算すると対数発散が現われるが，これを(7.145)の最後の $c_2(M)$ 項で取り除く．具体的には，ループが1つのテンソルを

$$\Pi^{\mu\nu}(q) = \frac{1}{2\pi^2}(q^{\mu}q^{\nu}-g^{\mu\nu}q^2)\int_0^1 dzz(1-z)\ln\left[\frac{M^2}{m^2-q^2z(1-z)}\right] \quad (7.147)$$

と定義することに対応する(図7-4(a)参照)．このようにして，(7.145)は有限な M に対しては有限な理論を定義する．

経路積分法では $\psi\to\exp[i\alpha(x)\gamma_5]\psi$ の変換から演算子の言葉で言って

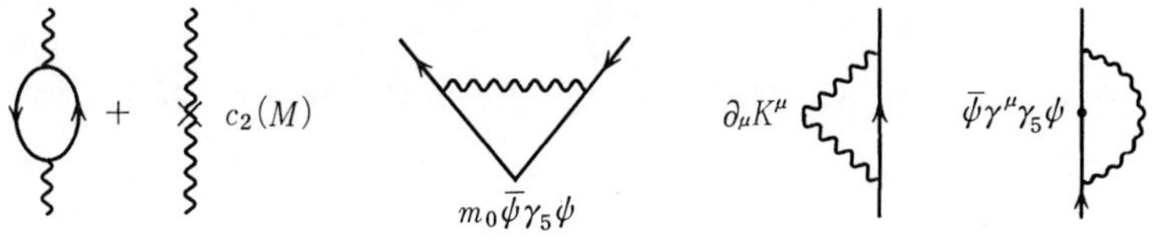

図 7-4

$$\partial_\mu[\bar{\psi}(x)\gamma^\mu\gamma_5\psi(x)] = 2im_0\bar{\psi}(x)\gamma_5\psi(x) + \frac{i}{16\pi^2}\epsilon^{\mu\nu\alpha\beta}F_{\mu\nu}(x)F_{\alpha\beta}(x) \quad (7.148)$$

および $\psi\to\exp[-\alpha(x)/2]\psi$ の変換から(定数項は無視して)

$$\frac{1}{2}\bar{\psi}(x)i\overleftrightarrow{\not{D}}\psi(x) = m_0\bar{\psi}(x)\psi(x) + \frac{1}{24\pi^2}F_{\mu\nu}(x)F^{\mu\nu}(x) \quad (7.149)$$

が導かれる((7.15)および(7.114)参照). (7.148)および(7.149)は，フェルミオンのループが1つの最低次の Feynman 図でゲージ不変性を課すことによっても得られる((7.10)参照). 光子の伝搬関数(7.146)の関与する高次の Feynman 図はゲージ不変性と組み合わせると全て有限になり，(7.148)と(7.149)で異常項のない関係式を満たし，これらの形を変えない. このようにして，(7.148), (7.149)が有限な M に対しては高次の効果も含めた裸のレベルでの関係式(bare identities)として成立することが確かめられる.

(i) カイラル量子異常のくり込み

(7.148)において $2m_0\bar{\psi}\gamma_5\psi$ の項は高次の効果を含めても有限である

$$2m_0\bar{\psi}(x)\gamma_5\psi(x) = 2Z_m m_r\bar{\psi}_r(x)\gamma_5\psi_r(x) \equiv 2m_r N[\bar{\psi}_r\gamma_5\psi_r](x) \quad (7.150)$$

これは(7.145)で，次元が3でゲージ不変な擬スカラー量は $m_0\bar{\psi}\gamma_5\psi$ 以外に存在しないことからも予想されるが，例えば直接図 7-4(b)の計算からも確かめられる. すなわち図 7-4(b)の $M\to\infty$ での発散は，(7.145)でのフェルミオンの質量項の発散と同じになり質量のくり込み定数 Z_m で取り除かれ有限になる. これを $N[\bar{\psi}_r\gamma_5\psi_r](x)$ と表記する.

次に(7.148)に現われる異常項を

$$\frac{i}{16\pi^2}\epsilon^{\mu\nu\alpha\beta}F_{\mu\nu}F_{\alpha\beta} = \partial_\mu\left[\frac{i}{4\pi^2}\epsilon^{\mu\nu\alpha\beta}A_\nu\partial_\alpha A_\beta\right] \equiv \partial_\mu K^\mu(x) \qquad (7.151)$$

と定義すると，図7-4(c)は対数発散することがわかり，発散部分は$\partial_\mu[\bar{\psi}\gamma^\mu\gamma_5\psi]$に比例する．$\partial_\mu K^\mu$の微分のため，$\bar{\psi}\gamma_5\psi$に比例した発散は現われない．他方，$\bar{\psi}\gamma^\mu\gamma_5\psi$はゲージ不変で次元が3の唯一の軸性ベクトル量なので，$\bar{\psi}\gamma^\mu\gamma_5\psi$をGreen関数に挿入したときに$M\to\infty$で現われる発散は自分自身に比例する．[三角形を含まない図(例えば図7-4(d))からの発散は$\bar{\psi}\gamma^\mu\gamma_5\psi = Z_2\bar{\psi}_r\gamma^\mu\gamma_5\psi_r$の$Z_2$で相殺される.]　すなわち，$Z$を$M\to\infty$で発散するパラメタとして

$$\bar{\psi}(x)\gamma^\mu\gamma_5\psi(x) \equiv (1+Z)N[\bar{\psi}_r\gamma^\mu\gamma_5\psi_r](x) \qquad (7.152)$$

ここで$N[\bar{\psi}_r\gamma^\mu\gamma_5\psi_r](x)$は任意のGreen関数に挿入したとき有限量を与える演算子である．この議論を高次の図に一般化して

$$\partial_\mu K^\mu(x) - Z'\partial_\mu N[\bar{\psi}_r\gamma^\mu\gamma_5\psi_r](x) \equiv N[\partial_\mu K^\mu](x) \qquad (7.153)$$

が結論される．すなわち，異常項をGreen関数に挿入したときに$M\to\infty$で誘起される発散は，摂動の各次数で軸性カレントに適当な係数を掛けた(7.153)の左辺第2項により取り除かれる．(7.150)～(7.153)から(7.148)は

$$(1+Z)\partial_\mu N[\bar{\psi}_r\gamma^\mu\gamma_5\psi_r](x) = 2im_r N[\bar{\psi}_r\gamma_5\psi_r](x) + N[\partial_\mu K^\mu](x) + Z'\partial_\mu N[\bar{\psi}_r\gamma^\mu\gamma_5\psi_r](x) \qquad (7.154)$$

すなわち，発散するパラメタは$Z=Z'$となることがわかり，

$$\partial_\mu N[\bar{\psi}_r\gamma^\mu\gamma_5\psi_r](x) = 2im_r N[\bar{\psi}_r\gamma_5\psi_r](x) + N[\partial_\mu K^\mu](x) \qquad (7.155)$$

が結論される．特徴的なことは，(7.155)で局所的演算子として異常項の係数はくり込みの効果を受けないことである(**Adler-Bardeen 定理**)．

上記の議論は電磁相互作用に基づく異常項に電磁相互作用の高次補正がないことを示すが，現実に，例えば$\pi^0\to\gamma\gamma$の分析をQCDに基づいて議論するときには，電磁相互作用に関しては最低次の$O(e^2)$で成り立つ量子異常の関係式がQCDの量子補正を受けないことを示す必要がある．上記の演算子の混合に基づく形式的な議論はこの場合にも適用できるが，それをQCDの摂動計算の高次に対してチェックするのは，赤外発散の扱いも含めて技術的に非常に複雑になる．

(ii) Weyl 量子異常とそのくり込み

まずエネルギー運動量テンソル $T_{\mu\nu}$ の跡 T_μ^μ の定義から始める．弱い重力場の中で定義した理論(7.145)に対して(6.29)の経路積分に基づく $T_{\mu\nu}(x)$ の計算において(6.44)の正しい測度を用いると

$$T_\mu{}^\mu(x) = \frac{1}{2}\bar{\tilde{\psi}} i \overleftrightarrow{\not{D}}\psi + \frac{1}{e_0{}^2M^2}(\partial_\alpha F_{\mu\nu})^2 - \frac{1}{e_0{}^2M^4}(\partial_\alpha\partial_\beta F_{\mu\nu})^2 \\ +2\partial^\mu(iBA_\mu + \bar{c}\partial_\mu c) \qquad (7.156)$$

が重力場を 0 とした極限で得られる．Dirac の作用の運動エネルギー部分は $e_a{}^\mu \to \exp[\alpha(x)]e_a{}^\mu$ と $\tilde{\psi}\to\exp[-\frac{1}{2}\alpha(x)]\tilde{\psi}$ という(6.21)の Weyl 変換の下で不変であるが，T_μ^μ を定義するときには(6.44)により $\tilde{\psi}=\sqrt[4]{g}\,\psi$ を固定して考えるので，$\tilde{\psi}$ の変化分のマイナスが T_μ^μ の右辺第 1 項に現われる．他の変数 A_μ, $B, \bar{c}, c$ に対しては(7.145)は十分正則化されており，素朴な運動方程式および素朴な測度 $\mathcal{D}A_\mu\mathcal{D}B\mathcal{D}\bar{c}\mathcal{D}c$ が許されると考えて(7.156)の表式を簡単化した．このとき Maxwell の作用は Weyl 不変となり T_μ^μ に寄与しない．(7.156)の第 2 項は作用(7.145)の中での $\sqrt{g}\,g^{\alpha\beta}g^{\mu\lambda}g^{\nu\rho}\partial_\alpha F_{\mu\nu}\partial_\beta F_{\lambda\rho}$ の Weyl 変換 $g^{\mu\nu}\to\exp[2\alpha(x)]g^{\mu\nu}$ から出る．第 3 項も同様である．最後の 2 項は $\partial_\mu(\bar{c}A_\mu)$ の BRST 変換(3-4 節参照)であり物理的に意味がないので以下では省略する．

さて，(7.156)と(7.149)を組み合わせると

$$T_\mu{}^\mu(x) = m_0\bar{\psi}\psi + \frac{1}{24\pi^2}(F_{\mu\nu})^2 + \frac{1}{e_0{}^2M^2}(\partial_\alpha F_{\mu\nu})^2 - \frac{1}{e_0{}^2M^4}(\partial_\alpha\partial_\beta F_{\mu\nu})^2 \qquad (7.157)$$

が得られる．通常，くり込まれた有限な演算子の言葉で

$$T_\mu{}^\mu(x) = \frac{1}{2}\frac{\beta(e_r)}{e_r{}^3}N[(F_{\mu\nu})^2](x) + (1+\delta(e_r))m_rN[\bar{\psi}_r\psi_r](x) \qquad (7.158)$$

と書かれるが，この式と(7.157)の関係を簡単に説明したい．まず，(7.157)の右辺第 2 項は図 7-4(a)(あるいは(7.145)の $c_2(M)$ 項)に $M\frac{\partial}{\partial M}$ を作用させても得られ，光子の異常次元，したがって(2.190)により β 関数を e_r で割ったもの

$$\frac{\beta(e_r)}{e_r \times e_r{}^2} = \frac{1}{e_r{}^2}\left[\frac{\alpha_r}{3\pi} + \frac{\alpha_r{}^2}{4\pi^2} + \cdots\right] \qquad (7.159)$$

の第1項を与えることがわかる．ただし，さらに $e_r{}^2$ で割ったのは(7.145)で e を A_μ に含めたためである．図7-5(a)の3つの図で黒丸を(7.157)の最後の2項を座標に関して積分したもの(すなわち持ち込む運動量が0)を挿入したものとすると，黒丸を取り除いた図7-5(a)の各図で光子の伝搬関数(7.146)を M で微分したもの

$$M\frac{\partial}{\partial M}\left(\frac{g_{\mu\nu}-k_\mu k_\nu/k^2}{k^2(1-k^2/M^2)^2}\right) = -\frac{4}{M^2}\frac{g_{\mu\nu}-k_\mu k_\nu/k^2}{(1-k^2/M^2)^3} \tag{7.160}$$

がそれと同じ効果を出すことが確かめられる．すなわちループが2個の光子の分極ベクトルを紫外切断のパラメタ M で微分することに対応し，β 関数(7.159)の第2項を与える．同様に，図7-5(b)のフェルミオンの自己エネルギー図を質量殻上で計算したものの微分 $M\dfrac{\partial}{\partial M}$ から(7.158)の $\delta(e_r)$ が出て，$m_0\bar{\psi}\psi = m_r N[\bar{\psi}_r\psi_r]$ は有限であることと組み合わせると(7.158)の第2項を与える．

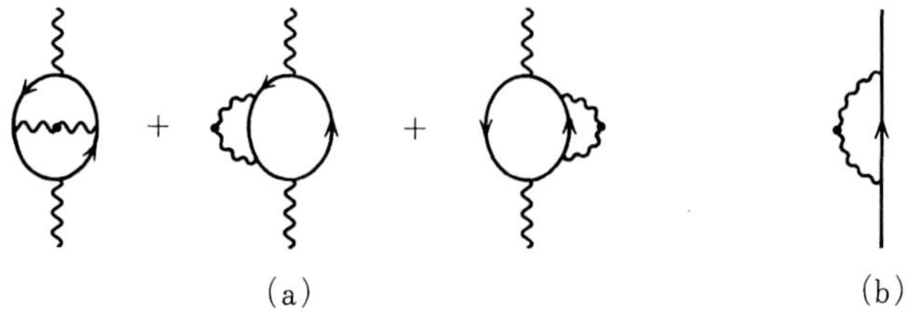

図7-5

このように，(7.148)と同様に導かれる(7.149)はそれ自体ではくり込みの効果を考えると $\infty=\infty$ となるが，$T_\mu{}^\mu(x)$ の表式(7.157)の最後の2項と組み合わせると物理的に意味のある関係式となる．(7.158)をより系統的かつ直観的に理解するには，(7.157)の右辺の最後の3項を A_W とするとき(7.145)の $\mathscr{L}$ と

$$A_W(x) = -M\frac{\partial}{\partial M}\mathscr{L} \tag{7.161}$$

の関係があることに注目する．場の変数を一般に $\phi(x)$ と抽象的に書いて

$$G_0(x_1, \cdots, x_n) = \int d\mu \phi(x_1) \cdots \phi(x_n) \exp\left[\int \mathcal{L} d^4x\right] \qquad (7.162)$$

と裸の Green 関数を定義するとき，$G_0(x_1, \cdots, x_n) = (Z_\phi)^{n/2} G_r(x_1, \cdots, x_n)$ というくり込みと Schwinger の作用原理により

$$\begin{aligned} G_0\left(x_1, \cdots, x_n;\ \int A_W(x)dx\right) &\equiv \int d\mu \left[\phi(x_1)\cdots\phi(x_n)\int A_W(x)dx\right] e^S \\ &= -M\frac{\partial}{\partial M} G_0(x_1, \cdots, x_n) \\ &= (Z_\phi)^{n/2}\left[\frac{n}{2}\left(-M\frac{\partial}{\partial M}\ln Z_\phi\right) + \left(-M\frac{\partial}{\partial M}\ln m_r\right) m_r \frac{\partial}{\partial m_r} \right. \\ &\quad \left. + \left(-M\frac{\partial e_r}{\partial M}\right)\frac{\partial}{\partial e_r}\right] G_r(x_1, \cdots, x_n) \\ &\equiv (Z_\phi)^{n/2}\left[n\gamma_\phi(e_r) + \delta(e_r) m_r \frac{\partial}{\partial m_r} + \beta(e_r)\frac{\partial}{\partial e_r}\right] G_r(x_1, \cdots, x_n) \qquad (7.163) \end{aligned}$$

という関係が裸の量を固定して考えると出る．A_W の働きを(7.163)の最後の表式で機能的に表わして，くり込まれた Maxwell の作用を $-1/(4e_r{}^2)\int d^4xN(F_{\mu\nu}F^{\mu\nu})$ と書き，それに Schwinger の(くり込まれた)作用原理に従い(7.163)の最後の表式に現われる $\beta(e_r)\partial/\partial e_r$ を作用させると(7.158)の第 1 項が出る．(7.158)の第 2 項の $\delta(e_r)$ を含む部分もフェルミオンのくり込まれた質量項に $\delta(e_r) m_r \dfrac{\partial}{\partial m_r}$ を作用させて同様に理解できる．また，(7.158)のもう 1 つの異なった見方としては，$\int T_\mu^\mu(x)dx$ により生成される $x^\mu \to (1+\varepsilon)x^\mu$ というスケール変換と(7.158)を組み合わせたものが Callan-Symanzik 方程式と同等になることも示される．

補章

一般化された Pauli-Villars 正則化

最近，Pauli-Villars の正則化(E. 1)を，Dirac 方程式が γ_5 行列を陽に含むカイラルなゲージ理論にも適用できるように一般化する試みが行なわれた*．ラグランジアンのレベルでのカイラルな理論の正則化は，Weinberg-Salam 理論の正則化とか第7章の量子異常の定式化(特に，式(7. 10)による正則化)との関連で興味がある．

一般のコンパクトな群，例えば $SU(n)$，に属するゲージ場 $A_\mu{}^a(x)$ にカイラルに結合した Fermi 粒子の理論

$$\mathcal{L} = \bar{\psi} i \not{D} \left(\frac{1-\gamma_5}{2} \right) \psi \tag{H. 1}$$

ただし

$$\begin{aligned} \not{D} &= \gamma^\mu (\partial_\mu - igA_\mu{}^a(x) T^a) \\ &\equiv \gamma^\mu (\partial_\mu - igA_\mu(x)) \end{aligned} \tag{H. 2}$$

を考えると，Fermi 粒子の質量項 $m\bar{\psi}\psi$ はゲージ対称性を破るので，(E. 1)で与えたような通常の Pauli-Villars 正則化はうまくゆかない．このために(H.

* S. A. Frolov and A. A. Slavnov: Phys. Letters **B309**(1993)344; R. Narayanan and H. Neuberger: Phys. Letters **B301**(1993)62.

1)の1個の Fermi 粒子を正則化するためには，一般に無限個の Fermi 粒子を含む場 $\boldsymbol{\Psi}(x)$ と無限個の Bose 粒子を含む場 $\boldsymbol{\Phi}(x)$ を導入することになる．すなわち，

$$\boldsymbol{\Psi}_{\rm L}=\frac{1-\gamma_5}{2}\begin{pmatrix}\psi\\ \psi_1\\ \psi_2\\ \psi_3\\ \vdots\end{pmatrix},\qquad \boldsymbol{\Psi}_{\rm R}=\frac{1+\gamma_5}{2}\begin{pmatrix}\psi_1\\ \psi_2\\ \psi_3\\ \vdots\end{pmatrix} \tag{H.3}$$

と

$$\boldsymbol{\Phi}=\begin{pmatrix}\phi_1\\ \phi_2\\ \phi_3\\ \vdots\end{pmatrix} \tag{H.4}$$

を定義する．ここで，$\psi(x), \psi_1(x), \cdots$ は通常の4成分の Dirac 場であり，$\phi_1(x), \phi_2(x), \cdots$ は4成分の Dirac 場であるが Bose 的な(非物理的な)場である．

このとき，(H.1)の理論の一般化された Pauli-Villars 正則化は

$$\mathscr{L}=\bar{\boldsymbol{\Psi}}i\not{D}\boldsymbol{\Psi}-\bar{\boldsymbol{\Psi}}_{\rm L}M^{\dagger}\boldsymbol{\Psi}_{\rm R}-\bar{\boldsymbol{\Psi}}_{\rm R}M\boldsymbol{\Psi}_{\rm L}+\bar{\boldsymbol{\Phi}}i\not{D}\boldsymbol{\Phi}-\bar{\boldsymbol{\Phi}}M'\boldsymbol{\Phi} \tag{H.5}$$

で定義される．ただし $\boldsymbol{\Psi}\equiv\boldsymbol{\Psi}_{\rm L}+\boldsymbol{\Psi}_{\rm R}$．ここで，無限次元の質量マトリックスは

$$M=\begin{pmatrix}0 & 2 & 0 & 0 & \cdots\\ 0 & 0 & 4 & 0 & \cdots\\ 0 & 0 & 0 & 6 & \cdots\\ \cdots & \cdots & \cdots & \cdots & \cdots\end{pmatrix}\Lambda$$

$$M^{\dagger}M=\begin{pmatrix}0 & & & & 0\\ & 2^2 & & & \\ & & 4^2 & & \\ & & & 6^2 & \\ 0 & & & & \ddots\end{pmatrix}\Lambda^2 \tag{H.6}$$

$$MM^\dagger = \begin{pmatrix} 2^2 & & & 0 \\ & 4^2 & & \\ & & 6^2 & \\ 0 & & & \ddots \end{pmatrix} \Lambda^2$$

$$M' = \begin{pmatrix} 1 & & & 0 \\ & 3 & & \\ & & 5 & \\ 0 & & & \ddots \end{pmatrix} \Lambda = (M')^\dagger$$

で与えられる．ただし，Λ は質量の次元をもつパラメタであり，最終的には $\Lambda \to \infty$ とする．具体的に書き下すと，(H.5)は

$$\begin{aligned} \mathcal{L} &= \bar{\psi} i \not{D} \left(\frac{1-\gamma_5}{2}\right) \psi \\ &\quad + \bar{\psi}_1 (i\not{D} - 2\Lambda)\psi_1 + \bar{\psi}_2 (i\not{D} - 4\Lambda)\psi_2 + \cdots \\ &\quad + \bar{\phi}_1 (i\not{D} - \Lambda)\phi_1 + \bar{\phi}_2 (i\not{D} - 3\Lambda)\phi_2 + \cdots \end{aligned} \tag{H.7}$$

となり，質量 $2\Lambda, 4\Lambda, \cdots$ の重いベクトル的な(すなわち γ_5 を含まない)Fermi粒子 $\psi_1, \psi_2, \cdots$ と，質量 $\Lambda, 3\Lambda, \cdots$ の重いBose的なDirac場 $\phi_1, \phi_2, \cdots$ が，物理的な場 $\psi(x)$ を正則化するために導入されたことになる．

このようにして定義された(H.5)は次のゲージ変換の下で不変である．

$$\begin{aligned} &\Psi(x) \to \Psi'(x) = U(x)\Psi(x) \equiv \exp[iw^a(x)T^a]\Psi(x) \\ &\bar{\Psi}(x) \to \bar{\Psi}'(x) = \bar{\Psi}(x)U(x)^\dagger \\ &\Phi(x) \to \Phi'(x) = U(x)\Phi(x) \\ &\bar{\Phi}(x) \to \bar{\Phi}'(x) = \bar{\Phi}(x)U(x)^\dagger \\ &\not{D} \to \not{D}' = U(x)\not{D}U(x)^\dagger \end{aligned} \tag{H.8}$$

この変換に付随するNoetherカレントは，(H.8)において $\not{D}$ を固定したときの無限小のゲージ変換を考えて

$$\begin{aligned} \mathcal{L}' &= \bar{\Psi}' i\not{D}\Psi' - \bar{\Psi}'_{\rm L} M^\dagger \Psi'_{\rm R} - \bar{\Psi}'_{\rm R} M \Psi'_{\rm L} + \bar{\Phi}' i\not{D}\Phi' - \bar{\Phi}' M' \Phi' \\ &= -(D_\mu w)^a J^{\mu a}(x) + \mathcal{L} \end{aligned} \tag{H.9}$$

から

$$J^{\mu a}(x) = \bar{\Psi}(x)T^a\gamma^\mu\Psi(x) + \bar{\Phi}(x)T^a\gamma^\mu\Phi(x) \tag{H.10}$$

のように求められる．同様に，次の $U(1)$ 変換

$$\begin{aligned} \Psi(x) &\to e^{i\alpha(x)}\Psi(x), \quad \bar{\Psi}(x) \to \bar{\Psi}(x)e^{-i\alpha(x)} \\ \Phi(x) &\to e^{i\alpha(x)}\Phi(x), \quad \bar{\Phi}(x) \to \bar{\Phi}(x)e^{-i\alpha(x)} \end{aligned} \tag{H.11}$$

を考えることにより，フェルミオン数の保存と関係したカレント

$$J^\mu(x) = \bar{\Psi}(x)\gamma^\mu\Psi(x) + \bar{\Phi}(x)\gamma^\mu\Phi(x) \tag{H.12}$$

が求められる．さらに，γ_5 を含むカイラルな（正確には軸性的な）$U(1)$ 変換

$$\begin{aligned} \Psi(x) &\to e^{i\alpha(x)\gamma_5}\Psi(x), \quad \bar{\Psi}(x) \to \bar{\Psi}(x)e^{i\alpha(x)\gamma_5} \\ \Phi(x) &\to e^{i\alpha(x)\gamma_5}\Phi(x), \quad \bar{\Phi}(x) \to \bar{\Phi}(x)e^{i\alpha(x)\gamma_5} \end{aligned} \tag{H.13}$$

を考えると，カイラル $U(1)$ カレント

$$J_5{}^\mu(x) = \bar{\Psi}(x)\gamma^\mu\gamma_5\Psi(x) + \bar{\Phi}(x)\gamma^\mu\gamma_5\Phi(x) \tag{H.14}$$

が定義される．

これらの変換の下でのラグランジアンの変化から求められる“素朴な意味”での（すなわち，経路積分の測度が不変であると仮定したときの）恒等式は，ベクトル型のカレント

$$\begin{aligned} (D_\mu J^\mu)^a(x) &\equiv \partial_\mu J^{\mu a}(x) + gf^{abc}A_\mu{}^b(x)J^{\mu c}(x) = 0 \\ \partial_\mu J^\mu(x) &= 0 \end{aligned} \tag{H.15}$$

は保存し，カイラル型のカレント

$$\partial_\mu J_5{}^\mu(x) = 2i\bar{\Psi}_{\rm L}M^\dagger\Psi_{\rm R} - 2i\bar{\Psi}_{\rm R}M\Psi_{\rm L} + 2i\bar{\Phi}M'\gamma_5\Phi \tag{H.16}$$

は保存しないという結果を与える．

ちなみに，量子化されたカレントは，経路積分では

$$\langle\bar{\Psi}(x)T^a\gamma^\mu\Psi(x)\rangle = \int d\mu\bar{\Psi}(x)T^a\gamma^\mu\Psi(x)\exp\left[\int \mathcal{L}d^4x\right] \tag{H.17}$$

等により定義される．

カレントの正則化

第 7 章のカレントの正則化(7.10)と現在の正則化を比較するために，ラグランジアン(H.5)を次のように書きなおす．

$$\mathcal{L} = \bar{\Psi}i\mathcal{D}\Psi + \bar{\Phi}i\mathcal{D}'\Phi \tag{H.18}$$

ここで

$$\mathscr{D} \equiv \not{D} + iM\left(\frac{1-\gamma_5}{2}\right) + iM^{\dagger}\left(\frac{1+\gamma_5}{2}\right)$$
$$\mathscr{D}' \equiv \not{D} + iM' \tag{H.19}$$

この記法では，例えば，量子化されたカレント(H.10)は次式のように書くことができる．ただし，以下の計算はEuclid化した理論で行ない，特に$\not{D}^{\dagger}=\not{D}$の関係を使う．

$$\begin{aligned} J^{\mu a}(x) &= \lim_{y\to x}\{\langle \mathrm{T}^{*}\bar{\Psi}(y)T^{a}\gamma^{\mu}\Psi(x)\rangle + \langle \mathrm{T}^{*}\bar{\Phi}(y)T^{a}\gamma^{\mu}\Phi(x)\rangle\} \\ &= \lim_{y\to x}\{-\langle \mathrm{T}^{*}T^{a}\gamma^{\mu}\Psi(x)\bar{\Psi}(y)\rangle + \langle \mathrm{T}^{*}T^{a}\gamma^{\mu}\Phi(x)\bar{\Phi}(y)\rangle\} \\ &= \lim_{y\to x}\mathrm{Tr}\left[T^{a}\gamma^{\mu}\left(\frac{1}{i\mathscr{D}}-\frac{1}{i\mathscr{D}'}\right)\delta(x-y)\right] \end{aligned} \tag{H.20}$$

ここで，跡は無限個の場とDiracおよびYang-Millsの自由度にわたるものとする．また場$\Psi(x)$は反交換すること，および場$\Phi(x)$は交換することも用いた．

次に，

$$\begin{aligned} \frac{1}{\mathscr{D}} &= \frac{1}{\mathscr{D}^{\dagger}\mathscr{D}}\mathscr{D}^{\dagger} \\ &= \frac{1}{\not{D}^{2}+\frac{1}{2}M^{\dagger}M(1-\gamma_5)+\frac{1}{2}MM^{\dagger}(1+\gamma_5)}\mathscr{D}^{\dagger} \\ &= \left[\left(\frac{1-\gamma_5}{2}\right)\frac{1}{\not{D}^{2}+M^{\dagger}M}+\left(\frac{1+\gamma_5}{2}\right)\frac{1}{\not{D}^{2}+MM^{\dagger}}\right] \\ &\quad \times\left[\not{D}-iM^{\dagger}\left(\frac{1-\gamma_5}{2}\right)-iM\left(\frac{1+\gamma_5}{2}\right)\right] \end{aligned} \tag{H.21}$$

$$\begin{aligned} \frac{1}{\mathscr{D}'} &= \frac{1}{(\mathscr{D}')^{\dagger}\mathscr{D}'}(\mathscr{D}')^{\dagger} \\ &= \frac{1}{\not{D}^{2}+(M')^{2}}(\not{D}-iM') \end{aligned}$$

という性質を用いると，式(H.20)は

$$\mathrm{Tr}\left[-iT^a\gamma^\mu\left(\frac{1}{\mathscr{D}}-\frac{1}{\mathscr{D}'}\right)\delta(x-y)\right]$$

$$= \mathrm{Tr}\left\{-iT^a\gamma^\mu\left[\left(\frac{1-\gamma_5}{2}\right)\sum_{n=0}^{\infty}\frac{1}{\not{D}^2+(2n\Lambda)^2}+\left(\frac{1+\gamma_5}{2}\right)\sum_{n=1}^{\infty}\frac{1}{\not{D}^2+(2n\Lambda)^2}\right.\right.$$

$$\left.\left.-\sum_{n=0}^{\infty}\frac{1}{\not{D}^2+[(2n+1)\Lambda]^2}\right]\not{D}\delta(x-y)\right\}$$

$$= \frac{1}{2}\mathrm{Tr}\left[-iT^a\gamma^\mu\sum_{n=-\infty}^{\infty}\frac{(-1)^n\not{D}^2}{\not{D}^2+(n\Lambda)^2}\frac{1}{\not{D}}\delta(x-y)\right]+\frac{1}{2}\mathrm{Tr}\left[iT^a\gamma^\mu\gamma_5\frac{1}{\not{D}}\delta(x-y)\right]$$

$$= \frac{1}{2}\mathrm{Tr}\left[T^a\gamma^\mu f(\not{D}^2/\Lambda^2)\frac{1}{i\not{D}}\delta(x-y)\right]-\frac{1}{2}\mathrm{Tr}\left[T^a\gamma^\mu\gamma_5\frac{1}{i\not{D}}\delta(x-y)\right] \quad \text{(H. 22)}$$

のように，無限個の成分にわたる跡の計算の後に書くことができる．ただし，奇数個のγ行列の跡は0になることも使った．式(H. 22)で関数$f(x^2)$は，次式で定義される．

$$f(x^2) \equiv \sum_{n=-\infty}^{\infty}\frac{(-1)^n x^2}{x^2+(n\Lambda)^2}$$

$$= \frac{\pi x/\Lambda}{\sinh(\pi x/\Lambda)} \quad \text{(H. 23)}$$

この関数は，$x^2=\infty$で急速に0に近づき，次のような性質をもっている(第7章の(7. 39)参照)．

$$\begin{aligned} &f(0) = 1 \\ &x^2 f'(x^2) = 0 \qquad (x\to 0) \\ &f(+\infty) = f'(+\infty) = f''(+\infty) = \cdots = 0 \\ &x^2 f'(x^2) \to 0 \qquad (x\to\infty) \end{aligned} \quad \text{(H. 24)}$$

以上の分析をまとめると，一般化されたPauli-Villars正則化(H. 5)は次のようなカレントの正則化として理解できる((7. 10)参照)．

$$\left\langle\bar{\psi}(x)T^a\gamma^\mu\left(\frac{1-\gamma_5}{2}\right)\psi(x)\right\rangle_{\mathrm{PV}}$$

$$= \lim_{y\to x}\left\{\frac{1}{2}\mathrm{Tr}\left[T^a\gamma^\mu f(\not{D}^2/\Lambda^2)\frac{1}{i\not{D}}\delta(x-y)\right]\right.$$

$$-\frac{1}{2}\mathrm{Tr}\left[T^a\gamma^\mu\gamma_5\frac{1}{i\not{D}}\delta(x-y)\right]\Bigg\} \tag{H.25}$$

$$\left\langle\bar{\psi}(x)\gamma^\mu\left(\frac{1-\gamma_5}{2}\right)\psi(x)\right\rangle_{\mathrm{PV}}$$
$$=\lim_{y\to x}\left\{\frac{1}{2}\mathrm{Tr}\left[\gamma^\mu f(\not{D}^2/\Lambda^2)\frac{1}{i\not{D}}\delta(x-y)\right]-\frac{1}{2}\mathrm{Tr}\left[\gamma^\mu\gamma_5\frac{1}{i\not{D}}\delta(x-y)\right]\right\} \tag{H.26}$$

$$\left\langle\bar{\psi}(x)\gamma^\mu\gamma_5\left(\frac{1-\gamma_5}{2}\right)\psi(x)\right\rangle_{\mathrm{PV}}$$
$$=\lim_{y\to x}\left\{\frac{1}{2}\mathrm{Tr}\left[\gamma^\mu\gamma_5 f(\not{D}^2/\Lambda^2)\frac{1}{i\not{D}}\delta(x-y)\right]-\frac{1}{2}\mathrm{Tr}\left[\gamma^\mu\frac{1}{i\not{D}}\delta(x-y)\right]\right\} \tag{H.27}$$

これらの表式で，左辺は(H. 1)により定義される元々の場で書かれており，右辺は現在の一般化された Pauli-Villars 正則化ではどのように書かれるかを示している．これらの式で特徴的な点は，まず第1に(H. 25)のゲージカレントにおいて，非 Abel 的な量子異常を出し得る γ_5 を含む項が正則化されていない．したがって，一般化された Pauli-Villars 正則化は量子異常を含まないゲージ群かあるいはゲージ群の表現に対してのみ適用することができる．例えば，クォークとレプトンのセクターを一緒にして考え，かつ右手系のクォークとかレプトンの結合も考えれば，Weinberg-Salam 理論に適用できる．次に注目すべき点は，$U(1)$ 型のベクトルカレント(H. 26)と擬ベクトルカレント(H. 27)は元々の表式では，$\gamma_5{}^2=1$ に注意すれば，全体としての符号を除いて同じであるが，正則化の後では非常に異なる形をもつことである．特に，ベクトル型の $U(1)$ カレント(H. 26)の正則化は右辺で γ_5 を含む項(これは量子異常を出す)が正則化されておらず，正則化としては不十分なものである．この事実は，式(H. 15)と式(H. 16)の素朴な恒等式が異なっていることによっている．もし全てのカレントが十分正則化されておれば，素朴な意味での恒等式も完全に一致するはずだからである．

フェルミオン数の量子異常

現在の正則化の興味ある応用としては，Weinberg-Salam 理論におけるフェルミオン数のカレントに対する量子異常(5.113)の計算がある((7.80)参照).(7.10)~(7.14)および(7.40)と同様の計算を(H.27)に基づいて行なうと,

$$\begin{aligned}
&\partial_\mu\left\langle\bar{\psi}(x)\gamma^\mu\gamma_5\left(\frac{1-\gamma_5}{2}\right)\psi(x)\right\rangle_{\mathrm{PV}} \\
&= \lim_{y\to x} i[\gamma_5 f(\not{D}^2/\Lambda^2)\delta(x-y)] \\
&= i\,\mathrm{Tr}\int\frac{d^4k}{(2\pi)^4}e^{-ikx}\gamma_5 f(\not{D}^2/\Lambda^2)e^{ikx} \\
&= \left(\frac{ig^2}{32\pi^2}\right)\mathrm{Tr}\,\epsilon^{\mu\nu\alpha\beta}F_{\mu\nu}(A)F_{\alpha\beta}(A)
\end{aligned}\tag{H.28}$$

という結果が $\Lambda\to\infty$ の極限で求められる.ただし,ここでは Euclid 化した理論を扱っているために,(7.14)とは虚数符号 i だけの差が現われる.この結果(H.28)は,第7章の正則化では

$$\begin{aligned}
\partial_\mu(\bar{\psi}(x)\gamma^\mu\psi(x)) &\Rightarrow \partial_\mu\left(\bar{\psi}(x)\gamma^\mu\left(\frac{1-\gamma_5}{2}\right)\psi(x)+\bar{\psi}(x)\gamma^\mu\left(\frac{1+\gamma_5}{2}\right)\psi(x)\right) \\
&\Rightarrow \partial_\mu\left(\bar{\psi}(x)\gamma^\mu\left(\frac{1-\gamma_5}{2}\right)\psi(x)\right) \\
&\Rightarrow -\frac{1}{2}\partial_\mu(\bar{\psi}(x)\gamma^\mu\gamma_5\psi(x))
\end{aligned}\tag{H.29}$$

の関係が成立することに注意すると,(7.80)で $L_\mu\to A_\mu$, $R_\mu=0$ と置き換えた結果と一致する*.すなわち,通常のベクトル型の $U(1)$ カレント(H.26)の代りに,γ_5 を含む擬ベクトル型の $U(1)$ カレント(H.27)を用いることにより,フェルミオン数の量子異常が正しく計算できることになる.

* この事実は,次の論文で指摘された.S. Aoki and Y. Kikukawa: Mod. Phys. Letters **A8** (1993)3517; K. Fujikawa: Nucl. Phys. **B428**(1994)169.

付録

A-1 Feynman 経路積分と Schwinger の作用原理

本書で多用する経路積分の主たる性質をここでまとめておく．量子力学の Schrödinger 方程式に対応する時間発展の演算子(evolution operator)の経路積分表示

$$\langle q_\mathrm{f}|e^{-i\hat{H}(t_\mathrm{f}-t_\mathrm{i})/\hbar}|q_\mathrm{i}\rangle = \int \mathcal{D}q\mathcal{D}p \exp\left\{\frac{i}{\hbar}\int_{t_\mathrm{i}}^{t_\mathrm{f}}[p\dot{q}-H(p,q)]\,dt\right\}$$
$$= \int \mathcal{D}q \exp\left[\frac{i}{\hbar}\int_{t_\mathrm{i}}^{t_\mathrm{f}}\mathcal{L}(q,\dot{q})dt\right] \qquad (\mathrm{A.1})$$

は既知とする．ここで $H(p,q)$ と $\mathcal{L}(q,\dot{q})$ はハミルトニアンとラグランジアンであり，$\hat{H}(\hat{p},\hat{q})$ は量子力学的演算子である．以後 $\hbar=1$ とする．経路積分の境界条件としては $q(t_\mathrm{f})=q_\mathrm{f}, q(t_\mathrm{i})=q_\mathrm{i}$ とする．あるいは始状態および終状態を波動関数 $\psi_\mathrm{i}(q)$ および $\psi_\mathrm{f}(q)$ で表わすと $\exp[-i\hat{H}(t_\mathrm{f}-t_\mathrm{i})]$ を陽に書かない記法で

$$\langle\psi_\mathrm{f},t_\mathrm{f}|\psi_\mathrm{i},t_\mathrm{i}\rangle = \int\mathcal{D}q\psi_\mathrm{f}^*(q_\mathrm{f})\exp\left[i\int_{t_\mathrm{i}}^{t_\mathrm{f}}\mathcal{L}(q,\dot{q})dt\right]\psi_\mathrm{i}(q_\mathrm{i}) \qquad (\mathrm{A.2})$$

と表示され，端の点でも積分することになる．

次に $t_\mathrm{i}<t_1<t_\mathrm{f}$ として，$\exp[i\hat{H}t_1]\hat{q}(0)\exp[-i\hat{H}t_1]=\hat{q}(t_1)$ に注意して

$$\langle q_\mathrm{f},t_\mathrm{f}|\hat{q}(t_1)|q_\mathrm{i},t_\mathrm{i}\rangle = \int dq_1dq_1'\langle q_\mathrm{f},t_\mathrm{f}|q_1,t_1\rangle\langle q_1|\hat{q}(0)|q_1'\rangle\langle q_1',t_1|q_\mathrm{i},t_\mathrm{i}\rangle$$
$$= \int\mathcal{D}q\,q(t_1)\exp\left[i\int_{t_\mathrm{i}}^{t_\mathrm{f}}\mathcal{L}(q,\dot{q})dt\right] \qquad (\mathrm{A.3})$$

により(A.1)を一般化する．この一般化した表式から

$$\langle q_f, t_f | \mathrm{T}^* \hat{q}(t_1)\hat{q}(t_2) | q_i, t_i \rangle = \int \mathcal{D}q\, q(t_1) q(t_2) \exp\left[i \int_{t_i}^{t_f} \mathcal{L}(q, \dot{q}) dt \right]$$

が結論される．ここで時間順序積 T^* を

$$\mathrm{T}^* \hat{q}(t_1)\hat{q}(t_2) = \begin{cases} \hat{q}(t_1)\hat{q}(t_2) & (t_1 > t_2) \\ \hat{q}(t_2)\hat{q}(t_1) & (t_2 > t_1) \end{cases} \tag{A.4}$$

と $t_1 \neq t_2$ で定義し，$t_1 \to t_2$ の極限および通常の T 積

$$\mathrm{T}\,\hat{q}(t_1)\hat{q}(t_2) = \hat{q}(t_1)\hat{q}(t_2)\theta(t_1 - t_2) + \hat{q}(t_2)\hat{q}(t_1)\theta(t_2 - t_1) \tag{A.5}$$

との関係は後に議論する．

量子力学の定式化の1つに Schrödinger 方程式と同等な **Schwinger の作用原理**(Schwinger's action principle)が便利なことが多い．これは

$$\delta \langle q_f, t_f | q_i, t_i \rangle = i \int_{t_i}^{t_f} dt \langle q_f, t_f | \delta \hat{\mathcal{L}}(\dot{q}, q, t) | q_i, t_i \rangle \tag{A.6}$$

と定式化される．左辺は，始状態と終状態を与えられた状態に固定しておいて途中の時間発展を記述するラグランジアンを微小に変化させたときの遷移振幅の変化を表わし，右辺はその変化分を直接計算する処方を与える．例として，$\hat{q}$ に対する湧き出し(あるいは**源**，source)をラグランジアンに加えて

$$\mathcal{L}_J \equiv \mathcal{L}(q, \dot{q}) + q(t) J(t) \tag{A.7}$$

とするとき，時間 t での $J(t)$ の微小な変化を考えて

$$\frac{\delta}{\delta J(t)} \langle q_f, t_f | q_i, t_i \rangle_J = i \langle q_f, t_f | \hat{q}(t) | q_i, t_i \rangle_J \tag{A.8}$$

と与えられる．ただし，添字 J は(A.7)の $\mathcal{L}_J$ が時間発展を記述していることを示す．

(A.8)により遷移振幅が基本的に決められることを示すために，ラグランジアン

$$\mathcal{L}_J = \frac{1}{2} m \dot{q}(t)^2 - V(q(t)) + q(t) J(t) \tag{A.9}$$

を考える．量子論の運動方程式は

$$m \ddot{\hat{q}}(t) + V'(\hat{q}(t)) - J(t) = 0 \tag{A.10}$$

となる．(A.10)の行列要素を考えることにより，(A.8)を考慮して

$$\begin{aligned} &\langle q_f, t_f | m\ddot{\hat{q}}(t) + V'(\hat{q}(t)) - J(t) | q_i, t_i \rangle_J \\ &= \left[m \frac{d^2}{dt^2} \frac{\delta}{i\delta J(t)} + V'\left(\frac{\delta}{i\delta J(t)} \right) - J(t) \right] \langle q_f, t_f | q_i, t_i \rangle_J = 0 \end{aligned} \tag{A.11}$$

が結論される．(A.6)に基礎をおく立場では，(A.1)で(A.7)の $\mathcal{L}_J$ を使った式

$$\langle q_f, t_f | q_i, t_i \rangle_J = \int \mathcal{D}q \exp\left\{ i \int_{t_i}^{t_f} [q(t) J(t) + \mathcal{L}(q, \dot{q})] dt \right\} \tag{A.12}$$

を用いることは，$J(t)$ の汎関数 $\langle q_f, t_f | q_i, t_i \rangle_J$ を J から q へ Fourier 変換して(A.11)の解を求めていることと見なされる．(A.12)を(A.11)の第2式に代入すると

$$\int \mathcal{D}q \left[i \frac{\delta}{\delta q(t)} \int_{t_i}^{t_f} \mathcal{L}_J(q, \dot{q}, t') dt' \right] \exp\left[i \int_{t_i}^{t_f} \mathcal{L}_J(q, \dot{q}, t') dt' \right]$$
$$= \int \mathcal{D}q \frac{\delta}{\delta q(t)} \exp\left[i \int_{t_i}^{t_f} \mathcal{L}_J(q, \dot{q}, t') dt' \right] = 0 \qquad \text{(A.13)}$$

となり，(A.13)は経路積分の測度が任意の無限小の関数 $\varepsilon(t)$ に対して

$$\mathcal{D}(q+\varepsilon) = \mathcal{D}q \qquad \text{(A.14)}$$

を満たせば保証される．事実，(A.14)が成立すれば

$$\int \mathcal{D}q \exp\left[i \int_{t_i}^{t_f} \mathcal{L}_J(q, \dot{q}, t') dt' \right] \equiv \int \mathcal{D}(q+\varepsilon) \exp\left[i \int_{t_i}^{t_f} \mathcal{L}_J(q+\varepsilon, \dot{q}+\dot{\varepsilon}, t') dt' \right]$$
$$= \int \mathcal{D}q \exp\left[i \int_{t_i}^{t_f} \mathcal{L}_J(q+\varepsilon, \dot{q}+\dot{\varepsilon}, t') dt' \right] \qquad \text{(A.15)}$$

が成立する．ここで(A.15)の最初の関係式は，経路積分する変数を q と書いても $q+\varepsilon$ と書いても（$\int f(x)dx = \int f(y)dy$ と同じ意味で）積分そのものは変わらないことを表わし，第2の関係式では(A.14)を使った．(A.15)を ε のベキに展開して最低次を拾うと

$$\int \mathcal{D}q \left[\int_{t_i}^{t_f} dt \varepsilon(t) \frac{\delta}{\delta q(t)} \int_{t_i}^{t_f} \mathcal{L}_J(q, \dot{q}, t') dt' \right] \exp\left[i \int_{t_i}^{t_f} \mathcal{L}_J(q, \dot{q}, t') dt' \right] = 0$$

を与える．$\varepsilon(t)$ は任意なので，時間 t に δ 関数的に山を持つように選ぶと，(A.13)が成立する．

基本的な関係式(A.14)は通常の表式(A.12)ではもちろん満たされているが，フェルミオンとか重力理論等の経路積分の定式化においては(A.14)が測度を決める指針となりうる．(A.14)は，量子力学的な運動方程式を保証し，また摂動展開の公式も経路積分の詳細によらずに(A.14)から導かれる．

公式(A.1)を場の理論に一般化するには，例えば

$$\mathcal{L}(\phi) = \frac{1}{2} \partial_\mu \phi \partial^\mu \phi - \frac{1}{2} m^2 \phi^2 \qquad \text{(A.16)}$$

というスカラー場 $\phi(x)$ の理論に対しては

$$\phi(\boldsymbol{x}, t) = \sum_n q_n(t) u_n(\boldsymbol{x}) \equiv \sum_n q_n(t) \langle n | \boldsymbol{x} \rangle \qquad \text{(A.17)}$$

のように任意の正規直交系 $\{u_n(\boldsymbol{x})\}$, $\int u_m(\boldsymbol{x}) u_n(\boldsymbol{x}) d^3x = \delta_{m,n}$ を使って展開する．このとき

$$\int \mathcal{L}(\phi) d^4x = \frac{1}{2} \int \left[\sum_n \dot{q}_n(t) - \sum_{n,m} \omega_{nm} q_n(t) q_m(t) \right] dt$$
$$\equiv \int L(\dot{q}_n, q_n) dt \qquad \text{(A.18)}$$

となる．ただし

$$\omega_{nm} \equiv \int [\partial_k u_n(\boldsymbol{x})\partial_k u_m(\boldsymbol{x}) + m^2 u_n(\boldsymbol{x}) u_m(\boldsymbol{x})] d^3x$$

である．$p_n(t) = \partial L/\partial \dot{q}_n = \dot{q}_n(t)$ としてハミルトニアンは

$$\begin{aligned} H(p_n, q_n) &= \sum_n p_n \dot{q}_n - L(\dot{q}_n, q_n) \\ &= \frac{1}{2}\sum_n p_n{}^2 + \frac{1}{2}\sum_{n,m} \omega_{nm} q_n q_m \end{aligned} \tag{A.19}$$

で与えられる．このとき公式(A.1)は

$$\begin{aligned} &\langle \{q_n(t_\mathrm{f})\} | e^{-i\hat{H}(t_\mathrm{f}-t_\mathrm{i})} | \{q_n(t_\mathrm{i})\} \rangle \\ &= \int \prod_n \mathscr{D}p_n \mathscr{D}q_n \exp\left\{ i \int [\sum_n p_n \dot{q}_n - H(p_n, q_n)] dt \right\} \\ &= \int \mathscr{D}\Pi \mathscr{D}\phi \exp\left\{ i \int [\Pi(x)\dot{\phi}(x) - \mathscr{H}(\Pi, \phi)] d^4x \right\} \\ &= N \int \mathscr{D}\phi \exp\left\{ i \int \mathscr{L}(\phi) d^4x \right\} \\ &= \langle \phi_\mathrm{f}(\boldsymbol{x}), t_\mathrm{f} | \phi_\mathrm{i}(\boldsymbol{x}), t_\mathrm{i} \rangle \end{aligned} \tag{A.20}$$

を与える．ここで，N は規格化因子であり

$$\begin{aligned} \Pi(\boldsymbol{x}, t) &= \sum_n p_n(t) u_n(\boldsymbol{x}) \\ \mathscr{H}(\Pi, \phi) &= \frac{1}{2}\Pi(x)^2 + \frac{1}{2}[\partial_k \phi \partial_k \phi + m^2 \phi^2] \\ \mathscr{D}\phi &\equiv \prod_{t, \boldsymbol{x}} d\phi(\boldsymbol{x}, t) \\ &= \prod_n \prod_t dq_n(t) \det[\langle n | \boldsymbol{x} \rangle] = \prod_n \mathscr{D}q_n \\ \mathscr{D}\Pi &\equiv \prod_{t, \boldsymbol{x}} d\Pi(\boldsymbol{x}, t) = \prod_n \mathscr{D}p_n \end{aligned}$$

などの関係式を使った．(7.28)と同様の考察により，

$$\begin{aligned} \det[\langle n | \boldsymbol{x} \rangle] &= \{\det[\langle n | \boldsymbol{x} \rangle] \det[\langle \boldsymbol{x} | n \rangle]\}^{1/2} \\ &= \left\{ \det\left[\int d^3x \langle n | \boldsymbol{x} \rangle \langle \boldsymbol{x} | m \rangle \right] \right\}^{1/2} \\ &= \{\det[\delta_{nm}]\}^{1/2} = 1 \end{aligned}$$

である．

公式(A.20)は，場の理論においてもラグランジアン $\mathscr{L}(\phi)$ およびハミルトニアン $\mathscr{H}(\Pi, \phi)$ を使った経路積分の表式が成立することを示している．経路積分の境界条件としては，周期的境界条件 $\phi_\mathrm{i}(\boldsymbol{x}) = \phi_\mathrm{f}(\boldsymbol{x})$ をとり端の点でも積分すると，$t_\mathrm{f} = -t_\mathrm{i} \to \infty$ とした極限で，(A.20)の最後の公式は

$$\langle 0 | 0 \rangle = N \int \mathscr{D}\phi \exp\left[i \int \mathscr{L}(\phi) d^4x \right] \tag{A.21}$$

と書かれる．周期的境界条件では，始および終状態に種々の状態が現われるが，$t_\mathrm{f} - t_\mathrm{i}$

$\to\infty$ の極限では $\hat{H}=:\hat{H}:$ と正規順序化しておけば，真空状態以外の状態は激しく振動して効かなくなるからである．Euclid化した理論，$t_\mathrm{f}-t_\mathrm{i}\equiv -i\tau$ で周期的条件 $\phi_\mathrm{i}(\boldsymbol{x})=\phi_\mathrm{f}(\boldsymbol{x})$ を課し，端の点でも積分すると，(A.20)の左辺は

$$\mathrm{Tr}(e^{-\tau\hat{H}}) = \sum_n e^{-\tau E_n} \tag{A.20$'$}$$

のように統計力学の分配関数を与え，$\tau\to\infty$ では最小固有値 E_0 だけが寄与する．

伝搬関数のFeynmanの $i\epsilon$ 処方は，時間発展の演算子 $\exp[-i\hat{H}(t_\mathrm{f}-t_\mathrm{i})]$ の $t_\mathrm{f}-t_\mathrm{i}\to\infty$ での安定性と関係している．$\hat{H}>0$ と仮定して $\hat{H}\to\hat{H}-i\epsilon=\hat{H}(1-i\epsilon)$ と置き換えると(ただし，$\epsilon>0$)，

$$\langle\phi_\mathrm{f}(\boldsymbol{x})|\exp[-i\hat{H}(1-i\epsilon)(t_\mathrm{f}-t_\mathrm{i})]|\phi_\mathrm{i}(\boldsymbol{x})\rangle$$

の $t_\mathrm{f}-t_\mathrm{i}\to\infty$ での安定性が保証される．また $(1-i\epsilon)(t_\mathrm{f}-t_\mathrm{i})=e^{-i\epsilon}(t_\mathrm{f}-t_\mathrm{i})$ に注意すると，$\epsilon=\pi/2$ として $t_\mathrm{f}-t_\mathrm{i}\to -i\tau$ というEuclid理論へ安定性を損なわずにWick回転できることになる．運動量空間で言えば，$p_0\to ip_\mathrm{E}$ と回転できることになり，逆にEuclid理論から $p_\mathrm{E}\to -ip_0$ と回転して定義したMinkowski理論はFeynmanの $i\epsilon$ 処方を自然に満たすことになる．

$\hat{H}|0\rangle=E_0|0\rangle$ に注意すると，Heisenberg表示から出発して，(A.3)の記法を用いると

$$\langle 0|\mathrm{T}\hat{\phi}(x_1)\cdots\hat{\phi}(x_n)|0\rangle = \frac{\langle 0|e^{-i\hat{H}t_\mathrm{f}}\mathrm{T}\hat{\phi}(x_1)\cdots\hat{\phi}(x_n)e^{i\hat{H}t_\mathrm{i}}|0\rangle}{\langle 0|e^{-i\hat{H}(t_\mathrm{f}-t_\mathrm{i})}|0\rangle} = \frac{\langle 0,t_\mathrm{f}|\mathrm{T}\hat{\phi}(x_1)\cdots\hat{\phi}(x_n)|0,t_\mathrm{i}\rangle}{\langle 0,t_\mathrm{f}|0,t_\mathrm{i}\rangle}$$

が成立する．したがって一般の経路積分公式を

$$\langle 0|0\rangle_J = N\int\mathcal{D}\phi\exp\Big[i\int\{\mathcal{L}(\phi)+J\phi\}d^4x\Big]$$

と定義するとき

$$\langle 0|0\rangle_{J=0} = 1$$

となるよう N を選べば，Heisenberg表示と一致する規格化が得られることになる．

A-2 フェルミオンの経路積分とGrassmann数

フェルミオンの経路積分およびBRST変換においてGrassmann数が重要な役割を果たす．θ_1,θ_2 を任意の2つの**Grassmann数**とするとき

$$\theta_1\theta_2+\theta_2\theta_1 = 0,\qquad \theta_1\theta_1=\theta_2\theta_2=0 \tag{A.22}$$

という関係を満たす．Grassmann数を θ として，a,b を複素数とするとき，$a\theta=\theta a$ であり

$$f(\theta)\equiv a\theta+b \tag{A.23}$$

に対して微分は

$$\frac{\partial}{\partial\theta}f(\theta) = a \tag{A.24}$$

と定義され，積分($f(\theta)$ から複素数への線形写像)を

$$\int d\theta f(\theta) \equiv \frac{\partial}{\partial\theta}f(\theta) = a \tag{A.25}$$

と定義する．多変数の関数，例えば，

$$f(\theta_1, \theta_2) = a\theta_1\theta_2 + b\theta_1 + c\theta_2 + d$$

に対しては，微分は**左微分**で定義され

$$\frac{\partial}{\partial\theta_1}f(\theta_1, \theta_2) = a\theta_2 + b \tag{A.26}$$

$$\begin{aligned}\frac{\partial}{\partial\theta_2}f(\theta_1, \theta_2) &= \frac{\partial}{\partial\theta_2}[-a\theta_2\theta_1 + b\theta_1 + c\theta_2 + d] \\ &= -a\theta_1 + c\end{aligned}$$

と微分すべき Grassmann 数をまず一番左へ持ってきて，それから微分する．2つの Grassmann 数 θ_1 と θ_2 に対しては $\theta_1\theta_2 = -\theta_2\theta_1$ であり，$\frac{\partial}{\partial\theta_1}\frac{\partial}{\partial\theta_2} = -\frac{\partial}{\partial\theta_2}\frac{\partial}{\partial\theta_1}$ の関係がある．(A.25)の積分の定義は ε を Grassmann 数として

$$\begin{aligned}\int d(\theta+\varepsilon)f(\theta+\varepsilon) &= \int d\theta f(\theta) \\ &= \int d\theta f(\theta+\varepsilon) = a\end{aligned}$$

を満たし，(A.14)の基本的性質

$$d(\theta+\varepsilon) = d\theta \tag{A.27}$$

が満たされる．

Dirac 場 $\psi(x)$ に対する経路積分(2.88)は自由場の場合

$$\langle 0|0\rangle_\eta \equiv N\int \mathcal{D}\bar{\psi}\mathcal{D}\psi \exp\left\{i\int[\bar{\psi}(x)(i\gamma^\mu\partial_\mu - m)\psi(x) + \bar{\psi}(x)\eta(x) + \bar{\eta}(x)\psi(x)]\,d^4x\right\} \tag{A.28}$$

により Grassmann 数 $\psi(x), \bar{\psi}(x), \eta(x), \bar{\eta}(x)$ を使って定義される．場の理論では4次元時空間の各点を指標とする無限個の Grassmann 数 $\psi(x), \bar{\psi}(x)$ で場の変数が定義され，これらは，源 $\eta(x), \bar{\eta}(x)$ も含めて互いに反交換する．例えば

$$\{\psi(x), \psi(y)\}_+ = \{\psi(x), \bar{\psi}(y)\}_+ = \{\psi(x), \eta(y)\}_+ = \{\psi(x), \bar{\eta}(y)\}_+ = 0$$

である．フェルミオンに対する境界条件は反周期的 $\psi_{\rm f}(\boldsymbol{x}, \infty) = -\psi_{\rm i}(\boldsymbol{x}, -\infty)$ に選ぶと Euclid 化した理論では分配関数を与え便利である．(A.28)の経路積分の測度は，(A.25)の左微分の4次元全時空間点での一般化

$$\mathcal{D}\bar{\psi}\mathcal{D}\psi \equiv \prod_x \frac{\delta}{\delta\bar{\psi}(x)}\frac{\delta}{\delta\psi(x)} \tag{A.29}$$

で定義され，基本的要請(A. 14)

$$\mathcal{D}(\bar{\psi}+\bar{\varepsilon})\mathcal{D}(\psi+\varepsilon) = \mathcal{D}\bar{\psi}\mathcal{D}\psi \qquad \text{(A. 30)}$$

を満たす．したがって，(A. 28)の表示は量子的運動方程式と Schwinger の作用原理から要求される関係式

$$\begin{aligned}\langle 0|[(i\partial\!\!\!/_x-m)\hat{\psi}(x)+\eta(x)]|0\rangle_\eta &= [(i\partial\!\!\!/_x-m)\frac{\delta}{i\delta\bar{\eta}(x)}+\eta(x)]\langle 0|0\rangle_\eta \\ &= N\int\mathcal{D}\bar{\psi}\mathcal{D}\psi[(i\partial\!\!\!/_x-m)\psi(x)+\eta(x)]e^{i\int\mathcal{L}_\eta(x')d^4x'} \\ &= N\int\mathcal{D}\bar{\psi}\mathcal{D}\psi\left[\frac{\delta}{i\delta\bar{\psi}(x)}e^{i\int\mathcal{L}_\eta(x')d^4x'}\right] = 0 \qquad \text{(A. 31)}\end{aligned}$$

を満たすことになる．ただし，(A. 28)の作用を

$$\mathcal{L}_\eta \equiv \bar{\psi}(i\partial\!\!\!/-m)\psi+\bar{\eta}\psi+\bar{\psi}\eta$$

と定義した．Schwinger の作用原理から(A. 4)の一般化

$$\begin{aligned}-\frac{1}{i^2}\frac{\delta^2}{\delta\bar{\eta}(x)\delta\eta(y)}\langle 0|0\rangle_\eta &= \langle 0|\mathrm{T}^*\hat{\psi}(x)\hat{\bar{\psi}}(y)|0\rangle_\eta \\ &= N\int\mathcal{D}\bar{\psi}\mathcal{D}\psi\psi(x)\bar{\psi}(y)e^{i\int\mathcal{L}_\eta(x')d^4x'} \qquad \text{(A. 32)}\end{aligned}$$

が導かれる．ここで T* 積は $x^0 \neq y^0$ の点で

$$\mathrm{T}^*\hat{\psi}(x)\hat{\bar{\psi}}(y) = \begin{cases}\hat{\psi}(x)\hat{\bar{\psi}}(y) & (x^0>y^0) \\ -\hat{\bar{\psi}}(y)\hat{\psi}(x) & (y^0>x^0)\end{cases} \qquad \text{(A. 33)}$$

と定義し，$x^0\to y^0$ の極限は付録 B で議論する．

(A. 28)で

$$\begin{aligned}\psi(x) &= \psi'(x)-\int S_{\mathrm{F}}^{(0)}(x-y)\eta(y)d^4y \\ \bar{\psi}(x) &= \bar{\psi}'(x)-\int\bar{\eta}(y)S_{\mathrm{F}}^{(0)}(y-x)d^4y\end{aligned} \qquad \text{(A. 34)}$$

と変数変換して，(A. 30)に注意し規格化定数 N を $\eta=0$ で $\langle 0|0\rangle=1$ に選ぶと

$$\begin{aligned}\langle 0|0\rangle_\eta &= N\int\mathcal{D}\bar{\psi}'\mathcal{D}\psi'\exp\left[i\int\bar{\psi}'(i\partial\!\!\!/-m)\psi'd^4x-i\int\bar{\eta}(x)S_{\mathrm{F}}^{(0)}(x-y)\eta(y)dxdy\right] \\ &= \exp\left[-i\int\bar{\eta}(x)S_{\mathrm{F}}^{(0)}(x-y)\eta(y)dxdy\right] \qquad \text{(A. 35)}\end{aligned}$$

が得られる．ただし，$S_{\mathrm{F}}^{(0)}$ は，$\epsilon>0$ として

$$iS_{\mathrm{F}}^{(0)}(x-y) \equiv \frac{i}{i\partial\!\!\!/_x-m+i\epsilon}\delta(x-y) = \int\frac{d^4p}{(2\pi)^4}\frac{i}{p\!\!\!/-m+i\epsilon}e^{-ip(x-y)} \qquad \text{(A. 36)}$$

で定義した．$S_{\mathrm{F}}^{(0)}(x-y)$ は Green 関数を定義する式 $(i\partial\!\!\!/-m)S_{\mathrm{F}}^{(0)}(x-y)=\delta(x-y)$ を満たす．(A. 32)と(A. 35)から自由場に対する関係式

$$\langle 0|\mathrm{T}^*\hat{\varphi}_\alpha(x)\hat{\bar{\varphi}}_\beta(y)|0\rangle = iS_{\mathrm{F}}{}^{(0)}(x-y)_{\alpha\beta} \qquad (\mathrm{A}.37)$$

が，Dirac の足 α, β を陽に書いて得られる．(A.36)の Feynman の $i\epsilon$ は，図 A-1 の p_0 積分を実行するとわかるように

$$i\int\frac{d^3p dp_0}{(2\pi)^4}\frac{\not{p}+m}{p^2-m^2+i\epsilon}e^{-ip(x-y)}$$
$$=\int\frac{d^3p}{(2\pi)^3 2\omega}[(\not{p}+m)e^{-ip(x-y)}\theta(x^0-y^0)+(-\not{p}+m)e^{ip(x-y)}\theta(y^0-x^0)] \qquad (\mathrm{A}.38)$$

と負のエネルギー解(第2項)が時間軸の負の方向へのみ伝搬するよう指定する．(A.38)の最後の式では $p_0=\omega\equiv\sqrt{\boldsymbol{p}^2+m^2}>0$ とした．

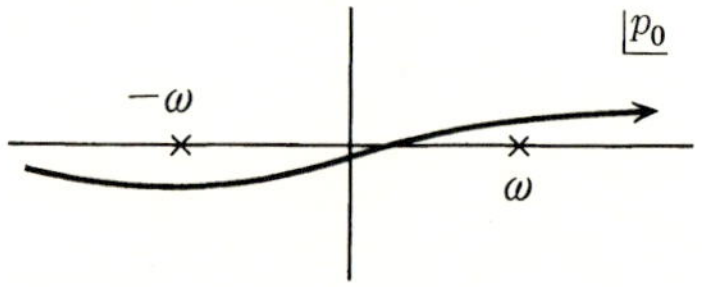

図 A-1

ここで Dirac 方程式 $(i\not{\partial}-m)\psi(x)=0$ の運動量表示での解の具体形を与えておく．(2.50)の解は $N=\omega+m$，$p_\pm\equiv p_x\pm ip_y$ として，分極ベクトル s を粒子の静止系で z 軸方向の単位ベクトル $\mathring{s}=(0,0,0,1)$ に選んだときは

$$u(p,s)=\sqrt{N}\begin{pmatrix}1\\0\\p_z/N\\p_+/N\end{pmatrix},\quad u(p,-s)=\sqrt{N}\begin{pmatrix}0\\1\\p_-/N\\-p_z/N\end{pmatrix} \qquad (\mathrm{A}.39)$$

$$v(p,s)=\sqrt{N}\begin{pmatrix}p_-/N\\-p_z/N\\0\\1\end{pmatrix},\quad v(p,-s)=\sqrt{N}\begin{pmatrix}p_z/N\\p_+/N\\1\\0\end{pmatrix} \qquad (\mathrm{A}.39)'$$

のように書ける．

B　T* 積と Bjorken-Johnson-Low 処方

時間順序積 T(例えば(A.5))は一般には Lorentz 不変な定義を与えない．歴史的には，この困難を除くために T* 積が導入された．しかし実際の応用においては，一般に摂動計算であれ経路積分であれ，具体的に計算された Green 関数は全て T* 積によって書かれていると考えるのが便利である．このとき重要になるのは，T* 積と T 積を結びつける処方箋を与えることである．これが与えられれば，通常の演算子形式と T 積に基づく正準理論との関係がつけられる．

例として，付録 A において与えた公式を使うと，(A.37)から

$$\int dx\, e^{ip(x-y)}\langle 0|\mathrm{T}^*\hat{\varphi}_\alpha(x)\hat{\bar{\varphi}}_\beta(y)|0\rangle = i\left(\frac{\not{p}+m}{p^2-m^2+i\epsilon}\right)_{\alpha\beta} \tag{B.1}$$

が得られる．ここで Bjorken-Johnson-Low(BJL)による次の処方に従う．すなわち，もし

$$\lim_{p_0\to\infty}\int dx\, e^{ip(x-y)}\langle 0|\mathrm{T}^*\hat{\varphi}(x)\hat{\bar{\varphi}}(y)|0\rangle = 0 \tag{B.2}$$

なら T* 積を T 積に置き換えてよいとする．これは T 積の $p_0\to\infty$ の振舞いを指定することにもなる．直観的には，T 積は同時刻 $x^0=y^0$ の値も定義しているはずだから，不確定性原理により $p_0\to\infty$ の振舞いが(B.2)のように不定性なく決められていると考えればよい．現在の例(B.1)では(B.2)の条件を満たすので

$$\int dx\, e^{ip(x-y)}\langle 0|\mathrm{T}\,\hat{\varphi}(x)\hat{\bar{\varphi}}(y)|0\rangle = i\frac{\not{p}+m}{p^2-m^2+i\epsilon} \tag{B.3}$$

となる．この式に p_0 を掛けて部分積分すると

$$\begin{aligned}
&p_0\int dx\, e^{ip(x-y)}\langle 0|\mathrm{T}\,\hat{\varphi}(x)\hat{\bar{\varphi}}(y)|0\rangle\\
&\quad=\int dx\, e^{ip(x-y)}\, i\partial_0\langle 0|\mathrm{T}\,\hat{\varphi}(x)\hat{\bar{\varphi}}(y)|0\rangle\\
&\quad=\int dx\, e^{ip(x-y)}\,\{\langle 0|i\delta(x^0-y^0)\{\hat{\varphi}(x),\hat{\bar{\varphi}}(y)\}|0\rangle+i\langle 0|\mathrm{T}\,\partial_0\hat{\varphi}(x)\hat{\bar{\varphi}}(y)|0\rangle\}
\end{aligned} \tag{B.4}$$

となる．ただし，(2.54)の T 積の定義式を使った．(B.4)で $p_0\to\infty$ とすると最後の表式で第 2 項は T 積の定義(B.2)により 0 となる．したがって(B.3)から

$$\int dx\, e^{ip(x-y)}\langle 0|i\delta(x^0-y^0)\{\hat{\varphi}(x),\hat{\bar{\varphi}}(y)\}|0\rangle = \lim_{p_0\to\infty}\frac{ip_0(\not{p}+m)}{p^2-m^2+i\epsilon} = i\gamma_0$$

となり，次の通常の量子化条件が得られる．

$$\delta(x^0-y^0)\{\hat{\varphi}_\alpha(x),\hat{\bar{\varphi}}_\beta(y)\} = (\gamma_0)_{\alpha\beta}\delta^4(x-y) \tag{B.5}$$

BJL 処方の興味ある応用は質量を持つベクトル場の量子論に現われる(第 5 章参照)．

$$Z(J) = N\int\mathscr{D}B_\mu\exp\left\{i\int dx\left[-\frac{1}{4}(\partial_\mu B_\nu-\partial_\nu B_\mu)^2+\frac{M^2}{2}B_\mu{}^2-B_\mu J^\mu\right]\right\}$$

から変数変換 $B_\mu\to B_\mu+\int D_{\mu\nu}(x-y)J^\nu(y)dy$ を考えて(ただし $D_{\mu\nu}$ の具体形は以下の(B.7)の第 2 式で与えられる)，$Z(0)=1$ と規格化すると

$$Z(J) = \exp\left\{-i\int dxdy\frac{1}{2}J^\mu(x)D_{\mu\nu}(x-y)J^\nu(y)\right\} \tag{B.6}$$

が求まり，Schwinger の作用原理を使うと

$$\begin{aligned}
\langle 0|\mathrm{T}^*\hat{B}_\mu(x)\hat{B}_\nu(y)|0\rangle &= iD_{\mu\nu}(x-y)\\
&\equiv i\int\frac{d^4k}{(2\pi)^4}\frac{-g_{\mu\nu}+k_\mu k_\nu/M^2}{k^2-M^2+i\epsilon}e^{-ik(x-y)}
\end{aligned} \tag{B.7}$$

が得られる．(B.7)から

$$\int dx\, e^{ik(x-y)}\langle 0|\mathrm{T}^*\hat{B}_\mu(x)\hat{B}_\nu(y)|0\rangle = (-i)\frac{g_{\mu\nu}-k_\mu k_\nu/M^2}{k^2-M^2+i\epsilon} \tag{B.8}$$

となるが，この右辺で $k_0\to\infty$ とすると

$$i\,\delta_{\mu 0}\delta_{\nu 0}\frac{1}{M^2} \tag{B.9}$$

となり 0 とならない．したがって BJL の処方(B.2)に従って(B.8)から(B.9)を引いて

$$\int dx\, e^{ik(x-y)}\langle 0|\mathrm{T}\hat{B}_\mu(x)\hat{B}_\nu(y)|0\rangle = (-i)\frac{g_{\mu\nu}-k_\mu k_\nu/M^2}{k^2-M^2+i\epsilon}-i\frac{\delta_{\mu 0}\delta_{\nu 0}}{M^2}$$

により左辺の T 積が定義され，質量を持つベクトル場の正準量子化の結果が得られる．

C　Feynman 図を使わない β 関数の計算

QCD のループが 1 つの近似における β 関数の計算を Feynman 図を使わずに行なう．この方法は，Weyl 量子異常と β 関数の関係(7.158)に基づいており，ゲージ場の内部自由度と時空間の添字の扱いを簡単にするという利点がある．

まずフェルミオンの Weyl 量子異常への寄与は(7.114)で与えられるが，平坦な空間での計算法を復習する．平坦な場合は(7.114)は

$$\begin{aligned}\mathrm{tr}\langle x|e^{-\beta \not{D}^2}|x\rangle &= \mathrm{tr}\int\frac{d^4k}{(2\pi)^4}e^{-ikx}e^{-\beta[D_\mu D^\mu+F]}e^{ikx}\\ &= \mathrm{tr}\int\frac{d^4k}{(2\pi)^4}\exp[-\beta(ik_\mu+D_\mu)(ik^\mu+D^\mu)-\beta F]\\ &= \frac{1}{\beta^2}\mathrm{tr}\int\frac{d^4k}{(2\pi)^4}\exp[k_\mu k^\mu]\times\sum_{l=0}^{\infty}\frac{(-1)^l}{l!}[2i\sqrt{\beta}\,k^\mu D_\mu+\beta D_\mu D^\mu+\beta F]^l\end{aligned} \tag{C.1}$$

と書ける．ただし，

$$\not{D}^2 = D_\mu D^\mu-\frac{1}{4}i[\gamma^\mu,\gamma^\nu]F_{\mu\nu}\equiv D_\mu D^\mu+F$$

と定義し，$[D_\mu, e^{ikx}]=ik_\mu e^{ikx}$ を使った後で $\sqrt{\beta}\,k_\mu\to k_\mu$ とスケール変換した．(C.1)のベキ展開で β^2 以下の項のみが $\beta\to 0$ で生き残る．ベキ展開の項で $k_\alpha k_\beta\to k^2 g_{\alpha\beta}/4$，$k_\mu k_\nu k_\alpha k_\beta\to(k^2)^2[g_{\mu\nu}g_{\alpha\beta}+g_{\mu\alpha}g_{\nu\beta}+g_{\mu\beta}g_{\nu\alpha}]/24$ などの関係式を使うと，(C.1)は $\beta\to 0$ で(定数項を無視して)

$$\begin{aligned}\frac{1}{(4\pi)^2}\mathrm{tr}\left\{\frac{1}{6}D_\mu D_\alpha(D^\mu D^\alpha-D^\alpha D^\mu)+\frac{1}{2!}F^2\right\} &= \frac{1}{(4\pi)^2}\mathrm{tr}\left\{\frac{i^2}{12}F_{\mu\nu}F^{\mu\nu}+\frac{1}{2!}F^2\right\}\\ &= \frac{1}{24\pi^2}\frac{1}{2}F_{\mu\nu}{}^a F^{a\mu\nu}\end{aligned} \tag{C.2}$$

と求められる．ただし

$$\int d^4k\,(k_\mu k^\mu)^n \exp[k_\mu k^\mu] = (-1)^n \pi^2 (n+1)!$$

を使い，tr は γ 行列と Yang-Mills の足の両方にわたり，結合定数 g は A_μ に含まれる．

次に Yang-Mills 場の計算を

$$\mathcal{L} = -\frac{1}{4g^2}(\partial_\mu A_\nu{}^a - \partial_\nu A_\mu + f^{abc} A_\mu{}^b A_\nu{}^c)^2 \tag{C.3}$$

に基づいて行なう．**背景場**(background field)**の方法**を使うことにして

$$A_\mu{}^a = B_\mu{}^a + a_\mu{}^a \tag{C.4}$$

と背景場 B_μ とそのまわりの揺らぎ a_μ に分解する．

$$F_{\mu\nu}{}^a(A) = F_{\mu\nu}{}^a(B) + D_\mu a_\nu{}^a - D_\nu a_\mu{}^a + f^{abc} a_\mu{}^b a_\nu{}^c \tag{C.5}$$

ただし

$$(D_\mu a_\nu)^a \equiv \partial_\mu a_\nu{}^a + f^{abc} B_\mu{}^b a_\nu{}^c \tag{C.6}$$

このとき，$a_\mu{}^a$ のゲージ変換は(力学的変数は a_μ であり，B_μ は c 数と見なして)

$$\begin{aligned} a_\mu{}'^a &= a_\mu{}^a + (D_\mu \omega)^a + f^{abc} a_\mu{}^b \omega^c \\ B_\mu{}'^a &= B_\mu{}^a \end{aligned} \tag{C.7}$$

と定義する．(C.5)を(C.3)に代入して，B_μ が形式的に Yang-Mills 場の方程式を満たすとすると

$$\begin{aligned} \int dx \mathcal{L} = &-\frac{1}{4g^2}\int dx\, F_{\mu\nu}{}^a(B) F^a(B)^{\mu\nu} \\ &+\frac{1}{2g^2}\int dx\, [a_\nu{}^a (D_\mu D^\mu a^\nu)^a + 2a^{\mu a} f^{acb} F_{\mu\nu}{}^c(B) a^{\nu b}] \\ &+\frac{1}{2g^2}\int dx\, [(D^\mu a_\mu)^b (D^\nu a_\nu)^b] + O(a_\mu{}^3) \end{aligned} \tag{C.8}$$

と変形される．ここで

$$D_\mu \equiv \partial_\mu - iB_\mu{}^a t^a, \qquad (t^a)^{bc} \equiv if^{bac} \tag{C.9}$$

という記法を導入すると，a_μ を縦ベクトルとして

$$D_\mu a_\nu = \partial_\mu a_\nu - iB_\mu a_\nu, \qquad B_\mu \equiv B_\mu{}^a t^a \tag{C.10}$$

と記法が簡単化される．ゲージ固定のラグランジアンを

$$\mathcal{L}_{\mathrm{g}} = -\frac{1}{2g^2}\int dx\, [(D^\mu a_\mu)^2 - i\bar{c} D^\mu (D_\mu c - ia_\mu{}^b t^b c)] \tag{C.11}$$

と($c, \bar{c}$ も a_μ と同じベクトル記法を使って)選ぶと，ゲージ固定後の作用の 2 次の項は

$$S_2 = \frac{1}{2g^2}\int dx\, [a_\nu D^\mu D_\mu a^\nu - 2ia^\mu F_{\mu\nu}(B) a^\nu] + \frac{i}{2g^2}\int dx \bar{c} D^\mu D_\mu c \tag{C.12}$$

と書ける．ただし，

$$F_{\mu\nu}(B) \equiv F_{\mu\nu}{}^a(B) t^a \tag{C.13}$$

とした．

(C.12)は正則化されていないので，座標変換不変な測度を使うと(6.21)と(7.116)から Weyl 変換の下で

$$
\begin{aligned}
\tilde{a}_a(x) &\equiv \sqrt[4]{g}\, e_a{}^{\mu} a_\mu(x) \to e^{-\alpha(x)}\tilde{a}_a(x) \\
\tilde{c}(x) &\equiv \sqrt[4]{g}\, c(x) \to e^{-2\alpha(x)}\tilde{c}(x) \\
\tilde{\bar{c}}(x) &\equiv \sqrt[4]{g}\, \bar{c}(x) \to \tilde{\bar{c}}(x)
\end{aligned}
\tag{C.14}
$$

と変換される．$c(x)$ は(a_μ と同じく)Weyl スカラーであるが，$\bar{c}$ の変換則は弱い重力場中でのゴースト項 $\sqrt{g}\, g^{\mu\nu}\bar{c}D_\mu D_\nu c$ の Weyl 不変性から $\bar{c}\to\exp[2\alpha]\bar{c}$ と決定され，したがって，$\tilde{\bar{c}}$ は Weyl スカラーとなる．平坦な極限でも(C.14)が成立するので，ヤコビアンは

$$
\begin{aligned}
\ln J_{a_\mu} &= \lim_{\beta\to 0}(-1)\,\mathrm{tr}\,\langle x|e^{-\beta[D^\mu D_\mu+F]}|x\rangle \\
&= (-1)\frac{1}{(4\pi)^2}\mathrm{tr}\left[\frac{i^2}{12}F_{\mu\nu}(B)F^{\mu\nu}(B)+\frac{1}{2!}F^2\right]
\end{aligned}
\tag{C.15}
$$

$$
\begin{aligned}
\ln J_c &= \lim_{\beta\to 0}(2)\,\mathrm{tr}\,\langle x|e^{-\beta D^\mu D_\mu}|x\rangle \\
&= 2\times\frac{1}{(4\pi)^2}\mathrm{tr}\left[\frac{i^2}{12}F_{\mu\nu}(B)F^{\mu\nu}(B)\right]
\end{aligned}
\tag{C.16}
$$

と(C.2)の結果を使って計算される．ただし，(C.15)で $F_{\mu\nu}\equiv -2iF_{\mu\nu}(B)$ とし，tr は a_μ の Minkowski の足と Yang-Mills の足にわたる．(C.16)では Yang-Mills だけの足にわたるものである．$c(x)$ は Grassmann 数であり，ヤコビアンの符号に注意.

具体的には，(C.16)と(C.15)は次式で与えられる．

$$
\begin{aligned}
\ln J_c &= \frac{2}{(4\pi)^2}\left(\frac{-1}{12}\right)\mathrm{tr}\; t^a t^b F_{\mu\nu}{}^a F^{b\mu\nu} \\
&= \frac{2}{(4\pi)^2}\left(\frac{-1}{12}\right)(-f^{cad}f^{dbc})F_{\mu\nu}{}^a F^{b\mu\nu} \\
&= \frac{2}{(4\pi)^2}\left(\frac{-1}{12}\right)C_2(G)F_{\mu\nu}{}^a F^{a\mu\nu}
\end{aligned}
\tag{C.17}
$$

$$
\begin{aligned}
\ln J_{a_\mu} &= \frac{(-1)}{(4\pi)^2}(-1)\,\mathrm{tr}\,(t^a t^b)\left[\frac{4}{12}F_{\mu\nu}{}^a F^{b\mu\nu}+\frac{4}{2!}F_{\mu\nu}{}^a F^{b\nu\mu}\right] \\
&= \frac{1}{(4\pi)^2}C_2(G)\left(\frac{4}{12}-\frac{4}{2!}\right)F_{\mu\nu}{}^a F^{a\mu\nu}
\end{aligned}
\tag{C.18}
$$

(C.2)と組み合わせて，(7.158)の(一般化の)$F_{\mu\nu}{}^a F^{a\mu\nu}$ の係数を比べて

$$
\frac{\beta(g_r)}{2g_r{}^3} = \left[\frac{1}{2}\frac{f}{24\pi^2}-\frac{C_2(G)}{96\pi^2}-\frac{5}{48\pi^2}C_2(G)\right]
$$

が得られる．すなわち，f 個のフェルミオンに対しては

$$\beta(g_r) = g_r{}^3\left[\frac{f}{24\pi^2}-\frac{11}{48\pi^2}C_2(G)\right] \tag{C.19}$$

となり，(4.20)と一致する答が得られる．

D　カイラル $U(1)$ 量子異常の一般的計算

(7.101)の計算の概要を説明する．点 $x_0{}^\mu$ のまわりで計算するとして座標系を(6.18)を使って

$$g_{\mu\nu}(x_0) = -\delta_{\mu\nu}, \quad \partial_\alpha g_{\mu\nu}(x_0) = 0$$

となるように選ぶ．計算の簡単化のため $x^\mu = x_0{}^\mu + \sqrt{\beta}\,y^\mu$ と最初から $\sqrt{\beta}$ の項を陽に導入しておいて

$$\lim_{\beta\to 0}\mathrm{Tr}\langle x_0+\sqrt{\beta}\,y|\gamma_{2n+1}e^{-\beta H}|x_0+\sqrt{\beta}\,y\rangle \tag{D.1}$$

を考える．最終結果が y によらないことは後に確かめる．βH を x_0 のまわりで y を変数とする関数と考えると，$A_{\mu ab}(x_0+\sqrt{\beta}\,y)$ と $A_\mu(x_0+\sqrt{\beta}\,y)$ を $\sqrt{\beta}$ に関して展開して，$O(\beta^{3/2})$ の精度で

$$\beta H = \left[\frac{\partial}{\partial y^\mu}-\frac{i}{4}\beta\sigma^{ab}y^\nu R_{ab\nu\mu}(x_0)-\frac{i}{2}\beta y^\nu F_{\nu\mu}(x_0)\right]^2-\frac{\beta R(x_0)}{4}-\beta\sigma^{ab}F_{ab}(x_0)$$

の形に書くことができる．ただし，$A_\mu(x_0)$ の項はゲージ変換で除いた後，μ と ν に関しては反対称な項のみが最終結果に効くことを考慮した．(D.1)の計算はしたがって

$$\begin{aligned}&\lim_{\beta\to 0}\mathrm{Tr}\int\frac{d^{2n}k}{(2\pi)^{2n}}e^{-ikx_0-i\sqrt{\beta}\,ky}\gamma_{2n+1}e^{-\beta H}e^{ikx_0+i\sqrt{\beta}\,ky}\\ &\quad\equiv \lim_{\beta\to 0}\frac{1}{\beta^n}\mathrm{Tr}\int\frac{d^{2n}k}{(2\pi)^{2n}}e^{-iky}\gamma_{2n+1}e^{-\hat{H}}e^{iky}\end{aligned} \tag{D.2}$$

と書ける．ここで，

$$\begin{aligned}&\hat{H} \equiv \left[\frac{\partial}{\partial y^\mu}-\frac{i}{4}\beta y^\nu R_{\nu\mu}(x_0)\right]^2-\beta F(x_0)\\ &R_{\nu\mu}(x_0) \equiv \sigma^{ab}R_{ab\nu\mu}(x_0), \qquad F(x_0) \equiv \sigma^{ab}F_{ab}(x_0)\end{aligned} \tag{D.3}$$

とした．(D.2)では $\sqrt{\beta}\,k\to k$ とスケール変換し，$2n$ 個の γ 行列を含み $O(\beta^n)$ の項のみが寄与することを使って簡単化した．$\beta R_{\nu\mu}(x_0)$ と $\beta F(x_0)$ の交換関係は β の次数を上げるが γ の個数は変えないので(D.2)に寄与せず，$R_{\nu\mu}(x_0)$ および $F(x_0)$ は以後定数の場として扱ってよいことになる．次に，(D.2)から $1/\beta^n$ を除いた因子は(D.1)の記法で書くと，Tr を Dirac 行列と Yang-Mills の内部自由度にわたる跡として

$$\mathrm{Tr}\langle y|\gamma_{2n+1}e^{-\hat{H}}|y\rangle = N\,\mathrm{Tr}\,\gamma_{2n+1}\int\mathcal{D}\xi^\mu\mathcal{D}p_\mu\exp\left[\int_0^1 i(p_\mu(\tau)\dot{\xi}^\mu-H)d\tau\right]$$

のように，$\hat{p}_\mu = i\partial/\partial y^\mu$ と考え Legendre 変換して経路積分表示できる．p_μ に関して積

分すると

$$N\,\mathrm{Tr}\,\gamma_{2n+1}\int\mathcal{D}\xi^\mu\exp\left\{\frac{1}{4}\int_0^1[\dot{\xi}^\mu\dot{\xi}_\mu+i\beta\xi^\nu\dot{\xi}^\mu R_{\nu\mu}(x_0)]\,d\tau+\beta F(x_0)\right\}$$

となり，$R_{\nu\mu}$ の反対称部分のみが寄与することが確かめられる．ξ^μ の境界条件 $\xi^\mu(0)=\xi^\mu(1)=y^\mu$ を考慮して

$$\xi^\mu(\tau) = y^\mu+\sum_{n=1}^{\infty}\{a_n{}^\mu\sqrt{2}\sin 2n\pi\tau+b_n{}^\mu\sqrt{2}\sin(2n-1)\pi\tau\}$$

と展開すると ξ^μ に関する経路積分は展開係数の積分となり

$$N\,\mathrm{Tr}\,\gamma_{2n+1}\int\prod_n da_n{}^\mu db_n{}^\mu\exp\left\{\frac{1}{4}\left\{\sum_{n=1}^{\infty}[(2n\pi)^2(a_n{}^\mu)^2+((2n+1)\pi)^2(b_n{}^\mu)^2]\right.\right.$$
$$\left.\left.+\sum_{n,m=1}^{\infty}2i[(2m-1)\pi]a_n{}^\mu b_m{}^\nu A(n,m)\beta R_{\nu\mu}\right\}+\beta F(x_0)\right\} \tag{D.4}$$

と与えられる．ここで

$$A(n,m) = 2\int_0^1\sin(2n\pi\tau)\cos[(2m-1)\pi\tau]\,d\tau$$

と定義した．(D.4)で $b_n{}^\mu, a_n{}^\mu$ に関して積分すると

$$N\,\mathrm{Tr}\,\gamma_{2n+1}\int\prod_n da_n{}^\mu\exp\left\{\frac{1}{4}\sum_{n=1}^{\infty}[(2n\pi)^2(a_n{}^\mu)^2-\beta^2a_n{}^\mu a_n{}^\nu R_{\mu\alpha}R_\nu{}^\alpha]+\beta F\right\}$$
$$= N\,\mathrm{Tr}\,\gamma_{2n+1}e^{\beta F}\prod_{n=1}^{\infty}\det\left|1-\beta^2\frac{R_\mu{}^\alpha R_\alpha{}^\nu}{(2n\pi)^2}\right|^{-1/2}$$
$$= N\,\mathrm{Tr}\,\gamma_{2n+1}e^{\beta F}\det\left|i\frac{\beta}{2}\hat{R}\Big/\sinh\left(i\frac{\beta}{2}\hat{R}\right)\right|^{1/2} \tag{D.5}$$

と y^μ によらない結果が得られる．ただし，$(\hat{R})_\mu{}^\alpha\equiv\sigma^{ab}R_{ab\mu}{}^\alpha$ という行列記法と，

$$\sum_{m=1}^{\infty}A(n,m)A(l,m) = \delta_{nl}$$

を使った．(D.5)の規格化定数 N は(D.2)で $R_{\nu\mu}=F=0$ として次式で決められ，

$$\int\frac{d^{2n}k}{(2\pi)^{2n}}e^{k_\mu k^\mu} = \left(\frac{1}{4\pi}\right)^n$$

最終的に(7.101)を得る．

E 経路積分と Pauli-Villars 正則化

経路積分では **Pauli-Villars の正則化**は形式的に Bose 的な Dirac 場 $\phi(x)$ を導入して，例えば(7.2)およびその Yang-Mills 場への一般化を

$$Z_{\mathrm{reg}}\equiv\int\mathcal{D}\bar{\psi}\mathcal{D}\psi\mathcal{D}\bar{\phi}\mathcal{D}\phi[\mathcal{D}A_\mu]\exp\left\{i\int[\mathcal{L}(\bar{\psi},\psi,A_\mu)+\mathcal{L}_\phi+\bar{\psi}\eta+\bar{\eta}\psi-A_\mu J^\mu]dx\right\}$$

と置き換えて定義される．ただし，

$$\mathcal{L}_\phi \equiv \bar{\phi} i \not{D} \phi - M\bar{\phi}\phi \tag{E.1}$$

とする．すなわち，質量項を除いて ϕ は ψ と全く同じ A_μ に対する結合を持つ．このとき，(7.27)に対応して ϕ と $\bar{\phi}$ は

$$\phi(x) = \sum_n \alpha_n \varphi_n(x), \quad \bar{\phi}(x) = \sum \bar{\beta}_n \varphi_n{}^\dagger(x)$$

のように通常の数 $\alpha_n, \bar{\beta}_n$ を係数として展開される．したがって，$\phi \to \exp[i\alpha(x)\gamma_5]\phi$ の変換に対してヤコビアンは(7.34)に比して

$$\prod_n d\alpha_n{}' = \det[c_{nl}] \prod_n d\alpha_n \tag{E.2}$$

と逆のベキで現われ，測度 $\mathcal{D}\bar{\psi}\mathcal{D}\psi\mathcal{D}\bar{\phi}\mathcal{D}\phi$ は常に不変となりヤコビアンを出さない．しかし，この場合は(E.1)の質量項から余分な項が出て，(7.49)は($\psi(y), \bar{\psi}(z)$ は省いて)

$$\partial_\mu(\bar{\psi}\gamma^\mu\gamma_5\psi) + \partial_\mu(\bar{\phi}\gamma^\mu\gamma_5\phi) = 2im\bar{\psi}\gamma_5\psi + 2iM\bar{\phi}\gamma_5\phi \tag{E.3}$$

と置き換えられる．ここで $M\to\infty$ とすると最後の項が通常の異常項を与える．事実，ψ を固定して $\phi \to \exp[i\alpha(x)\gamma_5]\phi$ の変換を考えると

$$\partial_\mu(\bar{\phi}\gamma^\mu\gamma_5\phi) = 2iM\bar{\phi}\gamma_5\phi - \frac{i}{16\pi^2}\mathrm{tr}\,\epsilon^{\mu\nu\alpha\beta}F_{\mu\nu}F_{\alpha\beta} \tag{E.4}$$

が得られ，(7.49)とは異常項の符号が逆転した式が成立する．さらに，(E.4)で $\partial_\mu(\bar{\phi}\gamma^\mu\gamma_5\phi)$ が $M\to\infty$ で 0 になることを考慮すると，(7.49)と(E.3)および(E.4)は同等な内容を表わすことがわかる．

参考書・文献

場の理論の一般的な教科書としては

［1］ J. D. Bjorken and S. D. Drell: *Relativistic Quantum Fields*（McGraw-Hill, 1965）

［2］ K. Nishijima: *Fields and Particles*（Benjamin, 1969）

［3］ N. N. Bogoliubov and D. V. Shirkov: *Introduction to the Theory of Quantized Fields*, 3rd edition（John Wiley, 1980）

なお，以下では一般的な教科書に書かれている古典的な文献の多くは省略し，本書の記述に直接関係した文献を主として記すことにする．

Aharonov-Bohm 効果については

［4］ Y. Aharonov and D. Bohm: Phys. Rev. **115**（1959）485

［5］ A. Tonomura *et al.*: Phys. Rev. Letters **48**（1982）1443

量子電磁力学の古典的文献に関しては

［6］ J. Schwinger: *Quantum Electrodynamics*（Dover, 1958）

ゲージ場の量子化の一般論は

［7］ P. A. M. Dirac: *Lectures on Quantum Mechanics*（Yeshiva Univ., 1964）

［8］ L. D. Faddeev and V. N. Popov: Phys. Letters **25B**（1967）29

［9］ L. D. Faddeev: Theor. Math. Phys. **1**（1970）1

経路積分の解説としては，例えば，

［10］ 大貫義郎，鈴木増雄，柏太郎：経路積分の方法（本講座第 12 巻，1992）; F. A. Berezin: *The Method of Second Quantization*（Academic Press, 1966）

Schwinger の作用原理の解説としては

[11]　C. S. Lam: Nuovo Cim. **38**(1965)1755
くりこみ可能性の証明および Weinberg の定理については，上記文献[1]-[3]および
[12]　K. Hepp: Comm. Math. Phys. **2**(1966)301
[13]　W. Zimmermann: Comm. Math. Phys. **15**(1969)208
[14]　S. Weinberg: Phys. Rev. **118**(1960)838
LSZ 公式の定式化に関しては，上記文献[1]-[3]および
[15]　H. Lehmann, K. Symanzik and W. Zimmermann: Nuovo Cim. **1**(1955)205
Ward-高橋の恒等式の定式化は
[16]　J. C. Ward: Phys. Rev. **78**(1950)1824
[17]　Y. Takahashi: Nuovo Cim. **6**(1957)370
次元正則化とその応用については
[18]　G. 't Hooft and M. Veltman: Nucl. Phys. **B44**(1972)189
本書で用いたくりこみ群の方程式の定式化は次の人たちによる.
[19]　G. 't Hooft: Nucl. Phys. **B61**(1973)455
[20]　S. Weinberg: Phys. Rev. **D8**(1973)3497
Yang-Mills 場および一般のゲージ理論の定式化は
[21]　C. N. Yang and R. I. Mills: Phys. Rev. **96**(1954)191
[22]　R. Utiyama: Phys. Rev. **101**(1956)1597
インスタントン解とその応用に関しては
[23]　A. A. Belavin, A. M. Polyakov, A. S. Schwartz and Yu. S. Tyupkin: Phys. Letters **59B**(1975)85
[24]　S. Coleman: *Aspects of Symmetry*(Cambridge Univ. Press, 1985)
[25]　吉川圭二，崎田文二：径路積分による多自由度の量子力学(岩波書店，1986)
Yang-Mills 場の量子論の基礎的文献および定評のある解説は
[26]　G. 't Hooft: Nucl. Phys. **B33**(1971)173; **B35**(1971)167
[27]　G. 't Hooft and M. Veltman: Nucl. Phys. **B50**(1972)318
[28]　B. W. Lee and J. Zinn-Justin: Phys. Rev. **D5**(1972)3137; **D7**(1972)1049
[29]　E. S. Abers and B. W. Lee: Phys. Report **9C**(1973)1
Slavnov-Taylor の恒等式および Gribov の問題については，
[30]　A. A. Slavnov: Theor. Math. Phys. **19**(1972)99
[31]　J. C. Taylor: Nucl. Phys. **B33**(1971)436
[32]　V. N. Gribov: Nucl. Phys. **B139**(1978)1
BRST 対称性に関する主要な論文および詳細な文献に関しては
[33]　C. Becchi, A. Rouet and R. Stora: Comm. Math. Phys. **42**(1975)127; Ann. of Physics **98**(1976)287
[34]　J. Zinn-Justin: *Lecture Note in Physics* Vol. 37(Springer, 1975)2

［35］ E. S. Fradkin and G. A. Vilkovisky: Phys. Letters **B55**(1975)224

［36］ I. A. Batalin and G. A. Vilkovisky: Phys. Letters **B69**(1977)309

［37］ N. Nakanishi and I. Ojima: *Covariant Operator Formalism of Gauge Theories and Quantum Gravity*(World Scientific, 1990)

BRST 対称性によるユニタリー性の議論は射影演算子を用いて

［38］ T. Kugo and I. Ojima: Phys. Letters **73B**(1978)459; Prog. Theor. Phys. **60**(1978)1869

により定式化された．本書の BRST コホモロジーの定式化は次の論文にならった．

［39］ K. Fujikawa: Prog. Theor. Phys. **59**(1978)2045; **63**(1980)1364

切断則については文献［2］参照．量子色力学(QCD)の一般的解説については

［40］ T. Muta: *Foundations of Quantum Chromodynamics*(World Scientific, 1987)

漸近自由性については

［41］ D. Gross and F. Wilczek: Phys. Rev. Letters **30**(1973)1343

［42］ H. D. Politzer: Phys. Rev. Letters **30**(1973)1346

［43］ G. 't Hooft: Nucl. Phys. **B62**(1973)444

本書の電子-陽電子消滅の議論は次の論文にならった．

［44］ A. Zee: Phys. Rev. **D8**(1973)4038

［45］ T. Appelquist and H. Georgi: Phys. Rev. **D8**(1973)4000

赤外発散と木下-Lee-Nauenberg の定理については文献［40］および

［46］ T. Kinoshita: Jour. Math. Phys. **3**(1962)650

［47］ T. D. Lee and M. Nauenberg: Phys. Rev. **133B**(1964)1549

カイラル対称性の自発的破れおよび南部-Goldstone の定理については

［48］ Y. Nambu and G. Jona-Lasinio: Phys. Rev. **122**(1961)345

［49］ J. Goldstone: Nuovo Cim. **19**(1961)154

θ 真空については文献［24］-［25］および

［50］ G. 't Hooft: Phys. Rev. Letters **37**(1976)8; Phys. Rev. **D14**(1976)3432

［51］ R. Jackiw and C. Rebbi: Phys. Rev. Letters **37**(1976)172

［52］ C. G. Callan, R. F. Dashen and D. J. Gross: Phys. Letters **63B**(1976)334

単連結でない配位空間の経路積分の一般論は

［53］ M. G. G. Laidlaw and C. M. DeWitt: Phys. Rev. **D3**(1971)1375

格子ゲージ理論の定式化および文献の詳細に関しては

［54］ K. G. Wilson: Phys. Rev. **D10**(1974)2445

［55］ 岩崎洋一，米谷民明編：格子ゲージ理論(日本物理学会，1983)

格子上のフェルミオンに関しては

［56］ L. Karsten and J. Smit: Nucl. Phys. **B183**(1981)103

[57] H. B. Nielsen and M. Ninomiya: Nucl. Phys. **B185**(1981)20
Higgs 機構の原論文およびゲージ理論一般に関する文献の詳細に関しては,
[58] P. W. Higgs: Phys. Rev. **145**(1966)1156
[59] T. W. B. Kibble: Phys. Rev. **155**(1967)1554
[60] 西島和彦，中西襄編：場の理論 III(日本物理学会，1975)；吉川圭二，細谷暁夫編：ゲージ場の理論(日本物理学会，1985)
弱電磁相互作用の統一理論の原論文は
[61] S. L. Glashow: Nucl. Phys. **22**(1961)579
[62] S. Weinberg: Phys. Rev. Letters **19**(1967)1264
[63] A. Salam: in *Elementary Particle Theory* edited by N. Svartholm (Stockholm, 1968)p. 367
R_ξ ゲージの定式化については次の論文および文献[27]参照
[64] K. Fujikawa, B. W. Lee and A. I. Sanda: Phys. Rev. **D6**(1972)2923
[65] S. Weinberg: Phys. Rev. **D7**(1973)1068
CP の破れ，シーソー機構，GIM 機構，および ρ パラメタに関しては
[66] M. Kobayashi and T. Maskawa: Prog. Theor. Phys. **49**(1973)652
[67] T. Yanagida: Prog. Theor. Phys. **64**(1980)1103 and references therein
[68] S. Glashow, J. Iliopoulos and E. Maiani: Phys. Rev. **D2**(1970)1285
[69] M. Veltman: Nucl. Phys. **B123**(1977)89
バリオン数の破れに関しては文献[50]参照．アクシオンについては
[70] R. Peccei and H. Quinn: Phys. Rev. Letters **38**(1977)1440
重力理論に関しては次の参考書および文献[22]と参考書[37]を参照.
[71] B. S. DeWitt: *Dynamical Theory of Fields and Groups*(Gordon and Breach, 1965)
[72] 佐藤文隆，小玉英雄：一般相対性理論(本講座第 6 巻，1992)
[73] R. Gerosh: Jour. Math. Phys. **9**(1968)1739
[74] J. N. Goldberg: Phys. Rev. **111**(1958)315
弦理論の経路積分および関連した量子異常に関する初期の論文としては
[75] A. M. Polyakov: Phys. Letters **103B**(1981)207, 211
[76] K. Fujikawa: Phys. Rev. **D25**(1982)2584
[77] O. Alvarez: Nucl. Phys. **B216**(1983)125
弦理論に関する詳細な文献および参考書としては
[78] M. G. Green, J. H. Schwarz and E. Witten: *Superstring Theory* I, II (Cambridge Univ. Press, 1987)
[79] 吉川圭二：弦の量子論(朝倉書店，1991)
量子異常(アノマリー)は 1949 年の福田-宮本の論文(Prog. Theor. Phys. **4**(1949)

347)に端を発するが，現代的な定式化および参考文献の詳細に関しては

[80] S. L. Adler: Phys. Rev. **177**(1969)2426

[81] J. S. Bell and R. Jackiw: Nuovo Cim. **60A**(1969)47

[82] W. Bardeen: Phys. Rev. **184**(1969)1848

[83] T. Kimura: Prog. Theor. Phys. **42**(1969)1191

[84] J. Wess and B. Zumino: Phys. Letters **37B**(1971)95

[85] S. B. Treiman, R. Jackiw, B. Zumino and E. Witten(ed.): *Current Algebra and Anomalies*(World Scientific, 1985)

[86] 藤川和男，静谷謙一編：ゲージ場の理論 II(日本物理学会，1987)

アノマリーに関する経路積分法については

[87] K. Fujikawa: Phys. Rev. Letters **42**(1979)1195; Phys. Rev. **D21**(1980) 2848

一般座標変換および Weyl 対称性の量子的破れに関しては

[88] L. Alvarez-Gaumé and E. Witten: Nucl. Phys. **B234**(1983)269

[89] S. Hawking: Comm. Math. Phys. **55**(1977)133

カイラルおよび Weyl 量子異常のくりこみについては

[90] S. L. Adler and W. A. Bardeen: Phys. Rev. **182**(1969)1517

[91] S. L. Adler, J. C. Collins and A. Duncan: Phys. Rev. **D15**(1977)1712

[92] N. K. Nielsen: Nucl. Phys. **B120**(1977)212

T* 積については文献[2]および

[93] K. Johnson and F. E. Low: Prog. Theor. Phys. Suppl. **37-38**(1966)74

[94] J. D. Bjorken: Phys. Rev. **148**(1966)1467

ゲージ場理論とその素粒子物理への応用に関する参考書としては，例えば

[95] J. C. Taylor: *Gauge Theories of Weak Interactions*(Cambridge Univ. Press, 1976)

[96] L. D. Faddeev and A. A. Slavnov: *Gauge Fields*(Benjamin/Cummings, 1980)

[97] A. M. Polyakov: *Gauge Fields and Strings*(Harwood Academic, 1987)

[98] 西島和彦：場の理論(紀伊国屋書店，1987)

[99] P. Ramond: *Field Theory——A Modern Primer*(Addison-Wesley, 1989)

[100] 九後汰一郎：ゲージ場の量子論 I, II(培風館，1989)

[101] 武田暁：素粒子(裳華房，1986)

[102] 戸塚洋二：素粒子物理(本講座第 10 巻，1993)

超対称性理論の解説としては

[103] J. Wess and J. Bagger: *Supersymmetry and Supergravity*(Princeton Univ. Press, 1983)

第2次刊行に際して

本書の初版が出版されて以来のゲージ場理論における大きな発展は，物理学としての発展と場の理論としての発展の2つに分けられる．

まず物理学としてのゲージ場理論の発展の筆頭に，Fermi国立研究所におけるトップクォークの発見があげられる．トップクォークの存在は種々の理論的な考察から予想されていた．ゲージ場理論の立場からは，トップクォークが存在しないとWeinberg-Salam理論はゲージ対称性にいわゆる量子異常を含むことになる．すなわち，ゲージ対称性が量子効果によって破られ，理論のユニタリー性(確率の保存)が損なわれることになり物理学の理論としての整合性が失われる．現象論的な側面からは，もしHiggs粒子のセクターが標準理論のように簡単なものであれば，K^0中間子の系で見つかっていたCP不変性の破れが，トップクォークが存在しないとするとWeinberg-Salam理論の枠内では説明できないことになる．これら2つが素粒子論研究者の多くがトップクォークの存在を確信していた理由であり，本書の初版において強調しておいた点でもある．

トップクォークの発見および最近のCERNでの実験の結果により，Weinberg-Salam理論の正しさはますます疑いのないものとなってきた．残るは，すべての粒子に質量を与えているHiggs粒子の発見である．現在の実験的および理論的な予測は，Higgs 粒子は Weinberg-Salam 理論を特徴づける基本的な質量のスケールである 250 GeV と同じ程度の大きさ，すなわち陽子の質量の 100 倍から 500 倍程度のあたりに存在する可能性が大きいというものである．もし Higgs 粒子がこの質量領域に発見されれば，基礎理論としての素粒子の標準理論が確立されることになる．

本書の補章では，Weinberg-Salam 理論のようなパリティを破る Fermi 粒子の理論を(発散を含まない形で)いかに定義するかという点に関して，最近見られた技術的ではあるが重要な進展，一般化された Pauli-Villars 正則化，を取り上げた．

また場の理論という観点からは，最近超対称性をもつゲージ場理論の非摂動的な分析に大きな進展が見られた．この発展は超弦理論の進展とも密接に関連しており，場の理論は活況を呈している．標準理論は実験的な成功にもかかわらず，未解決の理論的な諸問題を含んでいる．

例えば，Higgs 粒子の理論は，その質量項に 2 次の発散を含み，高次の量子補正を小さく押さえる基本的なメカニズムが知られていない．さらには，Higgs 機構に基づく標準理論は，くり込み理論の観点からは，いわゆる漸近自由な理論になっておらず，非常に大きなエネルギーのスケールでは場の理論としては破綻すると考えられている．これらの問題は，超対称性を取り入れた模型を考えることにより解決される可能性があり，多くの人達により精力的に検討されている．このような最近の場の理論の進展を理解する基本的な枠組みはすべて本書に書かれているともいえるが，将来日本語による超対称性の包括的な解説が書かれることを期待したい．

最後に，著者のこれまでの研究および本書の初版について有益な助言を頂いた崎田文二，中西襄，吉川圭二，菅原寛孝の諸先生方にお礼申し上げる．

1997 年 3 月

著　者

索引

L

M

N

P

R

■岩波オンデマンドブックス■

現代物理学叢書
ゲージ場の理論

2001年3月15日　第1刷発行
2011年6月24日　第2刷発行
2017年4月11日　オンデマンド版発行

著　者　藤川和男（ふじかわかずお）

発行者　岡本　厚

発行所　株式会社　岩波書店
〒101-8002　東京都千代田区一ツ橋2-5-5
電話案内　03-5210-4000
http://www.iwanami.co.jp/

印刷／製本・法令印刷

ISBN 978-4-00-730595-5　　Printed in Japan